静安区文化发展专项资金支持项目

WHISPERS OF TIME:
Oral Histories of the Centennial
Brookside Apartment

枕流之声

百年枕流公寓的口述史

赵令宾 编著

上海人民美术出版社

序一

枕流忆往

忘了在哪家酒店电梯里看到这样一条小贴士："Our house Your home"，顿时感到有一股暖流汩汩流淌过心头。我们常常混淆House和Home的概念，以为拥有一套心仪的房子，便有了一个温馨的家。其实，一座建筑，无论如何豪华、别致，离开了人这样一个精神活动主体，就如同动物标本一般，了无生气。反之，一所普普通通的房子，如果与一位思想深邃、情感深沉、经历丰富的历史人物相关联，以及与其背后的一个家庭故事相呼应，House才能真正衍变成Home，承载深厚的人文价值，永远矗立于历史长廊之中。

记得我曾在佛罗里达的基韦斯特岛邂逅过海明威故居。作家在那座朴素的白色西班牙式花园小屋里，用那架简陋的打字机写出像《战地钟声》和《乞力马扎罗的雪》那样激动人心的伟大作品。花园里或蹲伏，或仰卧，或游走的各色小猫，仿佛卫士一般，守护着这位伟大文学家的家园。我也曾在汉堡市中心的一处普通住宅区遇见过勃拉姆斯故居。里面保留着音乐家曾经用过的一架钢琴，那里留下过他的激情与失望。我还曾在威尼斯一家有过狄更斯、瓦格纳和普鲁斯特印迹的老酒店驻足数日，而普鲁斯特一段有关老旅馆的描述："台阶一级挨着一级，就是我们在颜色、芳香和美味中能感觉到的，常常会激起我们官能无限快乐的和谐"，竟和我们所看到的景象有如此惊人的相似之处。……那些经历风雨洗礼的旧屋，因为历史的熏染，成为有血有肉、充满精神内核的灵魂之家，而不仅仅是一座寡淡无味的古董建筑。而坐落于华山路的枕流公寓也是一个像蜜罐那样的文化之家。生存居住于此的住户，包括徐铸成、朱端均、周而复、峻青、叶以群、沈柔坚、陶金、周璇、孙道临、王文娟、乔奇、傅全香、范瑞娟、余红仙、李国豪……几乎每个人都书写了当代文化史的一部分，从而载入史册。由此，枕流公寓本身成为不可忽略的文化驿站。

余生也晚，无缘瞻仰徐铸成、朱端均、周而复、周璇、陶金等前辈大家风采，却也有幸与楼里数位大家有着或远或近的交往。印象中，最先结识的枕流公寓住户是居住在699号大楼的乔奇、孙景路家和王群、徐幸家。乔奇先生堪称中国话剧第二代的杰出代表。听说，他当年在话剧《梅花梦》中扮演一个瘫痪老人，全剧没有一句台词，完全靠身体与眼神的细微变化来传情达意。我父亲曾看过他的话剧《中锋在黎明前死去》，对乔奇先生的表演佩服得五体投地。而我则是从电影《苦恼人的笑》中认识乔奇先生的，他在戏中扮演一位因受迫害而导致精神失常的老记者。其中有一场他与妻子谈鲁迅《立论》的戏感人肺腑。当扮演妻子的秦怡说"……一个说：'这孩子将来要发财的。'他于是得到一番感谢。一个说：'这孩子将来要做官的。'他于是收回几句恭维。一个说：'这孩子将来是要死的。'他于是得到一顿大家合力的痛打……"此时坐在沙发上的老记者缓缓地说："说谎的，得好报；说必然的，遭打。哎，好吧，那就不说，装哑巴好了。可是，老天爷，你为什么让人生下来就有嘴，有眼，有耳朵，还有一个能够思考的脑袋瓜啊……那么，我们就来打哈哈吧！哎哟，你瞧，这孩子……多么……哈哈哈哈哈……"乔奇先生处理这段台词时，声音低回，语速不徐不疾，情绪有收有放，层次感极为分明。说到"还有一个能够思考的脑袋瓜"时，用手指狠狠戳着脑袋，哀怨不已。而到最后那一连串"哈哈哈哈哈"时，几乎带着哭腔，撕心裂肺。……时隔40多年，我对这场戏仍记忆深刻。后来，乔奇先生在《珊瑚岛上的死光》中饰演的科学家"马太博士"和在《子夜》里饰演的阴险狡诈的买办资本家"赵伯韬"，一正一反，各具特色。尤其在塑造"赵伯韬"时，他没有将角色脸谱化，以看似"儒雅"、"随和"的外表，将人物内在的"兽性"展现得淋漓尽致。记得当时人们对李仁堂的"吴荪甫"争议较大，但乔奇先生的"赵伯韬"获得一致赞誉。至于我与乔奇先生的相识，应该和大画家程十发

和程十发夫妇、乔奇合影

先生有关。程、乔两位前辈都属鸡，故此，两人常以"鸡兄""鸡弟"相称，亲密无间。自打认识乔奇先生后，老人家对我关怀备至：看到我主持的节目，常常会在电话里交流几句。那时候，我也住华山路，离枕流公寓仅两站路的距离。因此，我也会前去拜访老人，向他请教台词艺术精髓。乔奇先生总是有问必答，不厌其烦地为我详细讲解。如果正好碰到饭点，我就干脆在那里"蹭饭"。有时，我不仅自己"蹭饭"，还会带搭档袁鸣一起去叨扰乔奇先生。我发现，每次去乔家，崔杰兄和东东姐的女儿总是显得格外兴奋，因为小家伙格外喜欢我俩主持的节目。然而，过了一段时间，我们再去，小姑娘竟不理不睬，并且借故躲避。细问之下才知道，小姑娘一直误以为我俩是"恋人"。当知道我们只是普通同事时，便大失所望。直到今天，和东东姐、崔杰兄说起此事，仍忍不住哈哈大笑。

经过一段时间的交往，乔奇先生发现，我们爷儿俩虽然分属两代人，却毫无代沟，彼此间无话不聊。别看老爷子年事已高，却有极高的艺术敏锐度，不时对我的主持提出独到的见解与忠告。他还曾不无自豪地跟我说："其实，我也主持过。当年，京剧名家言少朋与张少楼的婚礼就是我主持的。"于是，我自然而然地将乔老爷子视作艺术上的师父。他也把我这个徒弟当作"忘年交"。从此，师徒结缘，一路同行……

师父乔奇十分注重培养我的艺术趣味，向我推荐不少沪上文化艺术大家，其中就有同住枕流公寓的画家沈柔坚先生。记得师父曾亲自陪我去沈家面见沈柔坚先生和夫人王慕兰女士。乔、沈两家交情匪浅。王慕兰女士在《邻居乔奇》一

和沈柔坚、王慕兰夫妇合影

文中说道："逢年过节我和柔坚常去乔奇家拜访，他们随即回访，礼貌周全。"有师父"保驾护航"，沈老热情接待。柔坚先生是福建人，口音较重，有些话听起来有点吃力。慕兰女士便会和沈老打趣道："乔奇是宁波人，普通话说得那么好，你要向他学习。"新中国成立之后，柔坚先生一直是上海美术界的领军人物，但他从无官架子，只是以一个画家的身份与人交往。他与张充仁、林风眠、吴大羽、朱屺瞻等前辈画家交往颇深。他和我说，特殊历史时期，张充仁先生内心充满恐惧与苦涩，无人可以诉说，便只能悄悄到枕流公寓大吐苦水，而柔坚先生总是和颜悦色，缓解其不安情绪；吴大羽先生生性拘谨，不苟言笑，但只要和柔坚先生聊画，便滔滔不绝；而林风眠先生更是将柔坚先生视为知己……从柔坚先生不经意的讲述中，我得以感受到艺术大师的另一面。得知我酷爱绘画，他欣然允诺为我作画。不出一个月，我便收到柔坚先生寄来的一幅《硕果累累》。

每次去枕流公寓七楼，除了师父乔奇家，王群、徐幸家也总要去坐上一会儿的。徐幸是原上海青年话剧团的当家"青衣"，当年主演的话剧《人生》轰动一时。她后来在电视剧《上海一家人》和《情深深雨濛濛》中塑造的老裁缝女儿和"佩姨"均给人留下深刻印象。徐幸表演之余，也来电视台担任主持，我们俩一起搭档主持过很多大型活动。而徐幸的丈夫王群是枕流公寓的老住户，他们家从20世纪60年代就搬迁至此。王群原本从事古汉语研究和教学，但也热爱表演和朗诵，与徐幸的台词老师赵兵合著了一本《朗诵艺术》。读完此书，我便萌生写一本有关主持人的理论书的念头。我从事主持多年，有着诸多一线工作经验，但缺乏理论基础；而王群虽然并非专业主持人，但语言学基础扎实，我们俩正好形成互补。于是，我与王群商量，是否可以合写一本《节目主持人语言艺术》。殊不知，王群也有此想法，我俩一拍即合。之后，我每周都要去王群家，从理论框架搭建，到具体主持实例的寻觅、筛选，进行密集讨论。经过一年左右的磨合，书稿终于弄成，在编辑崔美明老师的帮助下，《节目主持人语言艺术》由上海人民出版社出版。此书首度从语言学角度切入，对主持艺术进行理论上的梳理、概括、总结，制定出一套完整的标准化体系。譬如，我们将科学性、审美性和技巧性确定为节目主持语言必须遵循的三个原则。"科学性"指的是用语到位、读音准确、造句规范、语链清楚；"审美性"包括声音悦耳、语言流畅、品位典雅、情感真诚；"技巧性"则涵盖幽默风趣、切合语境、适切时机、适切场合。总之，这本书可以给主持人提供一套规范、有效的工作准则。此书一经出版，迅速成为国内众多艺术院校教材。之后，我们一鼓作气，又合写了多本主持艺术理论专著。2004年，我着手创办一档人物访谈，最初定名为《与大师对话》，但主管领导滕俊杰并不认可。他觉得"大师"很难定义，恐怕容易引起争议，而且也有点作茧自缚，选题会有所局限。于是，我不得不向王群"求救"。王群几乎未加思索，脱口而出"可凡倾听"。在他看来，当时用主持人名字命名的电视节目还并不多见，而"倾听"则更能体现主持人的状态。因为访谈节目的主体是被访嘉宾，主持人只是"绿叶"，他的职责是引导被访者遵循一条逻辑思维线，分享人生故事与感悟。于是，王群自然而然地成为节目策划。20年，近千期节目，王群始终躲在幕后，出谋划策，且分文不取，完全不计个人得失。唯一一次出镜是在特别节目"一个人与一条路"系列之"薛佳凝与华山路"单元里，他带领薛佳凝、王冠与我重返枕流公寓。当我们步入沈柔坚、王慕兰家时，王慕兰女士一眼便认出王群，称他年轻时是枕流公寓里的标准"奶油小生"。我和王群还共同回忆与柔坚先生的交往。

这期节目播出后，反响甚佳，居然还引起了干妈王文娟的关注。枕流公寓于文娟姆妈而言意义非凡，这里是越剧《红楼梦》中"林妹妹"的诞生地，更见证了她与道临师曲折的爱情。道临师经同窗黄宗江介绍与文娟姆妈相交，彼此情投。然而，道临师所谓的"历史问题"阻碍他俩的关系进一步升温。文娟姆妈迫不得已，只得提出中断恋爱关系，并将所有道临师所写情书退还给他。文娟姆妈后来在回忆录中写道："……当我把一包信还给他时，他愣了一下，随即明白了我的意思，默默接过信，靠在街边的梧桐树上，仰头流泪……这个场面一下子击溃了我，满心酸痛噎住了咽喉，想好的话，竟然一句也说不出口。一路把他送到密丹公寓，看着他进门后，我心乱如麻，也不想回家，脚步不由自主地绕到两个人以

陪王文娟祖孙三代重返枕
流公寓，拜访王慕兰

前常走的路上。深夜的街头，我漫无目的地走着，过了很久才发现，不知什么时候道临也跟了出来。我站定回头看他，他轻声说：'我在窗口看到你没有回家，天晚了不安全，出来看看。'两人又默默地走了一段长路，最后还是他送我回到了'枕流'。"枕流公寓与密丹公寓相距不到两公里，但是，那布满伤感的"十八相送"仿佛没有尽头。后幸得周恩来总理与邓颖超大姐的关照，一切困难才迎刃而解。但那时文娟姆妈正拍摄越剧《红楼梦》，自顾不暇。而道临师所住的密丹公寓过于狭小，临时申请房间时间也来不及，他们便将婚房设在枕流公寓。直至女儿降生，他们才将两处房子合并，置换到"武康大楼"。他们虽然在"武康大楼"居住超过半个世纪，但枕流公寓在文娟姆妈心里有着无法替代的位置。当她在电视里再次看到那幢熟悉的建筑，禁不住心潮澎湃，执意让女儿庆原陪她重回老宅。2019年年底，我陪文娟姆妈祖孙三代造访枕流公寓。那日，文娟姆妈身穿大红滑雪衣，那一抹鲜艳的红正好与那一头白发形成鲜明对照。只可惜，她原先居住的43室没有人在。老人家清晰记得，那套单元原先是陶金、章曼萍夫妇居住。她搬出后的住户相继为陈铁迪和李国豪。徘徊于花园中，文娟姆妈想起许多往事。其中有一个所谓"孙道临拿雨伞追小偷"的故事："其实真正捉小偷的是我。当时正怀着庆原，深夜忽然听到花园有异常动静，以为是'梁上君子'光临，说时迟那时快，拿着一把练功的剑，直冲下楼。道临担心我安危，随即手持一把雨伞紧随而来。后来才知道虚惊一场。"忆及往事，文娟姆妈脸上漾起愉悦的神情，好似回到那个久远的年代。随后，我又陪她拜访昔日邻居——沈柔坚夫人王慕兰女士。两位老人一位94岁，一位89岁，紧握双手，互叙友情，场面十分感人……

以上便是我与枕流公寓的渊源。然而，读完《枕流之声：百年枕流公寓的口述史》，我惊奇地发现，枕流公寓好似一个深不可测的海，每一户家庭的历史演变都与大时代密不可分。他们分别以自己的成长经纬度为历史注解，从而也成为历史洪流的一部分，并且用自己的故事，让一座历经百年沧桑的建筑，满血复活。原本冷冰冰的House 顿时幻化成涂抹上温暖的Home 。通常人们认为，历史是由器物和典籍来记录传承的，但口述实录又何尝不是呢？《枕流之声：百年枕流公寓的口述史》便是明证！

是为序。

曹可凡

上海广播电视台主持人　上海电视艺术家协会副主席　上海戏剧学院客座教授

2023年10月

Preface I

Whispers of Memories of Brookside Apartment

In the hushed corridors of an old hotel, an elevator bore witness to a profound sentiment: "Our house, Your home". In that fleeting moment, a tender warmth coursed through my veins. There was a time when we mistook house for home, believing that the possession of a grand abode guaranteed the embrace of a comforting hearth. Yet, a structure, no matter how opulent or distinctive, devoid of the vibrant souls that animate it, remains but a hollow shell. Conversely, a humble dwelling, woven with the threads of history, resonating with tales of kinship, can transcend mere bricks and mortar. It becomes a proper home, a vessel for the human spirit, a testament to lives lived.

I recall my encounter with Hemingway's sanctuary on Key West Island, a modest white cottage cradled within a Spanish-style garden. It was within these walls that the writer penned masterpieces like "A Farewell to Arms" and "The Snows of Kilimanjaro," surrounded by feline sentinels, their eyes alight with a solemn duty to guard this realm of literary greatness. And then, there was Brahms' dwelling, nestled inconspicuously in the heart of Hamburg, where the maestro's piano stood, witness to the symphony of his joys and sorrows. In Venice, I sought refuge in an ancient inn, its timeworn chambers steeped in the echoes of Dickens, Wagner, and Proust. Here, Proust's words danced in the air, "If I wished to go out or to come in without taking the lift or being seen from the main staircase, a smaller private staircase, no longer in use, offered me its steps so skilfully arranged, one close above another, that there seemed to exist in their gradation a perfect proportion of the same kind as those which, in colours, scents, savours, often arouse in us a peculiar, sensuous pleasure." It was astonishing how aptly this description mirrored our surroundings. These venerable abodes, bearing the scars of time, were no mere relics, but living, breathing homes, brimming with a core of humanity that transcends the passage of years. And then, there was the Brookside Apartment on Huashan Road, a veritable honeyed haven of culture. Within its walls dwelled luminaries such as Xu Zhucheng, Zhu Duanjun, Zhou Erfu, Jun Qing, Ye Yiqun, Shen Roujian, Tao Jin, Zhou Xuan, Sun Daolin, Wang Wenjuan, Qiao Qi, Fu Quanxiang, Fan Ruijuan, Yu Hongxian, Li Guohao, and a pantheon of others, their indelible marks etched into the annals of contemporary cultural history. This edifice, Brookside Apartment, emerged as an unequivocal cultural icon, a testament to the living legacy of these remarkable souls.

Born in rather modern times, I regret missing the opportunity to witness the grace and stature of esteemed figures such as Xu Zhucheng, Zhu Duanjun, Zhou Erfu, Zhou Xuan, Tao Jin, and others. Nonetheless, I count myself fortunate to have shared distant or occasional interactions with several eminent personalities residing in the same building. Among the memories that linger, my earliest acquaintances in the Brookside Apartment were the residents of Building No. 699: Qiao Qi, Sun Jinglu's family, Wang Qun, and Xu Xing's family. Qiao Qi, a luminary of the second generation of Chinese drama, bestowed upon the stage his talents, breathing life into characters with a mere gesture, a flicker of the eyes. His portrayal of an ailing, paralytic soul in "Dream of Plum Blossoms" remains etched in the annals of theatrical history. In my father's time, he had the privilege of witnessing Qiao Qi's theatrical prowess in the production That Forward Center Dies at Dawn a performance that earned his admiration. My own introduction to Qiao Qi stemmed from his role in the film The Troubled Man's Smile, where he portrayed an aging journalist grappling with mental instability due to relentless persecution. An unforgettable moment from this film was a dialogue he shared with Qin Yi, playing his on-screen wife, discussing Lu Xun's On Establishing the Truth. This particular scene resonates vividly, where Qiao Qi's portrayal was marked by a deliberate pacing, controlled emotional nuances, and an impressive layering of expressions. His rendition of the line "Those who lie, get their due; those who state the inevitable, get a beating..." was delivered with a poignant mix of sorrow and contemplation. The emotional depth of his performance, spanning over forty years, remains etched in memory. Following this, Qiao Qi embarked on diverse roles, from Dr. Matthew in Death Light on Coral Island to the conniving capitalist Zhao Botao in Midnight. Each character he portrayed was distinct, marked by their unique traits. Notably, his portrayal of Zhao Botao avoided caricature, revealing a depth beneath an "elegant" and "easy-going" facade, showcasing the character's inner complexities. I remember at that time, there was considerable controversy surrounding Li Rentang's "Wu Sunfu", but Qiao Qi's portrayal of "Zhao Botao" received unanimous praise. My acquaintance with Qiao Qi traces back to his close bond with the esteemed painter Cheng Shifa. Both born in the Chinese Year of the Rooster, they fondly addressed each other as "Rooster Senior" and "Rooster Junior". Since our encounter, Qiao Qi has been remarkably supportive. Engaging in discussions about the programs I hosted, he generously shared insights into scriptwriting, especially considering our close proximity on Huashan Road, just a couple of stops from the Brookside Apartment. During our interactions, Qiao Qi patiently fielded my queries, offering detailed explanations on script artistry. Occasionally, we'd share a meal, sometimes joined by my partner Yuan Ming. Upon frequent visits to his residence, I noticed the daughter of my close acquittance Cui Jie and his wife Dong Dong was consistently thrilled to see us. It appeared the young girl held a genuine fondness for the program Yuan Ming and I hosted. However, on subsequent visits, she began to ignore and even actively avoid us with various excuses. Upon inquiry, I discovered that the girl had mistakenly perceived us as a romantic couple. Her realization that we were merely colleagues led to her significant disappointment. To this day, reminiscing about this with Cui Jie and Dong Dong never fails to evoke laughter.

As our interactions continued, Qiao Qi observed that despite the age gap between us, there existed no generational barrier. Our conversations were endless, traversing across a wide spectrum of topics. Despite his advancing age, the venerable man possessed an extraordinary artistic sensibility, often offering unique insights and invaluable guidance on my role as a host. He once proudly shared with me a memorable anecdote, stating, "You know, I have experience as a host myself. Back then, I officiated at the wedding of the celebrated Peking Opera artists, Yan Shaoming and Zhang Shaolou." Naturally, I began to regard him as a cherished artistic mentor. In turn, he affectionately referred to me as a "cross-generational friend." This meaningful bond between us became the cornerstone of our companionship as we embarked on a shared journey.

Master Qiao Qi paid remarkable attention to nurturing my artistic inclinations. He introduced me to several eminent figures in Shanghai's cultural and artistic sphere, among whom was the artist Mr. Shen Roujian, a fellow resident of the esteemed Brookside Apartment. I vividly recall an occasion when Master Qiao personally accompanied me to meet Mr. Shen and his gracious wife, Mrs. Wang Mulan. The ties between the Qiao and Shen families ran deep. Mrs. Wang Mulan eloquently mentioned in her article titled Neighbor Qiao Qi, "During festive occasions, Roujian and I frequented Qiao Qi's residence, and their reciprocal visits were always characterized by utmost courtesy." As I was blessed with Master Qiao introduction, Mr. Shen extended a warm reception to us. Hailing from Fujian province, Mr. Shen possessed a distinctive accent that lent a charming intricacy to his speech. Playfully, his wife would jest with him, saying, "Qiao Qi hails from Ningbo and articulates Mandarin impeccably; you should take a leaf out of his book." Following the country's liberation, Mr. Shen emerged as a towering figure in Shanghai's artistic realm. Yet, he carried himself without any airs of officialdom, embracing everyone solely as an artist. His connections with esteemed predecessors like Zhang Chongren, Lin Fengmian, Wu Dayu, Zhu Qizhan, and others were profound. Mr. Shen shared poignant anecdotes, disclosing that during a tumultuous historical phase, Mr. Zhang Chongren grappled with deep-seated fears and disillusionment, finding solace by confiding in Mr. Shen at the Brookside Apartment. His interactions with these great artists unveiled a different facet of these renowned masters. Mr. Wu Dayu is reserved by nature, not one to speak casually. However, when discussing art with Mr. Shen, he becomes extremely talkative. As for Mr. Lin Fengmian, he regards Mr. Shen as a close and intimate friend. Notably, upon learning of my ardent passion for painting, Mr. Shen graciously agreed to create a masterpiece for me. Within a month, a stunning piece titled Abundant Harvest, lovingly crafted by Mr. Shen Roujian, graced my doorstep, embodying his artistry and goodwill.

Each visit to the seventh floor of the Brookside Apartment was a routine. Besides paying respects to Master Qiao's family, I always made it a point to stop by Mr. Wang Qun and Ms. Xu Xing's place. Xu Xing, once the leading "qingyi" (a dignified female character in Peking Opera) actress of the original Shanghai Youth Drama Troupe, left an indelible mark with her performance in the play Life, which caused quite a sensation back then. Her portrayals in TV dramas like A Family in Shanghai as the daughter of an old tailor and Romance in the Rain as "Aunt Pei" were etched deep into people's memories. Apart from her acting prowess, Xu Xing also took on hosting roles on television, partnering with me in hosting numerous grand events. Along with Wang Qun, her husband, they had been a long-standing resident of the Brookside Apartment since the 1960s. Initially delving into the realms of Classical Chinese studies and teaching, Wang Qun held a fervent passion for the stage and recitation. His collaboration with Xu Xing's dialogue coach, Zhao Bing, birthed The Art of Recitation. Upon reading it, the idea to pen a theoretical book concerning hosts emerged. While I had extensive firsthand hosting experience but lacked theoretical grounding, Wang Qun, with his robust linguistic foundation, complemented my expertise perfectly. Thus, I discussed with Wang Qun the possibility of co-authoring a book titled The Language Art of TV Hosts. Surprisingly, Wang Qun had already toyed with the same notion, and our minds immediately aligned. Weekly visits to Wang Qun's residence ensued— a period marked by intense discussions spanning from conceptual frameworks to the meticulous curation of concrete hosting instances. After about a year of this collaborative journey, we finally birthed the manuscript. With the editorial aid of Cui Meiming, The Language Art of TV Hosts saw publication under the banner of the Shanghai People's Publishing House. This groundbreaking piece delved into hosting art from a linguistic perspective, meticulously outlining a comprehensive and standardized system. It established three cardinal principles—scientific, aesthetic, and technical—to guide TV hosts' language. "Scientific" entailed precise language usage, accurate pronunciation, standardized sentence construction, and clear linguistic connections. "Aesthetic" encompassed pleasing voice, smooth language flow, elegant taste, and genuine emotions. "Technical" factors spanned humor, contextual relevance, timing, and appropriateness for the occasion. In essence, it provided hosts with a cohesive set of standardized, effective working guidelines. The book swiftly transcended into a staple textbook in numerous art colleges across the country. Buoyed by its success, we embarked on penning several more theoretical books on hosting. In 2004, I ventured into launching a personality interview program initially dubbed Dialogue with Masters. However, the program director, Teng Junjie, harbored reservations. Seeking counsel, I turned to Wang Qun, whose spontaneous suggestion of the name Kevin Hours struck a chord. He believed that the program's essence lay in the guests, not the hosts, making "listening" a more important element to highlight. In interview programs, the guests take center stage while the host plays a supporting role, akin to a "green leaf." Their duty is to steer the interviewees along a logical thought process, facilitating the sharing of life stories and insights. Consequently, Wang Qun naturally became the program planner. For over two decades and through nearly a thousand episodes, Wang Qun remained the invisible hand, providing counsel and strategy without seeking any credit or personal gain. His only on-screen appearance was in a special segment titled A Person and a Road, where he led a return to the Brookside Apartment alongside the two famous actresses Xue Jia Ning, Wang Guan, and myself. As we stepped into the home of Shen Roujian and Wang Mulan, the latter immediately recognized Wang Qun, reminiscing about his youthful days as "the epitome of charm" in the Brookside Apartment. Together, Wang Qun and I recounted our shared memories of interactions with Mr. Shen.

Following the airing of this particular episode, its reception was nothing short of exceptional. To my surprise, it even managed to captivate the interest of my godmother Wang Wenjuan, affectionately known as "Auntie Wang." To Auntie Wang, the significance of Brookside Apartment was profound. This was where the character "Lin Daiyu" (Black Jade) from the Yue opera Dream of the Red Chamber was envisioned, and where her entangled love story with Sun Daolin unfolded. Sun Daolin and Auntie Wang found affinity through their mutual friend, Huang Zongjiang, fostering a heartfelt connection. However, Sun Daolin's cryptic "historical issues" acted as a deterrent, halting the progression of their relationship. Thus, under duress, Auntie Wang felt compelled to sever their romantic ties, returning all the ardent love letters penned by Sun Daolin. In her memoirs, Auntie Wang recounted, "...when I tendered back a parcel of letters to him, he hesitated momentarily, then grasped the depth of my intention. He accepted the letters in silence, leaning against a stately plane tree by the thoroughfare, gazing skyward, tears streaming... This poignant scene overwhelmed me instantly, my heart awash with poignant bitterness, suffocating my utterances. Escorting him back to his Midget Apartment, my thoughts were in tumult. I harbored no desire to return home, finding my steps instinctively retracing the paths of yore. In the late-night labyrinthine streets, I wandered aimlessly for an eternity before realizing Sun Daolin had silently shadowed my route. I halted, turning to meet his gaze. In a soft tenor, he remarked, 'Seeing you hadn't returned home from my vantage, the late hour prompted concern. I ventured out to ensure your safety.' Together, wordlessly, we traversed an extended stretch, ultimately finding ourselves back at Brookside." The mere stretch of road that divided Brookside Apartment from Midget Apartments, spanning less than two kilometers, seemed to echo our farewells as if they were without a definitive conclusion. Fortunately, Premier Zhou Enlai and his wife Deng Yingchao's intervention eased their predicament. However, at the time, Auntie Wang was engrossed in the filming of Dream of the Red Chamber, leaving her little respite. Furthermore, Sun Daolin's abode in the Midget Apartment" was cramped, making it unfeasible to procure additional temporary accommodation. Hence, they established their marital chamber at Brookside Apartment. Only upon the birth of their daughter did they amalgamate both residences, relocating to the I.S.S Normandie Apartment. Despite dwelling in there for over five decades, Brookside Apartment held an indelible place within Auntie Wang's heart. Whenever she caught a glimpse of that familiar edifice on television, she was engulfed by a surge of emotions, resolute in her decision to revisit her former abode alongside her daughter, Qingyuan. At the twilight of 2019, I accompanied Auntie Wang and three generations of her family on a pilgrimage to Brookside Apartment. On that day, Auntie Wang donned a resplendent crimson parka, a vivid contrast against her snow-white tresses. Unfortunately, Room 43, her past dwelling, stood vacant. She vividly recalled its previous occupants, Tao Jin and Zhang Manping. After her departure, the succeeding tenants were Chen Tiedi and Li Guohao. While lingering amidst the garden, Auntie Wang reminisced about bygone memories. Among them, she recounted an episode of the so-called "Sun Daolin chasing a thief with an umbrella": "In truth, I was the one who caught the thief. At that time, carrying my daughter, I suddenly heard a commotion in the garden late at night, presuming it was a visit from a 'gentleman.' Without delay, I brandished a practice sword and hastened downstairs. Sun Daolin, concerned for my safety, promptly followed with an umbrella. Later, it turned out to be a false alarm." As she recounted these anecdotes, a radiant expression of joy washed over Auntie Wang 's countenance, as though she had transcended time, transported back to an era of distant memories. Subsequently, I accompanied her on a visit to her former neighbor, Mrs. Wang Mulan, the wife of Shen Roujian. The poignant scene unfolded as the two elderly women, one ninety-four and the other eighty-nine, clasped hands, exchanging reminiscences, a deeply moving tableau...

Such is the intertwined tale between me and the Brookside Apartment. While it may appear as mere fleeting moments, its value is immeasurable. Yet, upon perusing Whispers of Time - Oral Histories from the Centennial Apartment, I was astounded to discover that the Brookside Apartment is akin to an unfathomable ocean. Each family's historical chronicles intertwine seamlessly with the grand tapestry of time, inseparable and indivisible. They interpret history through the prism of their personal narratives, thus becoming an integral part of the historical continuum. Through their stories, they breathe life into a structure that has weathered the trials of a century, transforming it from a frigid edifice into a living-and-breathing abode brimming with warmth. What was once a sterile "House" has now metamorphosed into an affectionate "Home." While history is often believed to be etched in objects and literature, oral testimonies, as evidenced by The Voice of Brookside, assert their significance!

Happy reading.

Kevin Cao

Host of Shanghai Media Group

Vice Chairman of Shanghai Television Artists Association

Visiting Professor at Shanghai Theatre Academy

October, 2023

（译者：冯素雯）

(Translator: Silvia Feng)

序二

我与"枕流"

1986年7月14日，是我从中央戏剧学院毕业分配到上海戏剧学院（以下简称"上戏"）工作报到的第一天。走进华山路，硕大的梧桐树遮挡着炎热的太阳，枝叶交错，浓荫蔽路。就在上戏对面，枕流公寓海湾式的北面，小拱璇、圆弧檐口大门，钢窗铜把手，淡黄色的外立面温暖而质朴，热情而烂漫。我当时就想：这房子里住的是什么样的人？他们身上会有什么样的故事呢？"枕流公寓"的名字从何而来？门口大理石上镌刻着曾在这里住过的名流：著名影星周璇，戏剧家朱端钧，影视明星孙道临、乔奇、孙景路，越剧演员范瑞娟、傅全香、王文娟，评弹演员余红仙，画家沈柔坚，漫画家陶谋基，《文汇报》总编辑徐铸成，作家王慕兰、峻青，文艺理论家叶以群，篆刻家吴朴堂等。这里被誉为"海上名楼"。

在上戏工作久了，慢慢地了解了"枕流"二字的来历。"枕流漱石"出自南朝宋刘义庆的《世说新语·排调》——"所以枕流，欲洗其耳；所以漱石，欲砺其齿"，有隐居之意。

在繁华的大上海，能有一处大隐隐于市的居处，该是很多人的梦想。1930年建设时，这里是当时上海西区规模最大的高级公寓，以装潢豪华、开间宽阔、环境舒适著称，配备壁炉、暖气、电梯。地下室还有游泳池，有枕着流水入眠的寓意，这也是真正意义的"枕流"。可想而知，这是当时上海滩超一流的公寓住宅，这让我对枕流公寓又多了一层念想。

我在上戏工作了36年，每天都会经过枕流公寓的身后，可是与它真正的缘分，是从我的好朋友崔杰和徐东丁那里开始的。徐东丁是著名演员乔奇、孙景路夫妇的女儿，自幼就随父母住在枕流公寓。我常常听她说起小时候在小而精的花园里玩耍，在楼道里奔跑、躲猫猫，听老一辈的人讲起枕流公寓里住着的名人和他们的趣事，讲起在亲戚家做客的张爱玲在枕流公寓窗口，端着咖啡，与上戏佛西楼上同样喝着咖啡的情人遥遥相望。这些美丽的故事吸引着我的脚步，总想着有一天能够真正地融入其中。机缘巧合之下，我在2013年住进了枕流公寓，成了它的一份子。当我踏上它的台阶，从它的身后走入前院，花园豁然出现在我眼前，顿时觉得自己早已与它相识、相知。我走过这幢历史建筑，用自己的脚步丈量着前人生活过的地方，用自己的眼睛透过一扇扇古朴的花式窗台，望向庭院。有时坐在花园，凝望着马蹄形建筑的每一扇窗户，能够感受到窗户下生活着每一家每一户真实的生活气息，窗户下的每一个人彼此都有一种悟对通神的感觉。

　　建筑有灵魂，与生活在其中的人息息相关。当我成为静安区人大代表，能够为静安区做一些事的时候，我首先想到的是不要辜负枕流公寓的这些年、这些人、这些事。我应该把曾经住在这里的人们的故事留下来，为生活在这里的人们留下些什么。于是我向有关部门提出建议，要写写枕流公寓，记录下枕流公寓的故事，让世人能读懂这幢建筑，能够触摸每扇窗户后的质朴而热烈的生活。

王苏

全国政协委员　上海戏剧学院表演系教授

2021年2月

Preface II

Me and Brookside

On July 14, 1986, was the first day I reported to work at the Shanghai Theatre Academy after graduating from the Central Academy of Drama. As I walked into Huashan Road, large sycamore trees blocked the scorching sun. Their branches and leaves intertwined, casting a dense shade over the road. Just across from the Shanghai Theatre Academy, we see small arches, rounded eaves, steel windows with copper handles of Brookside Apartments (pronounced as "Zhenliu" in Chinese). The light-yellow exterior is warm and simple, passionate and romantic. At that time, I wondered, what kind of people live in this building? What stories do they carry? Where does the name "Zhenliu" come from? On the marble at the entrance, the names of celebrities who had lived here were engraved: the famous actress Zhou Xuan, playwright Zhu Duanjun, film and television stars Sun Daolin, Qiao Qi, Sun Jinglu, Yue opera actress Fan Ruijuan, Fu Quanxiang, Wang Wenjuan, Pingtan performer Yu Hongxian, painter Shen Roujian, cartoonist Tao Mouji, the chief editor of Wenhui Daily Xu Zhucheng, writers Wang Mulan, Jun Qing, literary theorist Ye Yiqun, seal engraver Wu Putang, and so on. This place is renowned as the "Famous Building by the Sea."

After working at the Shanghai Theatre Academy for a long time, I gradually learned about the origin of "Zhenliu." The phrase "Zhen Liu ShuShi" originates from Liu Yiqing's "A New Account of the Tales of the World" during the Northern and Southern Dynasties. With the meaning of "lying by the stream to clean one's ears, and rinsing one's mouth with pebbles to sharpen histeeth," it implies a desire for living in seclusion.

It is a dream for many to have a secluded residence in the center of the bustling metropolis of Shanghai. Built in 1930, Brookside Apartments was the largest upscale apartment buildings in the western part of Shanghai at the time. It has been renowned for its luxurious furnishings, spacious layouts, and comfortable environment. The apartments also boasted many amenities, including fireplaces, heating, and elevators. The basement even housed a swimming pool, symbolizing the idea of sleeping by the flowing water, which is literally the meaning of "Zhenliu." It is easy to imagine that this was an extraordinary residential complex in old Shanghai, which makes me more fascinated with Brookside Apartments.

I have been working at the Shanghai Theatre Academy for 36 years, and every day I pass by Brookside

Apartments. However, my true connection with Brookside Apartments began with my good friends Cui Jie and Xu Dongding. Xu Dongding is the daughter of the famous actors and actress Qiao Qi and Sun Jinglu and has been living in Brookside Apartments since childhood. They tell me stories about playing in the garden and hallways, and they recount the anecdotes of celebrities lived in Brookside Apartments, which were told by the older generation. There were also stories of the esteemed writer Eileen Chang visiting her relatives at Brookside Apartment, her thoughts lingering on her lover situated just across the street at the Shanghai Theatre Academy. These beautiful legendary stories captivate me, and I always hope that I can truly become part of it one day. Through a fortunate turn of events, I moved into Brookside Apartments in 2013. Dreams come true. As I entered the front courtyard, the garden unfolded before my eyes, and I felt as if I had known her for a long time. Wanderingin this historical building, I followed the steps of those who lived before and glimpsed into the courtyard through the vintage windowsills. When I sit in the garden gazing at the horseshoe-shaped windows, I could sensethe breath of life of every household and their spiritual connections.

The soul of a building is the embodiment of the spirits of its residents. When I became a representative of Jing'an District People's Congress, I have opportunities to contribute to the district. My first thought was to do something for Brookside Apartments. We should pass down the stories of those who once lived here and leave something for those currently residing here. Therefore, I proposed to the authorities to write about Brookside Apartments, and to document its stories, so that people can understand this building, and comprehend the simple yet passionate lives behind each window.

Wang Su

Member of the National Committee of the Chinese People's Political Consultative Conference

Professor at Acting Department at Shanghai Theatre Academy

February, 2021

（译者：王南游）

(Translator: Elsie Wang)

Contents

目　录

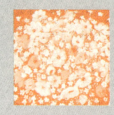

本书口述史案例按照受访者 / 受访家庭进入枕流公寓的年份顺序排列
The cases are arranged chronologically based on the year in which the interviewees/ interviewed families resided at the Brookside Apartment.

华山路靠近枕流公寓段，秋日的华山路被蓬松的梧桐树包裹

华山路

Huashan Road

华山路是上海市跨静安区、徐汇区和长宁区的一条重要道路，北起愚园路，南至衡山路，全长4,320米，南北两端分别连接徐家汇和静安寺两大商圈。

该路始建于1862—1864年，是英租界当权者为防御太平军而修筑的七条"军路"之一。太平天国战争结束后，该路由公共租界工部局接收整修，因通徐家汇，曾名徐家汇路。1914年，法租界扩张到徐家汇，该路便成了法华界路。1921年1月，为了区分于法租界另一条同名道路，该路以英国将领道格拉斯·海格（Douglas Haig）之名，改名海格路（Avenue Haig）。1943年10月，汪伪政权"接管"租界后，改名华山路。

华山路初为土石路，20世纪20年代翻修成沥青路面。路旁有河浜，沿路多为高档住宅区，原是美英侨民和中国上流人物的主要聚居地。弯曲的华山路见证了上海的发展与兴旺。

华山路北段 (图片来源: 网络)

Huashan Road, an important thoroughfare spanning Shanghai's Jing'an, Xuhui and Changning District, enjoys a total length of 4,320 meters. Its southern and northern ends connect two major commercial districts, Xujiahui and Jing'an Temple respectively.

The road's origins trace back to 1862-1864 when it was named "Xujiahui Road." In 1914, the French Concession's expansion to Xujiahui prompted its name change from Xujiahui Road to Fahuajie Road. In January 1921, to distinguish it from another road of the same name in the area, it was renamed Haig Road in honor of British General Douglas Haig. With the ascent of the Wang Jingwei's bogus regime in October 1943, it was renamed Huashan Road.

Originally a dirt path, Huashan Road underwent a renovation in 1920s, acquiring an asphalt surface. Along the road, there are upscale residential neighborhoods, garden villas, and luxury apartment. It was once the primary residence of American and British expatriates and the Chinese elite. The winding Huashan Road stands witness to the unfolding development and prosperity of Shanghai.

(译者: 王南游)

(Translator:Elsie Wang)

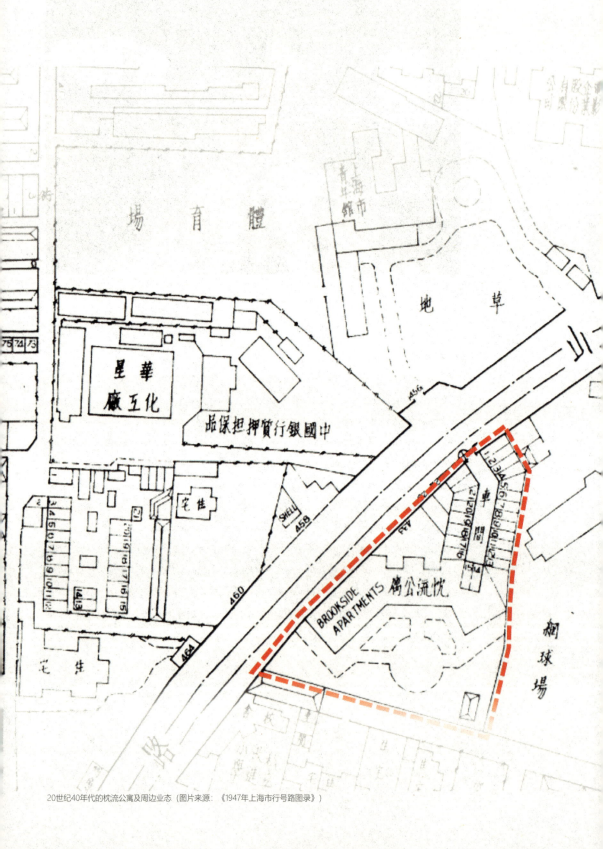

20世纪40年代的枕流公寓及周边业态（图片来源：《1947年上海市行号路图录》）

枕流公寓

Brookside Apartment

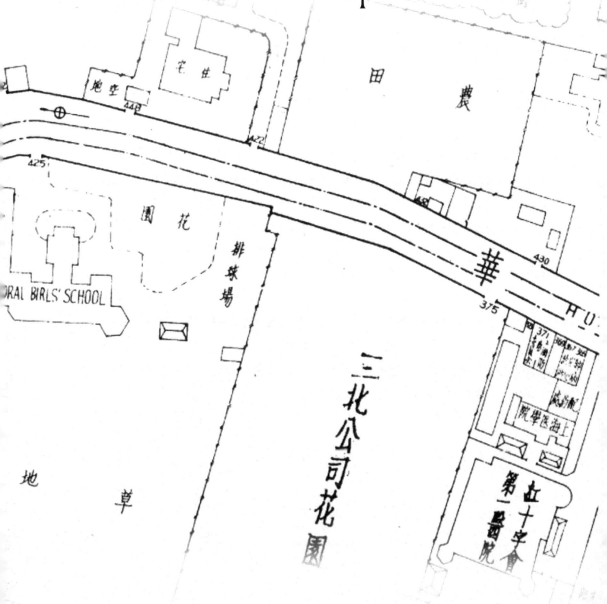

李经迈（图片来源：网络）

枕流公寓位于上海市静安区华山路699—731号，1994年被列入第二批上海市优秀历史建筑。19世纪20年代末，随着城市人口的快速增长和土地因素的制约，上海逐日兴起建造高层公寓之风。枕流公寓建于1930年，业主是中国晚清名臣李鸿章的小儿子李经迈，由美商哈沙德（Hazzard）洋行设计，华商馥记营造厂施工，采用折中主义建筑风格，是20世纪30年代的顶级豪宅。

"枕流"二字出自《世说新语》"枕流漱石"的典故，形容远离世俗、潜心静思和磨炼意志。枕流公寓初建时，住户大多是在沪侨民。1949年新中国成立后，上海市人民政府将空置的房间分配给文化艺术界人士和高级知识分子居住。住户包括知名的演员、越剧艺术家、导演、画家、作家、媒体人、科学家、商界精英和政府官员等。

周璇在枕流公寓门口（图片来源：中国嘉德官网）

Brookside Apartment issituated at 699 and 731 Huashan Road in Shanghai's Jing'an District. In 1994, it earned a spot in the second batch of Shanghai's Historical Architectures. In the late 1920s, as the urban population burgeoned and available land became constrained, Shanghai witnessed the emergence of a trend in constructing high-rise apartments. Constructed in 1930, Brookside Apartment was owned by Li Jingmai, the son of the renowned late *Qing statesman Li Hongzhang*. Designed by American architecture firm Hazzard and built by *Huashangfuji* Construction Factory, it boasted an eclectic architectural style, establishing itself as a premier mansion of the 1930s.

Based on the precept of "pillow one's head on stream and gargle one's mouth with pebbles", the Chinese name "Zhenliu" for the Brookside Apartment is an allusion from *A New Account of the Tales of the World*, signifying a life of seclusion, deep contemplation for clarity of mind, and the cultivation of willpower. Upon the initial construction of Brookside Apartment, the residents were predominantly foreign expatriates in Shanghai. Following the liberation of China in 1949, the Shanghai Municipal People's Government assigned vacant rooms to cultural and artistic luminaries, as well as high intellectuals. Among the residents were celebrated actors, Yue opera artists, directors, painters, writers, media professionals, scientists, business elites, government officials, and others.

(译者：王南游)

(Translator: Elsie Wang)

华山路 699 号主入口

华山路 731 号入口

"枕流"之名

"枕流"二字出自《世说新语·排调》——孙子荆年少时欲隐，语王武子："当枕石漱流"，误曰："漱石枕流"。王曰："流可枕，石可漱乎？"孙曰："所以枕流，欲洗其耳；所以漱石，欲砺其齿。"后来"漱石枕流"成了典故，形容远离世俗、潜心静思和磨炼意志。"枕流"一词正好也与公寓的英文名称"Brookside"相得益彰。

20世纪30年代的顶级豪宅

枕流公寓在民国时期的地址是华山路433—435号。占地3,944平方米，其中花园面积约为2,500平方米。建筑占地979平方米，建筑面积7,300平方米。

建筑平面为曲尺形，沿华山路设了两处入口。两处入口之间沿华山路侧和公寓东北角原为汽车间，共有31个停车位。位于699号的主入口朝北，门厅南北相通，内有信箱和服务处。整个公寓设有两部电梯和五条楼梯，其中，699号有一条主楼梯和两条副楼梯，731号则是一条主楼梯和一条副楼梯。建筑南向围合出一个西式古典大花园，内有喷水池和大草坪。公寓顶楼平台向住户开放，适合远眺和散步。地下室有室内游泳池，并设有水泵房、锅炉房、工人宿舍和储藏室等。楼内统一提供暖气和热水。枕流公寓因为设施高档齐备，素有"海上名楼"之称。1947年公寓过户，时价旧币40亿元。

公寓整体造型简洁，屋顶牌坊、屋面沿口筒瓦、檐下连续拱券纹，大门的巴洛克弧线压顶、螺旋式纹样立柱以及室内的装修均融入西班牙式样，构成折中主义建筑风格。

枕流公寓东南侧立面

　　建筑采用钢筋混凝土结构，高度为28.9米，地上7层，地下1层。枕流公寓初建成时共约40套住房，每层按英文字母A－G编号。731号七层以三室户为主，三室户面积约为130平方米。699号户型多样，一至五层每层有3－5套，二室户面积约为80平方米、三室户约为130平方米、四室户约为150平方米。六层和七层是五室户，面积约为220平方米，两边是大套间，中间设有两套复式户型，在当时上海公寓中较为罕见。

　　公寓房间宽敞，客厅面积较大，卧室大多为带厕所的套间。层高约3.35米，窗台高度仅有0.8米，以此增强室内采光。房间内均采用钢制窗棂、铜制门把手、檀木地板，客厅皆设壁炉，厨房内均有烘烤设备，餐厅和厨房之间有备餐室相隔。主仆动线分离，进出公寓各有其门。

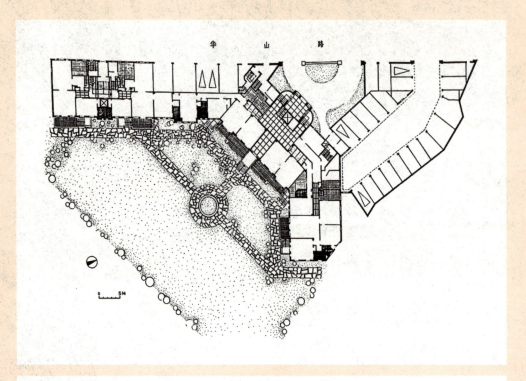

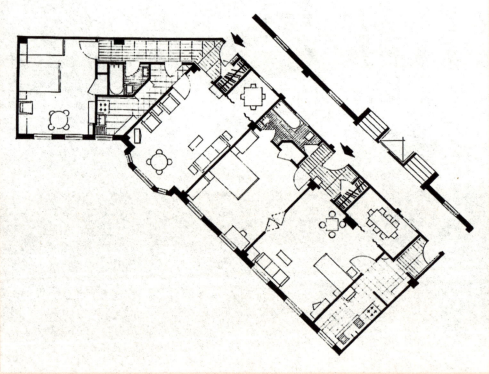

20世纪30年代建筑平面图：一层

20世纪30年代建筑平面图：二室户

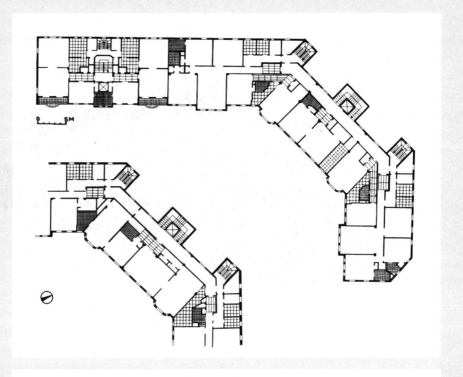

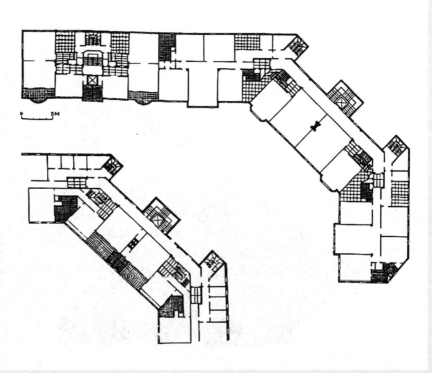

20 世纪 30 年代建筑平面图：标准层及四层中部
20 世纪 30 年代建筑平面图：六层及七层中部

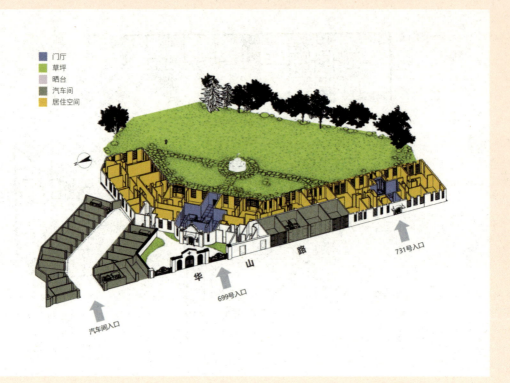

图例：
门厅
草坪
晒台
汽车间
居住空间

汽车间入口
699号入口
华山路
731号入口

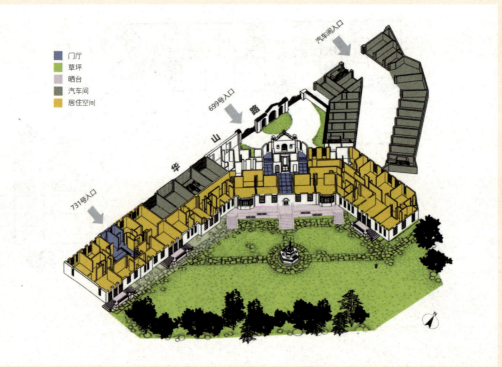

图例：
门厅
草坪
晒台
汽车间
居住空间

汽车间入口
699号入口
华山路
731号入口

本页上图：20 世纪 30 年代一层建筑模型 1　　　右页上图：20 世纪 30 年代二室户建筑模型

本页下图：20 世纪 30 年代一层建筑模型 2　　　右页下图：20 世纪 30 年代三室户建筑模型

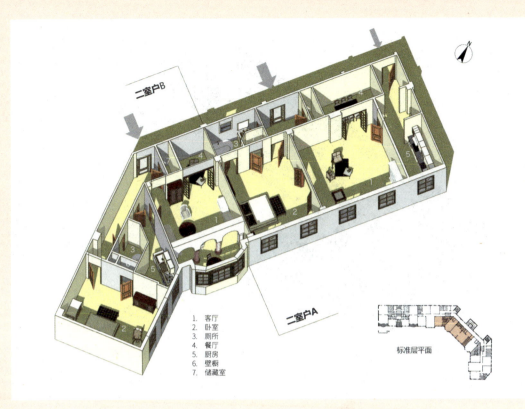

二室户B

二室户A

1. 客厅
2. 卧室
3. 厕所
4. 餐厅
5. 厨房
6. 壁橱
7. 储藏室

标准层平面

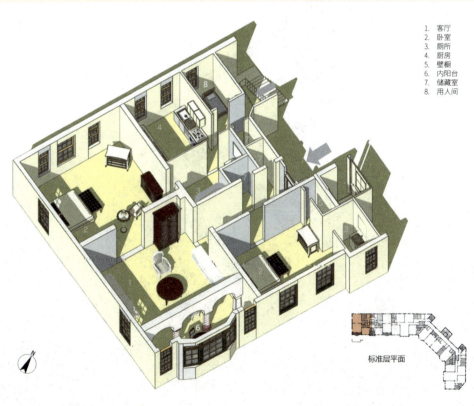

1. 客厅
2. 卧室
3. 厕所
4. 厨房
5. 壁橱
6. 内阳台
7. 储藏室
8. 用人间

标准层平面

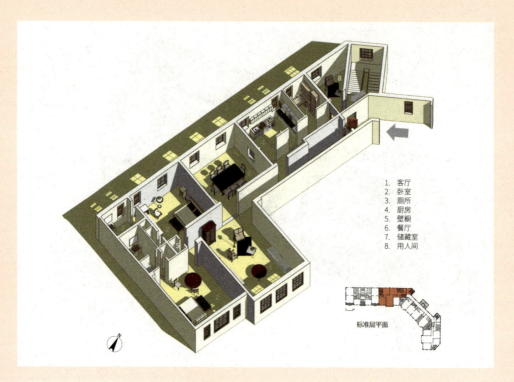

1. 客厅
2. 卧室
3. 厕所
4. 厨房
5. 壁橱
6. 餐厅
7. 储藏室
8. 用人间

标准层平面

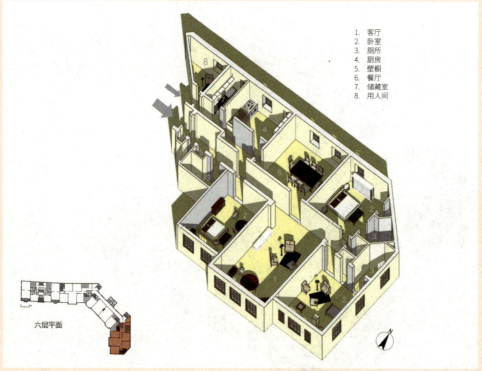

1. 客厅
2. 卧室
3. 厕所
4. 厨房
5. 壁橱
6. 餐厅
7. 储藏室
8. 用人间

六层平面

20 世纪 30 年代四室户建筑模型

20 世纪 30 年代五室户建筑模型

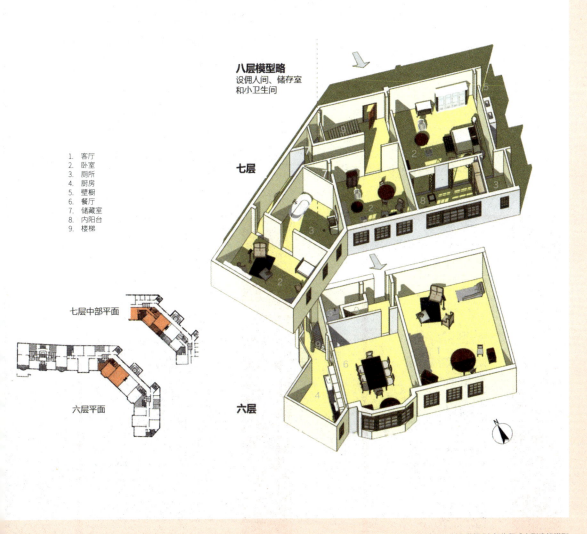

八层模型略
设佣人间、储存室
和小卫生间

七层

1. 客厅
2. 卧室
3. 厕所
4. 厨房
5. 壁橱
6. 餐厅
7. 储藏室
8. 内阳台
9. 楼梯

七层中部平面

六层平面

六层

20 世纪 30 年代复式户型建筑模型

(本章建筑测绘：罗元文)

筑巢引凤

在当时，如此高档、豪华的枕流公寓，多数面向的是在沪侨民。根据1937年字林洋行出版的《中国行名录》（Chinese Hong List），枕流公寓初建时部分租户名单如下：

1A Mr. & Mrs. C. B. Blaikie，
　　上海制造电气有限公司引擎部经理
　　（Shanghai Electric Construction Co., Ltd.
　　Engineering Dept.）；

1F Dr. Mnto-Nardone，穆德医生；

4B O.D. Terrell，颐中烟草公司部门经理；

6G W. Sommer，德孚洋行经理；

7G J. M. Rachal，慎昌洋行部门经理
（Anderse，Meyer& Co., Ltd）。

1941年，太平洋战争爆发，上海大量侨民被遣送回国。1949年全国解放，枕流公寓由房地部门接管，上海市人民政府将空置的房间分配给文化艺术界知名人士和高级知识分子居住。

自20世纪50年代起，枕流公寓的知名住户包括报人徐铸成、陈尚凡，导演朱端钧，作家周而复、峻青，文艺理论家叶以群，画家沈柔坚、韩安义，金石家吴朴堂，工商界杰出代表胡厥文、沈瑞洲，三栖明星周璇，影剧表演艺术家陶金和章曼萍夫妇、乔奇和孙景路夫妇、于飞、孙道临、徐幸，越剧表演艺术家傅全香、范瑞娟、王文娟，评弹表演艺术家余红仙，医学家吴肇光，曾任上海市人大常委会领导陈铁迪，力学专家李国豪等。

1932年枕流公寓住户名单（由上海社科院历史所陈磊女士提供）

1937年年初枕流公寓住户名单（由静安区文史馆陆琰先生提供）

1933 年，外侨在家中（图片来源：网络）　　　　　　　　　　1934年，外侨们坐在通向花园的走道上（图片来源：网络）

外侨在枕流公寓花园的喷水池旁（图片来源：网络）　　　　　　1933 年，外侨家中的中国管家（图片来源：网络）

20 世纪 30 年代，枕流公寓花园（图片来源：网络）　　　　中国管家在枕流公寓的天台上
　　　　　　　　　　　　　　　　　　　　　　　　　　　　　（图片来源：网络）

枕流公寓鸟瞰图，华山路 693 号为旧时枕流公寓的汽车间所在地

枕流之声
Whispers of Time

本部分集合了近30个口述史案例，按照受访者搬入公寓的年份编排，其中有三组按照家庭来组合，受访者年龄跨度60岁，包含文化艺术界人士、高级知识分子一代、二代和三代。从1951年到2017年，他们不仅讲述了这栋房子在不同时期的样貌、自己的成长经历、邻里之情、家庭和时代的变迁等，还贡献出了珍贵的老照片、老物件和文艺作品。枕流公寓在他们的回忆中变得多彩而有温度。海纳百川、追求卓越的上海城市精神，在他们身上得到充分的体现。

This chapter compiles almost 30 oral history cases, featuring individuals from the fields of literature and arts and high intellectuals, spanning three generations with an age range of 60 years. Arranged chronologically based on the year they moved into the apartment from 1951 to 2017, the interviewees not only describe the building's various appearances in different eras but also explore their personal growth experiences, relationships within the neighborhood, family stories, and the evolving dynamics of their times. Furthermore, they contribute valuable old photos, artifacts, and literary and artistic works. In their recollections, Brookside Apartment come to life. They truly embody the Shanghai spirit of inclusivity and the pursuit of excellence.

(译者：王南游)

(Translator: Elsie Wang)

01 蔡逎绳：棒球少年就这样做了医生

Cai Naisheng. Moved in 1951– From a child who played baseball to a doctor who saves lives.

上海中山医院心内科教授
1942 年生于上海，1951 年入住华山路 699 号
后搬至 731 号，2006 年搬出

"我跟乐家的弟弟关系最好，他的两个哥哥常在花园里玩垒球，戴着手套，一个在丢球，一个拿着棒子在打。"

访谈日期：2020 年 12 月 8 日
访谈地点：枕流公寓南侧花园
访问员：倪蔚青、赵令宾
文字编辑：赵令宾、倪蔚青
拍摄：王柱

20世纪50年代的大肚子总管与顽皮少年

访问员：蔡老师，您好。

蔡逎绳：你好。

访问员：请问一下，您是哪一年出生的？

蔡逎绳：1942年。我很老了，接近80岁了。

访问员：那您是在哪里出生的呀？

蔡逎绳：我出生在上海。

访问员：上海哪里呀？

蔡逎绳：我们当时是住在金陵东路的，不是出生在这里。我最小的弟弟妹妹是出生在这里的。

访问员：那你们大概是什么时候搬到这里来的？

蔡逎绳：我们当中去过香港，后来再回上海。大概是1951年搬过来的。

访问员：当时为什么会搬过来呢？

蔡逎绳：我父亲是在上海做生意的，到香港以后呢，那边生意不好嘛，他就还是回来了。新中国刚成立的时候，是可以自由进出香港的，但是一回来不久，就不能出去了。我们一回来就搬到这里了。

访问员：刚搬进来的时候是住哪一间呀？

从花园里看到的枕流公寓

蔡洒绳：我们住在6C，有连层的一套。本来枕流公寓有两套房子是六、七层连的，里面还有个小楼梯，上去是八楼。八楼是用人房、储存室，还有小的卫生间。

访问员：当时你们住的房子大概是什么样子的？每一层大概有什么房间呀？

蔡洒绳：从六楼大门进去，有个lobby(门厅)，旁边有个小的洗手间，再进去是一个大的客堂间。走进去呢就是一个餐厅，餐厅里面是一个厨房间。从lobby上去有一个楼梯，可以通到七楼。厨房间也有一个楼梯，通到七楼的。七楼是三间卧室，全是朝南的。一个大的主卧带内阳台的，旁边再有两个房间，还有三个壁橱。枕流公寓设计得很好，都有壁橱的。七楼有两个大卫生间。六楼就一个小卫生间。八楼还有一个卫生间，是给家里的用人住的。八楼是没有地板的，凸在平顶天台上面，比较简单，只有几个小间，还有个卫生间。

访问员：你们当时搬过来时家里有多少人呢？

蔡洒绳：六个人，我父亲、母亲，还有四个小孩。我最小的妹妹和最小的弟弟没出生，还有一个妹妹在香港。当然了，还有三个用人，主要负责煮饭、打扫和看孩子。

访问员：当时房间是怎么样分配的呢？

蔡洒绳：我爸爸妈妈住在主卧室，在七楼。我们小孩分住旁边的两个卧室，用人是住在八楼的。

访问员：还记得当时的枕流公寓是什么样子的吗？

公寓的二楼夹层，以前住着部分为公寓服务的工人

蔡迺绳：第一感觉这里蛮清净的，人和人之间蛮和谐的。刚搬进来的时候人很少，还有老外，他们很多都没有小孩子，一套就一两个人住。比如这里二楼的一个老外，他就是一个人住。为什么我比较熟悉呢？不是熟悉那个老外，他在洋行上班。他家有个厨师，厨师的儿子是我们的同学。他老是跟他爸爸说，要请我们吃饭。有一天老外不在，他爸爸就把一个大餐桌铺好，把西餐烧好，叫我们去吃。还有一个大肚子总管，把这里管得很好。他对大人非常客气，对小孩子很凶，因为我们小时候特别顽皮。我们常常在花园里打球，球把人家玻璃窗砸坏了，他就马上找家长去协调。他那里有一本很大的记事簿，翻开来："几室的小孩子把几室的玻璃窗砸坏了。"当时住户间都很客气的，我妈妈说："我们赔你。"对方就说："哎呀，不要不要了。"但是总管都要记录在案的。有的时候我们看见那个老先生呢，"啪"地在他肚子上打一下，就赶快逃走。

访问员：有人说楼下有一个游泳池，您见过吗？

蔡迺绳：没有游泳池。

访问员：没有吗？

蔡迺绳：我没听谁说，地下室是让你存放东西的。和国外的一样，你可以租的。一间间用铁丝网拦起来，外面有锁，你可以租来把你的东西丢在里面的。这里以前有个经理，有个总管，有电工、锅炉工，还有四个开电梯的工人，因为有两个电梯嘛，他们是专门为这幢楼服务的。"枕流"还有汽车间。

访问员：也是地下的吗？

蔡迺绳：不是地下的，就在我们这里隔壁。出门往右边不是有栋楼吗？造的样子跟枕流公寓差不多的，那栋楼的所在地本来是汽车间。汽车开进去，两边各有几间，加起来大概有十间吧，这门开开来的时候"突啦啦"地响。我们家本来也租了一个汽车间放东西，空间还蛮大的。最早的时候，那些老外有没有汽车，我没注意。后来大概就是四楼的沈家，桐油大王的儿子（沈祖域），他还有一辆奥斯汀。汽车间"文革"期间就给那些工友住了，再后来就拆掉，造了六七层的小高层。

因棒球而改变的求职之路

访问员：您搬来的时候上学了吗？

蔡洒绳：上小学。我念书比较早，搬过来的时候已经是三四年级了。

访问员：是在这附近上小学吗？

蔡洒绳：就在隔壁。隔壁弄堂里以前有家小学叫改进小学，后来改成华山路第二小学，再后来又改成一个美术学校，现在都拆掉了。当时我们这儿的小孩子都在隔壁上学，我女儿也是在这里念的。因为离得近，所以上学不需要家里人接送，自己走到隔壁就是了。

访问员：你们搬来之后和邻居有什么交往吗？

蔡洒绳：那个时候我们很小，都是小孩子之间的交流。我们隔壁住了一家姓李的，他们的妈妈叫刘明珍，是工业家刘鸿生的女儿。他家的小儿子和我是一个班级的，大家时常在一起玩。很怀念小时候，以前大家一下课都到这花园里玩，好多都是同班的同学，男生和男生一起，女生和女生一起。花园里当时没有这么多树的，当中这两块地种的花像喇叭花一样，一边红的，一边黄的，当中有个"金鱼缸"（即水池）。"金鱼缸"里面有鱼的，还有喷水的。我小时候顽皮，还去钓过里边的金鱼。我们常常在一起抓蟋蟀啊，晚上玩官兵抓强盗啊。花园两边有两棵冬青树，圆的，是双方的大本营，这边是红方，那边是蓝方。把一块石头藏在这边，大家去偷石头，"官兵"来抓，很热闹的。要吃晚饭了，大人会在上面窗口叫的："撒宁撒宁（谁谁谁），好上来吃晚饭了！"有时候小孩在玩，用人会说："哎哟，小少爷，你把这窗都开开了，蚊子要飞进来了。"晚上比我们大一点的孩子还会讲故事，给小孩子讲鬼故事。讲得害怕了，大家都逃回去了。

访问员：那你小时候有要好的小朋友吗？

蔡洒绳：他们都走了，都不在中国了，有的去了美国，联系也不多。我小时候有一个关系比较好的朋友，姓乐。乐家是在南京路食品公司对面的小马路上开帐子公司的，他家里有三兄弟、两姐妹，我跟最小的弟弟关系最好。他的两个哥哥常在花园里玩softball（垒球），戴着手套，一个在丢球，一个拿着棒子在打。

蔡遒绳（左一）和弟弟蔡遒群坐在花园中
的"金鱼缸"喷泉旁，摄于1951年

蔡遒绳（左一）和长宁区中学垒球队的队员们
在699号五楼家内阳台，摄于1958年

后来，我爸爸说："你也去玩吧！"我就也参加了。玩着玩着，就会打softball
了，以后就到更大的场子里改打棒球了。也因为这样，影响了我以后的职业，为
什么呢？后来上海成立中学生队了，因为我们打得早嘛，我是中学生队的队员。
我1959年高考考到交大。考进交大以后，上海决定要成立高校运动队。打篮球好
的全部到交大（上海交通大学），打排球好的全部到复旦，一年级、二年级的全
部要转校。我在交大，他（学校干部）说："你被选入高校棒球队了，要转学到
第一医学院。"我在交大念了一个多月，开始不肯去，他就不断做工作，每天下
课后要我到团总支办公室去谈话。后来我想还是转吧，第一医学院离家比较近
嘛，交大那里有蚊子、有臭虫，路又很远。在交大读一年级的时候是住在老火车
站后面的，不是这个徐家汇的交大。

访问员：交大那时候在老火车站那里呀？

蔡遒绳：一年级全部在老火车站后面念，交大本部是在华山路徐家汇那里，
那个地方很小嘛。我念了大概两个月不到一点，就去了上海第一医学院。上海第
一医学院离我家近呀，自行车一骑就回家了，后来就这样做医生了。

访问员：你在交大的时候是什么专业？

蔡遒绳：我是运输起重系。

访问员：那到上海第一医学院呢？

蔡遒绳：医疗系。

访问员：当时会不会有一些记忆深刻的节日？你们喜欢过什么节？

蔡洒绳：春节啊。小孩子过春节嘛，有新衣服。我们是福建人，要做春卷，做的春卷和这里的不一样，里面有肉丝、笋丝、胡萝卜丝，要炒的。炒干以后，用春卷皮包着吃，不蘸酱料的。还要做芝麻汤团，很热闹的。开始嘛用人做，后来用人少了我们自己做。我们当时也不过什么圣诞节，主要还是春节。

访问员：还可以放炮仗对吗？

蔡洒绳：对，还要放炮仗。当时的鞭炮不像现在有这么多的花样，就是一个炮仗，一个高升。一串炮仗点完，还有一些没有点着的小炮仗，我们就捡来玩。有一次，我和我的弟弟跑到大楼的小楼梯那里，有个老外穿着西装要出去拜年了，我们就把小炮仗从上面丢下来。楼梯连着马路的，"砰"的一下子，动静很大，我们就赶快逃掉了。他还有个车子，我们把炮仗包在烂泥里面，弄好之后，从上面丢下去，丢在车顶上，"砰"的一下很响。反正都是那些调皮捣蛋的事情吧。

在枕流公寓里搬了两次家

访问员：刚搬过来的时候，爸爸妈妈是做什么工作的？

蔡洒绳：我爸爸是做进出口生意的，公司叫"永极盛"。妈妈开始是不工作的，后来到厂里去上班了。"公私合营"以后，情况变差了，我爸爸的工资降到每个月48块。进出口的很多胶卷、照相器材什么的都卖不掉了，所以他又开了一个照相材料厂。现在叫企业家，以前叫资本家。

访问员：到了20世纪60年代，家里有受到什么冲击吗？

蔡洒绳：后来不是因为"公私合营"嘛，我爸爸的收入降低了不少，我们就从上边搬下来了，因为连层的房租还蛮贵的。租这个房子要拿"顶金"的。"顶金"就是说你本来是这里的房客，我要来住，你准备搬走了，我还要给你钱的。当时是算金条的，大家要谈判的。进来以后要付房租，当时房租起码也是论百的，比较贵。一般人的工资才几十块吧。

访问员：所以你们就搬到五楼去了？

蔡洒绳：是，住房面积就缩小了。我们搬出去后不久，6C的六楼和七、八楼被分别隔成了两个独立的单位出租。

访问员：那五楼的房间你们再怎么分配呢？

蔡洒绳：五楼这个单位的房间是一平排的，都是朝南的，进来也是一个lobby，直走也是一个饭厅，饭厅过去就是厨房。Lobby的另一边是客厅，客厅的后面有一条走廊，连接着两个房间，一个大房间和一个小房间。小房间里面有

699 号的副楼梯

1971 年冬天，蔡迺绳（后排右一）和妻子、父母，摄于 731 号家中壁炉前

壁橱和大卫生间，还带一个内阳台，可以晾晾衣服。这个单位的外面还配一个小用人间，就在小楼梯旁边，可以住人，也可以用来堆放东西。

访问员：那两个卧室是怎么住的？爸爸妈妈一间？

蔡迺绳：那个时候家里已经有六个小孩了，就比较挤了。爸爸妈妈住在大卧室，有几个孩子就要和他们一起住了。

访问员：后来又是什么时候搬到731号的呢？

蔡迺绳：大概是20世纪60年代初期，碰到自然灾害了，爸爸又变成拿定息了，那么就搬到了731号的三楼。搬了两次家，越搬越小。以前家里有个乒乓球桌子，后来搬家就放不下了，那么我爸爸说就：放到下面花园里吧，什么人来就什么人打。

访问员：那个单位又是什么样的呢？

蔡迺绳：这个单位就小很多了，原本应该是一个人或者两个人住的。进去先是一个lobby，一边是两个壁橱，另一边是一个卧室。沿着走廊再走进去，就是一个客厅和一个饭厅，是打通的。这个单位只有一个卫生间了，就是在那个小卧室里。

访问员：您是什么时候碰到您的爱人的？

蔡迺绳：我已经在中山医院做医生了。我的爱人是我的大学同学介绍的。

有一次我在睡觉，他说："你有女朋友吗？"我说："还没有，我在睡觉。"他说我帮你去介绍一个，于是他买了两张电影票子。那天下雨，我和他两个去，我的爱人和她的朋友去。我俩去的时候已经迟到了。"文革"的时候，没有什么电影，我还记得那个电影叫《广阔的地平线》吧，看好以后就散场了。过了几天，他来问我："你看怎么样？"我说："你也没有说两个女的到底哪个是介绍给我的，我也搞不清楚。"后来他说："好了好了，下次我就买两张票子，我们不去了，你们两个总能认识了。"就这样认识的。

访问员：那你们是在这边结的婚吗？

蔡洒绳：对的。

访问员：枕流公寓这边算是婚房吗？

蔡洒绳：对的，婚房。当时我的姐姐在外地，弟妹们下乡、插队落户，家里人比较少，有那么一间房间就做了我的婚房。我的几个同学来帮我装点婚房，把墙铲掉一层，粉刷一下，就这样。当时有个朋友，认识一个油漆匠。他说那个油漆匠很好，长得像盖叫天，身体很好，头光光的，人民大会堂也请他去做油漆的。就这样，把旧的家具稍微整新一下，去结婚了。

访问员：有拍结婚照吗？

蔡洒绳：当时所谓的结婚照，我就穿了一件老棉袄。没有说跑到哪里去结婚的，当时外面什么吃饭都没有的，饭店里没有吃喜酒的。

访问员：那是去照相馆拍的结婚照吗？

蔡洒绳：没有没有，我们是1971年结婚的。"文革"后我们补拍了一张。有一天，我在上班，她的一个亲戚叫我快点，说要补拍结婚照。我没搞清楚情况，就叫了一部车子去。店里叫我穿一件衣服，那件衣服脏得要命，拍完以后我赶快回医院了。

一个充满回忆的家

访问员：搬到731号以后，和邻居的交往会多一些吗？

蔡洒绳：以前多一点，以后交往就越来越少了。因为有的念大学了，有的搬出去了。小时候的朋友，到后来都搬走了。比如二楼的乐家，全家到美国去了。以前住在我们隔壁的李家，也搬走了。再搬进来的人，我们都不认识了。

访问员：这里以前住过很多名人，您有印象吗？

蔡洒绳：周而复，你们知道吗？

访问员：知道。

蔡逦绳：周而复以前就住在这地方。还有很多演员搬进来了，孙道临和王文娟曾经也住在这里，拿了一套房子里的三间。乔奇、孙景路、傅全香、沈柔坚、陶谋基、范瑞娟都在这里住过，他们都是文艺界的。

访问员：和他们有联系吗？

蔡逦绳：没有。和东东的父亲（乔奇）有点来往，他有时候要叫我去看看病。我们搬到731号以后，和邻居交流不多的。因为699号和731号的入口是不一样的。以前我们为什么会一直联系呢？因为大人也经常有联系，小孩子就经常在一起玩了。跑到这家叫李家姆妈，那家是张家姆妈，气氛蛮好、蛮和谐的。在新中国成立之初，枕流公寓的居委会还常常组织大家一起去吃饭。租什么地方吃饭呢？租隔壁的555号花园，就是华山医院的那个花园，又叫周家花园，是私人花园。枕流公寓的那个经理会去和他们联系。花园里有一个像船一样的地方，里面有厨师的。居民们自己登记报名，国庆的时候，大家就到那里去吃饭。后来基本上都不太往来了。枕流公寓的变迁还是蛮大的，开始是老外多，后来再来一批人，这批人搬走了，文艺界的又来了。

访问员：你们刚搬来的时候，是不是周璇还住在这里？

蔡逦绳：对啊。但是我没看见过，周璇住731号的。靠731号后面有一个花园，我们叫小花园。他们说楼上会有盘子丢下来的，我们都不敢进去。后来才知道，这个扔盘子的人就是周璇。小时候，我们也不知道谁是周璇。

访问员：傅全香的女儿刘丹老师曾经说，她爸爸不行了的那天，你也赶过去了。那是不是说，这栋楼的邻居平时虽然不太来往，但是有什么事情的话，你们还是会互相帮助的呀？

蔡逦绳：往来的话，有时候会有。比如你说的，刘丹的爸爸不行了，叫我去做抢救啊什么的。因为我婶婶住在这里，婶婶的女儿和刘丹是同学，那么我婶婶就认识傅全香了。傅全香有什么毛病了，也会来找我。像以前那种居委会组织大家一起吃饭的活动，或者邻居之间有什么主动的来往，我的印象当中就很少了，基本上都比较独立的。

访问员：你们是什么时候搬出去的呀？

蔡逦绳：我们住到2006年才搬走的。

访问员：后来是为什么搬出去的啊？

蔡逦绳：三楼的那套房子只有三个房间，我和我弟弟两家住，几个小孩子都长大了，住得挺挤的，而且共用一个卫生间、一个阳台也不方便。所以父母亲去世了以后，我觉得我们把房子卖掉，大家自己去买房子，分开来住可能会舒服一点。

2020 年初冬，蔡遒绳携妻女回枕流公寓故地重游，与邻居朋友合影留念
左起：陈震雷、张雍容、夏薇纹、蔡遒绳、蔡静怡

访问员：是的是的。枕流公寓是1930年建的嘛，到现在已经有90年了。你们是1951年搬进来的，一直住到2006年，在这边也住了半个世纪了。

蔡遒绳：半个世纪多。

访问员：这个大楼对您或者对您的家庭意味着什么？或者说让您跟枕流公寓说一句话的话，大概会想说什么呢？

蔡遒绳：当然还是蛮有感情的。你说你对一样相处了五十几年的东西，肯定是有感情的。这个房子啊，有它的历史，里面用的材料都很好的。房管所20世纪70年代来修房子，把自来水管拆开来一看：怎么还这么好啊？已经用了四十几年了，都不会变形。以前还有暖气、有热水啊，因为这里有个锅炉间的嘛。后来煤紧张了，暖气就只有在星期六、星期天的时候开。再后来"大炼钢铁"，把水汀都拆掉了。本来条件还是蛮好的。不是说条件好就留恋它，而是你有这么多五光十色的记忆在这里。我们在这里打垒球、打棒球，花园里的小孩跑来跑去，有的邻居还在这里遛狗，很温馨的样子。还有以前的朋友，都住了那么长时间。实际上，可能最好的记忆就在这里了吧。这里是给我满满回忆的家，一个充满回忆的家。

02 蔡迺群：当年"枕流"的顶费可买三层洋房

Cai Naiqun, Moved in 1951 – The cost of obtaining a unit at Brookside Apartment was equivalent to the price of a three-story Western-style house at that time.

> "华山路叫海格路，属于法租界的。静安宾馆叫海格公寓，以前就枕流公寓和海格公寓是最有名的。"

访谈日期：2020年12月8日
访谈地点：枕流公寓南侧花园
访问员：倪蔚青、赵令宾
文字编辑：赵令宾、倪蔚青
拍摄：王柱

1946年生于厦门鼓浪屿
1951年入住华山路699号
后迁往731号，2006年搬出
先后在上海市物资集团、百联集团任职

花园里的少年时代

访问员：蔡迺群老师，您好！想先问一下您出生在哪一年？

蔡迺群：1946年。我出生在厦门鼓浪屿。我们是福建人嘛。我家里七个兄弟姐妹，就我出生在鼓浪屿。大妹妹出生在香港，其他人都出生在上海。

访问员：那您是什么时候来上海的？

蔡迺群：应该是20世纪50年代初吧。离开鼓浪屿之后，我先去了香港。在我的记忆中，从香港回来以后读幼儿园，差不多是1951年就住在这里了。因为我记得我上小学一年级是1953年。

访问员：你们住的是哪一间呀？

蔡迺群：我们开始的时候是住六楼，一套复式的，六楼、七楼，八楼带个保姆间。但是时间不长，这个复式不可以借了，我们就到底下来了。因为当时枕流公寓有个特点，它是不卖的，是没有产权的。你要住进来的话呢，必须用大条子黄金，叫顶费。但是顶费到底是多少条黄金顶下来的，这个我就搞不清楚了，我父母也没有跟我们讲过。但是我知道，当时顶这个房子的钱，可以买三层的洋房。为什么图这个呢？我曾经问过我父亲，他说因为枕流公寓管理比较规范，而且我们当时还带一个汽车间。汽车间的位置就是现在枕流公寓边上的那个六层小楼。汽车间蛮大的，一个汽车间有四五十平方米了。

访问员：四五十平方米？

蔡逎群：对，大约有四十平方米。大车子可以进去，还有的人家可以堆煤或者堆其他什么东西的。

访问员：你们从复式搬下来之后住在哪一户呀？

蔡逎群：我们搬到五楼之后住的这一套，是整个枕流公寓里独立面积最大的。因为住房宽敞，离小学又近，所以学习小组经常就安排在我们家。后来小学同学聚会时，他们很多人都回忆起来：哎呀，我们在你家里怎么样怎么样。我母亲比较贤惠嘛，总要弄点点心、水果给他们吃。所以他们印象很深，我反而没什么印象。

访问员：您小学是在哪里读的？

蔡逎群：就在这里旁边。

访问员：改进小学？

蔡逎群：原来叫改进小学，是私立的。后来哪一年改成了华山路第二小学，我记不得了。

访问员：小学时候学习小组是几个人呢？

蔡逎群：七八个，好像男同学女同学都有。

访问员：都在一起干点什么呀？

蔡逎群：就学习呀，比如说老师安排的做作业啊什么的。因为我们下面有一个花园嘛，可以玩耍。以前没这么多花花草草的，还可以踢球。还记得小时候，我们班里来了两个像调干生一样的同学，就是部队里面的小孩，但是他们的年龄普遍比我们要大得多。其中一个叫汤震英，我印象很深的，我们就在这里踢球。她看到我们男孩子踢足球就很想加入，自告奋勇来当守门员。有个同学一脚把球踢在了她的肚子上，她痛得趴在地上了。

访问员：除了踢球还玩什么？

蔡逎群：玩的东西蛮多的。我们以前每个家庭都有四五个、六七个小孩。这个花园对我们小孩来说是很大的。记忆犹新的就是"官兵捉强盗"。什么叫"官兵捉强盗"呢？就是分成两路人马，你一边是八个，我一边是八个。大家聚在一起，拿两块石头。你看好了，这块石头在这里，有这么大，是我们的。那块石头是你们的。看好以后，大家分散。原来这里都有一小块像三角形一样的绿化，你必须把这个石头埋在这个三角地块里边。埋好以后，到了晚上，双方就派"侦察员"过去试探，谁能够拿到对方的这块石头再跑回来，就算胜利了。如果你跑

1951年，蔡酒群（右）和哥哥蔡酒绳在花园里　　　　　1951年，蔡酒群（左）和哥哥蔡酒绳坐在通往花园的楼梯上

到对方阵营被他们抓住的话，那对不起了，你要拉着那棵树等在那里。第二个被抓住的再搀手接上去。这个就是"官兵捉强盗"，我们都喜欢晚上在楼底下玩这个。这是一个。

　　第二个就是听大人讲故事，鬼怪故事咯什么的，听的时候都很喜欢。听过之后，都不敢回去了，躲在那里。当时我们二楼有个姓乐的，他家小儿子跟我哥哥是同班同学，现在在美国。他家那个大哥最喜欢吹了，一肚子的鬼故事。我们就坐在"鱼缸"（即小水池）旁边，大家围成一圈，他讲故事。讲到最后，大家都不敢回去："你先走"，"他先走"。然后大的在前面走，小的跟在后面。小时候蛮好玩的。

　　访问员：有没有特别要好的小伙伴？

　　蔡酒群：特别要好的小伙伴，应该说都分开了。以前我算皮大王，很调皮的。我们在花园里打球，球一下滚到隔壁去了，从外面过去捡要兜圈子啊，我们就直接翻墙过去，那边是儿童福利会。我们喜欢抓蟋蟀，也直接从墙边上爬过去。墙上面经常会出现蟒蛇蜕的皮啊。以前二楼住着一家姓王的，孩子比我小一岁。我们调皮到什么程度呢？跑到楼上面，把吃完的西瓜皮往底下丢。一丢，正好丢在一个踩三轮车的人的头上。他就在底下骂开了。我们就逃啊，他也不知道是哪一楼的，找不到。这是一次。还有一次，我们拿了手电筒，把三节一号电池加在一起，要照什么呢？照驾驶员。以前，华山路上48路公交车蛮少的。晚上，48路过来了。谁有本事谁敢照？我跟他们"啪"一下照过去，那个驾驶员一个急刹车跑出来："小赤佬！"我们就跑啊跑，跑到里面去，他在后面追，也追不到。这个多危险啊，现在讲起来可能是违法的，好在以前路上没什么行人。我们调皮的事情实在太多了。我们公寓的八楼有个水箱，八楼是可以上去的，但是比较危险。小时候的八楼，蛮高的了，不像现在高楼大厦这么多，以前这个地方……

枕流公寓南侧屋顶立面

访问员："枕流"最高。

蔡逎群：嗯，以前华山路叫海格路，属于法租界的。那么静安宾馆呢，叫海格公寓，以前就这两个公寓是最有名的。当时什么淮海大楼，那不出名的。因为这里跟李鸿章有关系。包括丁香花园，据说跟李鸿章的小老婆有关系，但是不是这么回事，我们也搞不清楚。

访问员：您刚说到八楼。

蔡逎群：八楼有个水箱嘛，有个楼梯，铁的梯子，我们爬上去，跑到上面把水箱盖拉开来。那很危险的，然后看看里面到底是什么东西，水箱里的水会下去的，我们就躲在里面体会一下。

我和我的老朋友王善述，喜欢斗蟋蟀嘛，自己抓不好，就去买。20世纪60年代，巨鹿路上面有一个瘸腿的师傅，专门是卖蟋蟀的。我那天跑去看，那个蟋蟀很大，像蟑螂那么大。他开价12块钱，不还价。那时候的12块是不得了了，我们一个月的零用钱就5毛钱。20世纪50年代，在我读小学的时候，小商贩推着个车子过来，上面有卖牛筋、甘草条、橄榄，1分钱就可以买两块牛筋，所以5毛钱已经很实用了。12块钱买个蟋蟀更是不敢想了。我那时候零用钱揣在那里，在动脑筋了：是不是能用压岁钱买啊？后来一狠心把它买下来了。结果这个蟋蟀太大了，没有蟋蟀跟它斗。人家蟋蟀一看，不跟你斗。所以到最后这个蟋蟀怎么死的，我都忘掉了。反正买了以后，像古董一样放在那里。

因为经常斗蟋蟀，我们都斗出经验来了。一个蟋蟀咬了半天，最后输掉了。

如果因为输掉就把它扔了，也舍不得，那么有两种办法可以使它起死回生。一种就是放在手里，往上甩，甩三下，然后再甩三下，这个蟋蟀头就晕了。然后把它放下来，它好像觉得自己没有输过，又开始斗了。最好的一种办法是什么呢？把它闷在水里，它好像有点溺水了，然后把它放上来，等它休息一会儿，它又会翻身起来，把前面战败的事情都忘掉了，还会再来。那么我们就用这个办法，跟汽车间一个叫周小弟的一起斗蟋蟀。他那个蟋蟀厉害，我们斗不过他。于是我们就出鬼点子，一个人在跟他斗，另一个人就把输掉的那个蟋蟀拿去甩，甩过一会儿之后再斗，轮番上阵把他的斗输掉了。他讲："你们两个蟋蟀本来就输给我的，怎么又变我输掉了？"实际上是我们搞的鬼点子。

还住五楼的时候，我买了一个肥皂箱的炮仗。以前肥皂箱都是木板箱，里面装着进口的肥皂。我把箱子放在房间里，就开始放炮仗，嘣啊嘣啊，点了火就往底下丢。我用来点炮仗的蚊香就搁在肥皂箱的边框上，一不小心掉下去了，正好掉在一个炮仗的导火线上面。一下子整箱炮仗"乒啊啪啦乒啊啪啦"就烧起来了，搞得房顶上面都黑了。后来，从小带我的那个保姆就跑过来了："你搞什么东西啊？"她赶紧拿了一铅桶水浇上去，还好没有引起火灾。后来，我们搬到731号的三楼，底下人家在晒席梦思，我们在楼上放炮仗。一个炮仗掉下去，正好掉在席梦思上，"呜"地烧开一个洞，把席梦思烧穿掉了。最后我们赔了他们一个。我父母是不打的，他们以教育为主。我记忆犹新的就两点。我父亲是做生意的嘛，他是国外回来的，他说：做人一定要有诚信。我母亲说：做人一定要与人为善。

大学录取通知书

访问员：您跟枕流公寓的其他邻居有交往吗？

蔡迺群：叶新民是叶以群家的长子，跟我关系最好了。我经常去叶家，因为他家有很多藏书，所以我喜欢看外国文艺小说，在他们家看了多得不得了的书。我们家里的书全部抄掉了，叶家因为他爸爸的事情，书没抄。有的时候，整个半天我都在那里看文艺小说，罗曼·罗兰的、果戈里的、海明威的、杰克·伦敦的、梅里美的，很多很多，还有古汉语书，所以我在他那里吸收了很多营养吧。叶家爸爸实际上知识很渊博，我们大学都要看他的书啊。

访问员：小学毕业之后，进的是什么中学呢？

蔡迺群：我是1959年小学毕业的，考到了复旦中学。在华山路上坐48路，两

站路就到了。那时候经历还是蛮复杂的。为什么呢？我当时是搞游泳的，参加长宁区少年游泳队。后来，长宁区把所有的运动队都集中到番禺中学。所以当时我在复旦中学就学了一年半，初二下学期转到番禺中学了。

访问员：那读大学是哪一年呀？

蔡迺群：我是"文革"前的最后一年，1965年进大学的。

访问员：是哪个大学啊？

蔡迺群：上海师大（上海师范学院）。为什么进上海师大呢？因为当时是讲贯彻阶级路线的，讲出身。我们是资本家出身，成分肯定不行。但我的体育成绩蛮好的，参加长宁区少年游泳队，得过冠军。临近考大学了，番禺中学的体育教练周老师想推送我到上海体院（上海体育学院）运动系，可惜那年体院正好不招游泳队。那有什么其他特长呢？我个子不高，但投掷蛮好的。高二的时候，手榴弹投了63米，破了校纪录。一次参加长宁区少年运动会，标枪决赛第二投把区少年运动会纪录破了。其实我从来没训练过，就是爆发力好呀。因为这两件事情，体育教练就说："你就搞田径吧，考体院。"高考前，体院要摸底，我们投掷队去了三个人，但是当天发挥很一般。我知道危险了，那就正常参加高考吧。当时高考录取率很低，只有15%左右。高考过后，8月10号第一批发通知，没有我的。我想完蛋了，还有什么花头啊？因为我填志愿的时候，知道肯定是进体院的，当时我这么以为啊，所以北大、人民大学、清华大学，全都是全国一流的大学，明知道自己考不进的，就瞎填。等到第二批发通知的时候，我那天回到家里，保姆跟我说："招生委员会打电话来，叫你去一次。"我想招生委员会跟我有什么关系啊？后来我就骑着自行车去了，跑到学生处，坐在那里，也没人理我。坐了大概半小时吧，就看到各种档案在眼前来来去去。旁边一个女老师终于跟我搭话了："哪里来的？"我说："番禺中学的。""叫什么名字啊？""蔡酒群。""哦，现在上海师范学院中文系录取你。"我就说："我没填过这个志愿啊。""你想念吗？""我不想念。""不想念就自动放弃。"我想好歹是个大学，就说："我愿意。""好，"她拿了个信纸，"自己写吧，本人愿意在上海师范学院中文系读书。下面签名，时间。"我写好了，她马上拿了个信封："来，开你家的地址，开你自己的名字收。"实际上，这就是录取通知啊。果然第二天，通知书到了。我爸爸想：你这个皮孩子还能考进大学啊？

当时，上海师范学院的院长是廖世承。大学里有好多课要学，其中就有叶以群的文艺理论课和文艺批判课。因为我是高校游泳队的，每个星期有两个晚上要出去游泳锻炼，要参加全国比赛的。后来参加校运动会，手榴弹一甩，又得了前两名，校田径队又把我招去了。师范学院有两个特点：第一，不要交学费的；第二，吃饭不要钱。上午有稀饭、馍馍什么的，中午有一顿大荤，晚上就一顿素的，这已经很好了。我参加了运动队以后又升级了，晚上那顿也能吃荤的了。没多久，"文化大革命"就开始了。我到北京去"串联"，看了几个地方，也没有什么东西，最后又回来了。

半个安徽老乡

访问员：后面有插队落户吗？

蔡酒群：我没有，插队落户是后面的小孩。我们是"复课闹革命"，当时很多大学生谈自己的观点，我被打成了"反革命分子"，不过后来彻底平反了。

访问员：到安徽是怎样的一个过程啊？

蔡酒群：在去安徽之前，我到大丰农场待了两年多，劳动。贫下中农都说我好："你看，小蔡多好呀，本来什么都不会，现在挑担挑两三百斤，插秧比农民插得还快。"什么农活我都学，拼了命地学啊，后来我就被分到安徽，去了阜阳地区底下的农村中学。我们算1969年毕业的，补了1,000多块钱，当时才能结上婚呀。我夫人很好，她一个在上海工作的，找了我一个"反革命分子"哦。

访问员：结婚的时候您还没有平反吧？

蔡逦群：没有平反。不容易吧？

访问员：您是什么时候回上海的？

蔡逦群：1984年，也是因为我爱人的关系，我调回上海了，照顾夫妻关系。

访问员：这是一个怎么样的经历啊？能说说您跟您太太吗？

蔡逦群：太太是介绍认识的。我1970年隔离审查出来后谈恋爱的，两个人关系一直蛮好。记得第一次谈朋友的时候，她还请我到国际饭店吃饭咧。她跟我一届的，当时已经工作了，分在上海金属材料公司，待遇算是不错的。三四十块一个月，她拿十五块钱出来请我吃了一顿饭。而且她跟我同年同月同一天生。我到现在都没听说过有这种情况的。所以对于她，我永远感恩吧。

访问员：你们是哪一年结的婚？

蔡逦群：1975年。我已经到安徽工作两年了。

访问员：结婚是在枕流公寓吗？

蔡逦群：在"枕流"731号的三楼。我太太在这里待了30多年了。

访问员：你们结婚那天是什么情景啊？还记得吗？

蔡逦群：没什么，那时候也没什么条件。我们结婚的时候，我父亲的事情还没有解决，就很简单。买了个五斗橱，买了个大橱，大家七拼八凑的，就在家里面过，两家人一起聚一聚。

访问员：家里自己烧吗？

蔡逦群：家里自己烧，我爱人姐姐烧的。

访问员：亲朋好友聚一聚吗？

蔡逦群：没有亲朋好友的，就我们两家人家聚一聚。以前不像现在这样大规模的，像我们女儿结婚请了这么多人，不可能的了。当时能够结婚就不错了。要没有那笔补贴，还没有资格结婚了。

访问员：后来你们就一直是分居两地的状态吗？

蔡逦群：对，分居两地11年。不容易哦。

访问员：小孩是什么时候生的呀？

蔡逦群：小孩是1976年。

访问员：那小孩子出生的时候，您在身边吗？

蔡逦群：我回来的，她出生那天我赶回来的。我哥哥托了要好的朋友，就在长乐路的妇幼保健医院。那个医生抱我女儿出来跟我说："喏，这就是你的女儿。"我印象很深的。

访问员：那分居两地的11年，您是怎么度过的呀？

蔡逎群：我在农村的一个全日制中学，当地人很照顾我的。

访问员：当老师吗？

蔡逎群：当老师，学了很多东西。它是农村的完全中学，附带高中的，在那里的很多人都是很有水平的。我们边上的一个学校里，还有杨振宁的同班同学呢，姓王，教物理的。我去看他的板书，那确实有本事。当时45分钟一节课，他从起板开始到结束，正好打铃。他是大地主家出身，跟杨振宁都在西南联大的。他说："我不跟你吹，我功课比杨振宁好。"王老师蛮风趣的。当时我是唯一一个上海人，所以他们对我很照顾的。

记得报到那天是个星期六，淮河摆渡过去以后，我步行了6公里路到我们学校。政工处处长跟我说："小蔡，因为你中文系出来的嘛，下星期高一的语文课上《曹刿论战》，你准备一下。"我马上拿书看。到了晚上，他过来很婉转地跟我说：我们学校有些课缺老师，比如初中的数学课，你是不是也能上？我当时没想那么复杂，我讲可以，就接了。后来才知道，教育局有文件下来，涉及政治、语文，我都不能上。中文系出来的哦，数学教过，物理教过，音乐教过，体育教过，还有化学，一直教到我回来。要上高中的化学课，那时候我的化学也就高中水平，就把大学的课程全部都自学了一遍。那里没有条件做实验，还要模拟了跟学生们讲，这实验做出来什么颜色，什么变化。

到了1984年，因为我爱人的关系要调回来了。走的时候，老乡们夹道欢送，我至今都蛮感激的。这11年，对学生都有感情了嘛，自己也变成了半个安徽老乡了。在那里什么都学会了呀，自己洗衣服，自己烧饭。碰到一个中国科技大学的梅老师，我们俩就搭伙，今天你烧饭，明天我烧饭。早上一起跑步锻炼，平时跑5公里，星期天就跑10公里。

记住爸妈的话

访问员：1984年回到上海，您觉得枕流公寓这边有什么变化吗？

蔡逎群：好像没什么太大变化，枕流公寓好像是后面才装修的。以前这个地方花草没这么多，看上去很干净。里面有两个三角形的小地块，我印象很深的。关键是这里的一个水池很漂亮，中间有个喷泉的，里面养了鱼，我们不太敢下去的。有一个传闻失实的地方就是介绍枕流公寓底下有游泳池，那是没有的，是有点徒有虚名了。大楼里面有专门开电梯的工人，是很规矩的。电梯工编成1号、2

深秋时节，花园中的银杏树

号、3号、4号，轮流开的。还有水电工、司炉工，都是他们物业配备的。我们刚进来是有热水汀的，天冷的时候可以暖和一点，后来就没有了。

访问员：你们是2006年搬出去的吧？当时心情是怎么样的？

蔡逎群：是有一点不舍得，毕竟是父母在的地方。我的夫人，跟嫂子同住30多年，没红过脸，很不容易的。但是兄弟两家住在一起，到最后总要分开的。当时这里的房子算是买下来了，已经有产权了。但是考虑到是父母留下来的东西，所以兄弟姐妹大家都应该有一份，我和哥哥是这样考虑的。所以我们兄弟姐妹关系还是很好的。我的侄子侄女，有的时候还很怀旧的。因为他们曾经都出生在这里，从小在这里长大的，所以就算在国外，回来以后都会到这里来拍张照留个念。我妈妈很喜欢小孩，每个小孩都是她自己带的。就算年纪大了，每个小孩都是她洗澡的，我女儿都是我妈妈洗澡的。我们印象很深。哎呀，所以父母走了以后，我们很伤感的。记住爸妈的话就可以了。所以我教育小孩也是这样的：与人为善，讲诚信。

03 郭伯农：“枕流漱石”的世外桃源

Guo Bonong, Moved in 1952 – A retreat away from the world, where one can "pillow one's head on stream and gargle one's mouth with pebbles".

"古老的中华文化和西方文化的结合，
在上海的所有公寓里头，没有一个公寓像
'枕流'这样结合得深刻。"

访谈日期：2021年1月7日
访谈地点：莘庄朱城路家中
访问员：倪蔚青、赵令宾
文字编辑：赵令宾、倪蔚青
拍摄：王柱

1940年生于上海
1952年入住华山路731号，后搬至699号；1973年搬出
前上海市成人教育委员会副主任

宁静 · 致远

访问员：郭老师，您好！您是什么时候出生的？

郭伯农：1940年。

访问员：出生在哪里？

郭伯农：上海，我出生在陕西北路470弄这个小区里头。家里的阳台对着一个很有名的犹太学校，家对面就是中华书局那个大字典的编辑所。

访问员：那您是什么时候搬到枕流公寓的？

郭伯农：1949年以后，我们家住到了高纳公寓，英文就是Grosvenor House，在茂名南路上，花园饭店对面。后来到1952年的时候，那个地方要变成锦江饭店了，所以住户就往外搬，我们就搬到了枕流公寓。枕流公寓不是有两个大门嘛，我们家住的是731号那头。

访问员：你们当时为什么会选择枕流公寓的呢？

郭伯农：你们知道枕流公寓它有一个特点，很多清流退隐以后就喜欢住在那儿。北洋政府或者国民政府，有些退了休的或者想回来享清福的那种人就喜欢这个房子。因为"枕流"这个字眼，本身就具有一种从此退隐到山野之中去的意思。当年孙子荆回答这个话的意思也就是：他本来想说"我枕石漱流"啊，从此以后就过这种隐世的生活。我们当时是经一个朋友介绍过来的，我后来查过，他们家原来肯定是北洋政府的。我到他们家看到墙上挂着一幅很大的油画，画着一个老头儿，穿着北洋政府的官服。他们打算离开上海，那么这个房子要出让。当时出让的话，要付顶费的。就是我顶着你户名进去，你这房子将来承租人就成我了，我要付你一笔钱，这笔钱通常拿金条来抵。因为我们与他们相熟，所以这笔钱收得比较少，打了一点折扣。我们觉得很好，就搬过来了。当时觉得这个环境不错，我妈妈挺喜欢的。因为我们原来住的茂名南路那儿已经越来越热闹了。（长乐路）对面是兰心剧场，（茂名南路）对面现在叫花园饭店，当时是法国总会（French Club），也很热闹。我妈妈就想住得稍微安静一点。枕流公寓在1952年的时候非常宁静，确实就是适合隐居的。华山路非常美，非常清净。我们住在四楼，眼睛看出去，可以看得很远很远，一直可以看到淮海路，天际是一片开阔的。旁边就是中国福利会儿童艺术剧院。当时他们有个乐队，在那里头排练，我还挺喜欢。现在都变了。

访问员：那您对枕流公寓里的花园、天台，还有走廊什么的还有印象吗？

郭伯农：印象很深。听我的好友李道夔说，枕流公寓是他爸爸的叔叔参与建造的，这位叔叔在新中国成立前去了台湾。这个房子说起来是西班牙式的，最大的特点就是它立面用的颜色、材料，都是白的。这种构造在欧洲基本上是地中海沿岸的颜色。但是它的结构又采用了很多古老的英国元素。公寓的楼顶有些尖的造型往外伸出来，这其实是一种城堡的设计，是用来做防御工事的。每家的入户门都用从英国直接运过来的木料做的，很厚的木板，上面有一道很宽的铁条，把它们拼起来钉住。这种房子、这种门的构造，你们到过英国就会知道，很像是苏格兰古堡的样子，就是哈姆雷特和他的老爸走来走去的那种走道的样子。我一到那个走道，看见那种门，就想起哈姆雷特。它既有西班牙的外貌，又有英国

入户门内侧门锁和门把手

古堡的森严，所以印象很深。上海有很多公寓，完全是新式的，比如说你们到Gascogne（盖司康公寓）、Picardie（毕卡第公寓）去看，它们这些房子都是现代化的。唯独枕流公寓，它也有电梯，也有花园，但是它的用料、建筑，带着很古老的欧洲风格，这点我觉得印象最深刻。我们小时候特别喜欢到它的楼顶去玩，那个楼顶铺着沙，在上头跑来跑去挺好玩的，就有那种在英国的古堡上

单位入户门外侧

面做骑士的感觉。看了英国Canterbury（坎特伯雷）的故事，就会觉得这个很
能够联想。那么后来看了Shakespeare（莎士比亚）的剧本，就觉得这个房子真
是跟Shakespeare的那个年代有一定的联系。这个房子很有意思的一点，现在没
有了。我们当时搬去的时候，699号大门一进去不是有个凹进去的地方吗，这个
地方原来有一个妖兽的头。这个头又像鱼又像蛇又像龙，就是没有角的，雕得很
精致，铜做的。它的嘴里喷水，底下有个水池。其实这是枕流公寓的点墨之作。
这个房子当年叫枕流公寓，出典于《世说新语》里头的"枕流漱石"，英文名叫
Brookside Apartment， Brookside就是小溪旁边嘛。这个鱼头喷出来的水，形
成一个小的池塘，就点出了Brookside Apartment的整个精神。现在没有了，后
来都拆掉了。

　　访问员：您还记得起来当时电梯是什么样子的吗？

　　郭伯农：电梯小得很，（门拉开来）"嘎啦啦"，铁链子的，现在还是这样吧？

　　访问员：现在是电动的了。

　　郭伯农：哦，改造过了？我们那时候是非常标准的欧式电梯呀。自行车要拎

华山路 699 号
大门门厅

起来才能进去。后来我觉得这样拎实在太吃力了，所以每天干脆把自行车扛在肩膀上上楼下楼。现在电梯有大点了吗？

访问员：小了。

郭伯农：它这个井道就这点大小呀，改不大的呀。

访问员：是的，那对花园还有印象吗？

郭伯农：花园当时我们还是很喜欢的。那帮哥们儿，比如蔡洒绳、李道夔，一直在下面打棒球。因为这个大小适合打棒球啦，一个球"嘣"一下可以打很远。现在不可能了。

731号的左邻右里

访问员：你们刚搬进去的时候是住731号那边吧？小时候对那里的印象是怎样的？

郭伯农：其实我小时候的印象全是731号那头的，而且我的好朋友大部分都住在那半边。我最好的朋友是住在一楼的李家璆，现在还保持着密切的来往。你们知道这个楼是李鸿章的儿子李经迈造的，对吧？李家一代一代地往后传，大概传到第三代的时候，出了一个人叫李家璆。李家璆是李鸿章的直系传人，其实应该是这个房子真正的继承者。他从小就到英国去留学，牛津大学毕业的，一口正宗的牛津发音，是我姐姐的老师。以前是复旦大学的教授，20世纪50年代被调到

李鸿章和儿孙们的合影（图片来源：网络）
后排左起：孙子李国杰夫人张氏、李经述女
儿、李鸿章小女儿李经璹（菊藕）、李经迈
夫人卞氏、李经述夫人朱氏
中排左起：小儿子李经迈、嫡长子李经述、
李鸿章
前排左起：李经述四子李国熊、李经述三子
李国煦、李经述次子李国燕（即李道夑兄弟
的祖父）、李经述长子李国杰

解放军外国语学院去了。他的夫人叫刘明珍，是上海有名的实业家刘鸿生的第九个女儿，他们叫她九小姐。这位夫人跟我妈是闺蜜，她们两个人好得不得了。因为这个关系，我跟李家的两个儿子从小就在一块儿长大。哥哥叫李道夑，后来在北京医学院。弟弟叫李道华，他后来跟着他爸去了解放军外国语学院。在上海的时候，我们仨老在一块儿。后来我到北京念书，又在一块儿。他们是我在枕流公寓里头最要好的两个朋友。

访问员：关于731号的那个房子您还有什么印象吗？

郭伯农：我家这个房子编号好像是4F，后来才改成数字的。进去有个门厅，门厅左边是厨房和管家的房间。右面是主卧室，带洗澡房的。再往里走是一个客厅和一个饭厅，中间是可以隔开的。当时我住在主卧，爸爸妈妈住在前面的大房间，外头带了一个非常漂亮的大阳台。枕流公寓的阳台外面都是蒙着纱窗的，晚上可以在那儿赏月、喝茶。当时因为我哥哥、姐姐都不在，家里就我一个孩子，所以这个房子我们就足够住了。

访问员：您的爸爸妈妈当时是做什么工作的呢？

郭伯农：我爸爸开始的时候在延安东路的大中华橡胶厂总公司。公私合营以后，总公司撤销了，他就分到了大中华橡胶厂的工厂里头去，做财务主管。我妈

妈是居委会里的文教委员，做里弄工作的。刘明珍，李家的那个媳妇，她好像是妇联主任，所以她们俩特别要好，老在一块儿搭档。那时候说起来也是很进步的积极分子。

访问员：您和关系比较好的那些小伙伴们通常会干点什么呢？

郭伯农：其实我是不怎么爱在外头玩的，喜欢泡在家里看书，至今如此。一个是看书，一个是听音乐。我很喜欢音乐，虽然我自己不会演奏，但我喜欢听，用各种电子设备来听。那么我的那些好朋友呢，也都是喜欢这个的。

访问员：那在20世纪50年代音乐是怎样播放的呢？

郭伯农：大部分是靠电台，也靠自己的放送设备，当时就是听唱片。现在这种唱片是立体声的了，但是当时没有立体声的。在这个楼里头，喜欢音乐的人，据我知道也不多。就我和李道夔两个人，成天在弄音乐。

访问员：那玩什么乐器吗？

郭伯农：我们都不会，倒是我姐姐，钢琴弹得非常好。现在她也有点名气，前不久编了一套书——《老年人学唱英语歌》，教你怎么跟着曲调、节奏，朗诵英语的歌词。她就喜欢这个。

访问员：那你们家里都很喜欢音乐。

郭伯农：对。我爸爸热爱京剧，他是典型的、标准的程派，是上海程派研究会的。我哥和我爸一伙儿，也是唱京剧的。我跟我姐一伙儿，我们从小俩人在一块儿就喜欢古典音乐。从我有记忆开始，伴随着我生活、学习的，就是我姐姐练琴的声音。我一直在这种氛围之下，就自然而然地喜欢音乐了。

访问员：但是后来没有走这条路吗？

郭伯农：人的命运有时候是很有意思的。我姐姐1950年高中毕业，去考燕京大学音乐系。整个华东地区录取俩人，她是其中之一，开心死了。就在要去的档口，朝鲜战争爆发了，我妈就不肯让她去："你一个女孩子家的跑到北方去念书，万一打起仗，扔原子弹了咋办哪？"结果就没去。她要是去了，没准就是一个很不错的演奏者。她现在有个绝招，就是给老人伴奏，很多人做不到的。为什么呢？因为老人唱歌要变调的，我姐姐就能适应。另外老人唱歌有谁拿五线谱的？我姐五线谱会弹，简谱也会弹，所以她现在住在老人公寓，吃香得一塌糊涂。

访问员：这确实很了不起。那您对731号那头的邻居还有什么印象吗？

郭伯农：我们楼上一户人家是很有意思的，我特别要讲吴肇光和涂莲英这俩人。吴肇光是中山医院的专家，他的太太叫涂莲英。涂莲英的父亲涂羽卿以前是圣约翰大学的校长，涂莲英的妈妈是美国人。吴肇光和涂莲英俩人新中国成立前到美国去，后来回国以后就住在我们楼上。涂莲英这个人是典型的美国性格，心直口快，想什么就说什么。她刚回来那会儿老是来找我妈，拿美国的尺度来比较，就觉得中国很多事情看不惯，我妈妈就做了很多工作。吴肇光年轻的时候是标准的美男子，刚刚回国那会儿，穿着那种花格子的衬衫。这夫妻俩应该说是美国人中非常有气质的那种。两人都是医生，医科大学毕业。一个做了外科医生，一个做肿瘤科的医生。涂莲英，曾是个虔诚的基督徒，后来加入了中国共产党，是上海市优秀共产党员、三八红旗手。她领导的肿瘤科研研究小组在世界上都有地位，很可惜，61岁就去世了。

699号的命运印记

访问员：那你们是什么时候再搬到699号的呢？

郭伯农：我们搬到枕流公寓去的那一年是1952年。我哥哥到清华大学去了。然后我姐姐也去了北京，到中国人民大学。到了1957年，我也考上了大学，去北京了。家里就老爹老妈两人，他们觉得这房子有点空，就拿了699号四楼一单位其中的一室一厅。

王文娟（右二）和父母、弟弟在枕流公寓家中（图片来源：孙庆原）　　　1964 年 12 月，王文娟、孙道临和女儿孙庆原在家中合影（图片来源：孙庆原）

访问员：那个单位当时大概是个什么样子的呢？

郭伯农：那个单位是整个枕流公寓单层面积最大的一套房子。它的尽端有一个门，可以通到731号的另一个单位。这套房子的门廊很长，地面是水门汀砖头的，（所以最早的时候）应该是外走廊，但被拦进（房子里）去了。为什么要把门拦到外面去呢？就因为这个单位最早的时候是房东住的，应该是李经迈的妹妹，就是李家骧教授的姑姑。

后来住的是谁呢？陶金和他的太太章曼萍。陶金最有名的电影就是《八千里路云和月》。那套很好的房子他们俩住，觉得太大了，就跟我妈商量说我们两家合一块儿吧，于是我爸爸妈妈就搬过去了。那个房子三房两厅，他们拿了两房一厅，我们家拿了一房一厅，就合起来了。那个厅实际上就是个饭厅，但是我们把它改成饭厅兼我的卧室。那个房间很大的，里面有一个折叠的沙发，晚上翻下来我就可以睡觉，书桌什么都搁在里面，旁边的一个客厅更大。客厅旁边是我爸爸妈妈的主卧，朝南的。这个房子好在每一个房间都配一个卫生间，所以上卫生间不用公用。厨房是需要公用的。而且（内走廊）中间有扇门，一关断，两家就互不影响。那么以后我们就一直住在这里了。后来，陶金和章曼萍要调动工作，调到珠江电影制片厂，陶金去做导演，就搬走了。

章曼萍和陶金搬走以后，那房子空了一段时间，搬来一户新的住户——王文娟，是演越剧的。她和孙道临谈恋爱的过程我全都知道，都看在眼睛里头。当时有一个问题，一户就一个电话，那个电话是装在我们家的，所以王文娟晚上要打电话，都得到我们家来。后来，王文娟和孙道临就真的结婚了。他们的两房一厅

20 世纪 50 年代，沈祖域和太太徐萱寿在家中 (图片来源：沈钜)　　20 世纪 50 年代，沈钜和父母在家中用餐 (图片来源：沈钜)

除了一个大的客厅以外，还有两个大的房间，一个是王文娟和孙道临的卧室，另外一个是王文娟爸爸妈妈的卧室。

王文娟和孙道临结婚后不久，就搬到了武康大楼。这个房子又空关了相当长的时间，来了一户新的住户。那个房主叫陈云涛，是当年上海师范学院的党委书记，现在叫上海师范大学了。他的女儿你们一定知道，叫陈铁迪，那时候是同济大学的教师，后来是上海市委副书记、市人大常委会主任、市政协主席。我们又跟他们一起住了很长时间，一块儿过了"文革"当中最困难的年代。后来到1973年，我们先搬走的，不久以后他们也搬了，应该是1974年、1975年，我们还去帮他们搬家。陈云涛一家搬走后，结构工程专家李国豪夫妇又搬进来住过一段时间，之后中共中央华东局第一书记、国务院副总理柯庆施的遗孀好像也住过这里。

访问员：哇，这样听下来，这个单位的住户都能写一本书了。你们住着的时候，旁边的两室一厅就换了三次主人咧，您跟他们之间打过交道吗？

郭伯农：陶金和章曼萍夫妇是我妈跟他们很熟，那时候我在北京念书，跟他们见的时间比较少。后来王文娟和孙道临来呢，我也回上海了，我们就太熟了。我叫他们王家姐姐、孙家阿哥。你们知道孙道临是个名人啊，当时是所有男演员里头非常受欢迎的，有很多粉丝。有的粉丝死活要嫁给他，有一位粉丝为了他，就在699号马路对面天天等他，弄得我们住户都认识了。后来，孙道临下去，好好跟她说："我已经结婚了，我爱人是王文娟，你好好念书，不要动这种歪脑筋。"但是因为孙道临在电影里面一直演谦谦君子、白面书生，特别是演《家》

郭伯农家中保存着胡河清唯一留给世人的自编论文集

里头那个觉新，那些女孩一面哭一面还看着，难免不动心啊！我们家跟他们家很熟，我跟孙道临有一点同好，我从小喜欢音乐，他也喜欢音乐，我们俩这一方面很有共同语言。他的外语、文学和戏剧功底都很扎实，曾经还送了两本他翻译的剧本给我，一本叫《守望莱茵河》，一本叫《史密斯先生回家》。后来和陈铁迪一家，因为年龄也差不太多，就更熟了。她的先生叫黄鼎业，是同济大学的副校长。陈铁迪的妈妈那时候要打针，是我太太去给她打的。

访问员：嗯，除了同住一个单位的邻居，您和其他邻居有来往吗？

郭伯农：我们非常要好的一户邻居，就住在我们旁边，这户人家的男主人叫沈祖域。沈祖域是上海工商联的副会长，他的老爸是上海的桐油大王沈瑞洲。沈祖域的太太叫徐萱寿，我很小的时候就对她特别佩服。因为她是枕流公寓里最漂亮的一位女士，风度特别好，而且饱读经书，肚子里头有很多学问的。他们有一双儿女，儿子叫沈钜，是我的好朋友，比我小多了。这个男孩非常优秀，当然我觉得也是沈家对他的教育非常成功。"文化大革命"期间，他们家被折腾得够呛，沈钜就乖乖待在家里学英文。"文革"结束，第一次高考，一枪就考上清华大学工程物理系。因为他没有间断过学习，他妈妈一直在不停地给他补课。他到了大学里面，英语免修，后来又在美国伯克利拿到了博士学位。我们至今还保持着联系。我和沈家伯伯、沈家姆妈也始终保持着很好的友谊，一直到两位老人都过世。我们原来的那一整套房子都搬空之后，他们家就换进来了。前些年，沈钜想把这套房子全部装修一遍，就把我找去，问我当年是怎么样的，他想恢复原状。

访问员：太难得了。那您还见过其他楼层的邻居吗？

郭伯农：当年二楼有一个很有名的人物，叫胡河清，是华东师大（华东师范大学）的老师。我们小时候就只知道叫他清清，他妈妈在上海生他的时候我还去看呢。他比我小一辈，大概是1960年出生的。这个人我是看他出生、看他长大的，非常聪明。他年纪很轻就已经是博士了，人家说他写文章不需要打草稿，一气呵成，标点符号都不用再换一个，一篇文章就出来了，而且思想非常深刻。但是他的身世很可怜，从小是和他的外婆、外婆的妹妹一块儿住的，他的爹妈都是北京大学的教师。两个人都在北京，孩子是外婆带大的。外婆叫许玫沁，整个枕流公寓都知道这个人。这个老太太是枕流公寓的精神领袖，影响力很大，她是居民委员会的，反正是个居民官吧。有一天，老太太去信箱里面拿报纸，居然莫名其妙地在楼梯上摔一跤，当场摔死了。她摔死以后，胡河清就成了孤儿了，一个人住在二楼。后来，他陷入了悲观主义和神秘主义的思想不能自拔，年纪轻轻的就走了。他去世以后，华东师大很轰动，很多人写悼念的文章，到现在华东师大的老师们一定还记得他。

西风袅袅秋好去　莫回头

访问员：刚搬进去的时候您已经12岁了，是在念小学还是初中呀？

郭伯农：初中，我在上海市五四中学。当年我们这个学校是两个大学的附中合并而成的，一个是圣约翰大学的附中，一个是大同大学的附中，所以师资力量特强，很多老师后来都到大学去的。

访问员：念中学的时候，您的生活是怎么样的？

郭伯农：一大早起来，我到初二的时候就骑自行车上学了。中午都是自己带的盒饭蒸了吃，下午上完课就回来了。那辆自行车我一直带到北京去，后来又带回来。在枕流公寓一直用那辆车，用到我们搬去南昌路，最后被人偷掉了。

访问员：可惜了啊。1957年去北京读大学，毕业之后就回到上海了？

郭伯农：对。回来以后我就到了卢湾区（今黄浦区）业余大学做教师，一直工作到1984年，20来年。我在那儿先是做教师，到了"文化大革命"，被打成"反革命"。我们当时有个"反革命集团"，这个集团现在看起来就是一帮年轻教师在一块儿，叽叽喳喳地说一些话。这些话说到底就是绝对地讨厌"四人帮"，对"文化大革命"非常不满。因为我们这些人几乎都是被抄家的对象，在一起免不了发发牢骚。但这些"反动言论"中很多都是同情刘少奇、欣赏周恩来的内容。我算是外围人员，上课特别好。当时我们已经在"复课闹革命"，上课了。要是把所有人都打成"反革命"，谁上课啊？所以只是抓几个最要紧的人，打成"反革命"，不能上课，去改造。像我们这些人呢，最后加一顶帽子，叫作

记录郭家先后入住枕流公寓和南昌路的户口簿

"犯严重政治错误"，还是照样上课。打倒"四人帮"以后，要平反了，我们这帮人就属于在"文革"当中立场坚定的，是真正的革命派。所以入党的入党，提拔的提拔。我那时候刚好快40岁，就提拔做了校长。先做校长，后来又提拔，做了卢湾区教育局的局长。没过几年，把我又调到市里头去了。

访问员：那您跟您太太是在"枕流"结婚的吗？

郭伯农：我跟我太太就是在枕流公寓结的婚。我从北京回来以后，我们俩好上的。我太太那时候还是小姑娘，特别听我的，我就非常得意。那时候我穷得很，你看我这一个月才四五十块钱的工资，我太太要我。大家反正都是苦，就在一块儿苦吧。我非常高兴，"文化大革命"时期，我娶上老婆了。我们是1973年结的婚，结婚不久我们就搬走了。搬走的原因，说白了，"文化大革命"的时候，我老妈在枕流公寓吓坏了。这个楼是高级知识分子和资本家集中的地方，基本上没有一户是"干净"的。我们邻居陈云涛老先生，他是1925年入党的，真正的老布尔什维克了。他的入党介绍人是郭亮，郭亮烈士是毛主席的得意门生。而且陈云涛是湖南第一师范学院毕业的。这么一个人，非要把他打成叛徒。我们要好的那户邻居沈家，也被折腾得够呛。我们就在隔壁，听得清清楚楚。所以我们千方百计地找房子，后来就找到南昌路去了，1973年搬走的。

访问员：那您还能想起来1973年从枕流公寓搬走的那一天的情形吗？

郭伯农：搬家很简单，都是自己来的。我骑一辆黄鱼车，还有朋友帮我骑辆自行车，后面拖一个拖车，就这么搬的。我们后来住的那个南昌路的房子是原来南市区委副书记的。那个房子是分配给他的，他觉得太小，然后到我们这儿来看，一看我们这个房子就中意了。后来我妈就跟他说："我们俩换怎么样？""换？你愿意换吗？"我妈说："你那房子给我看看吧。"我妈就去看了，看完马上就要了。这么一下就换了。那时候搬家真比现在简单哦，当时我也年轻力壮的，也不怕，黄鱼车多骑几趟都搬过去了。

访问员：那时候房子可以说换就换的吗？不要签合同什么的啊？

郭伯农：那当然也要办点手续，但是因为我们两家的房子都是使用权的房子，就等于是承租人换一换，反正房租照样出的。我们还占了便宜了，因为我们当时枕流公寓的房钱比南昌路这房子贵很多呀。

我想对这位老伙计说的话

访问员：那么郭伯伯，我就问最后一个问题啦。枕流公寓建于1930年，至今90多年的历史，像一个耄耋老人。刚才您说童年最开心的时候是在枕流公寓度过的，"文革"最苦难的一段时间也是在这里度过的。那这样的话，枕流公寓对您或者您的家庭意味着什么？如果要给这位老人捎一句话，您会说什么呢？

郭伯农：其实我最快乐的童年和少年时代是在枕流公寓度过的。我喜欢外国文学，我喜欢古典音乐，这些爱好都是在枕流公寓的时候逐渐培养起来的。我从初中开始收集外国的文学作品，而且我收集的都是近现代的。不久以前，我给我们学校外文系的学生讲一个专题，就是20世纪前半叶美国的普罗文学。普罗文学是什么呢？在欧美，它泛指面向贫困的下层群众，或以马克思主义观点刻画社会问题或历史事件的文学，在中国我们常称之为进步文学。美国在20世纪前半期，从Jack London（杰克·伦敦）开始，Theodore Dreiser（西奥多·德莱塞）到John Steinbeck（约翰·斯坦贝克），一直到后来Howard Fast（霍华德·法斯特），这些人的作品非常强烈地传递着一个信念，就是社会主义改革。所以我入团入党，是很信仰共产主义，信仰马克思主义的，而这些教育就是从这些外国文学中来的。1954年入共青团的时候，我的入团报告上就写："我从Jack London学会历史唯物主义和辩证唯物主义，我从Howard Fast了解资本主义的残酷和它的历史。"所以当时参加共青团是一种很纯粹的行动。就是这样，我的时间大部分都花在这些事上面，看那些书，听听音乐，所以我的童年应该说是很丰富，也是很快乐的。有些人喜欢打牌，有些人喜欢打球，我喜欢看书、听音乐。在我的印象里头，我的中学年代，颜色是玫瑰色的。这玫瑰色彩的中学年代是在枕流公寓度过的，是从那时候开始的。

然后，发生了这样一次巨变，我们都是身处其中的。对我们国家来说呢，从20世纪50年代很稳健的发展，到后来出现了这个极"左"的疯狂，这个过程，这个历史的教训，要永远记住。当然改革开放这几十年，我们都身历其境。我们既是里面的得益者，也是做出了自己的贡献的。我们希望将来中国能够非常健康地继续发展。

在这里头我印象最深的是什么呢？就是枕流公寓这个公寓本身。当年李经迈盖的这个公寓，应该说是很现代化的一个房子吧。但是从这个房子身上，充分体现出了一个东西，就是它的殖民主义的色彩。或者对中国来说，这个时期是中国比较屈辱的一个时代，20世纪30年代嘛。但是同时，"枕流"这两个字本身又是代表着中国文化当中非常深奥的一种生活态度，就是我用水流来清洗我的耳朵，我用石子来磨砺我的牙齿，使得我始终保持着清醒的头脑，使得我始终有一个强健的体魄，因为牙齿代表着一个人的生命力。这种精神融合到这栋房子里头来，就体现了一个什么呢？就体现了古老的中华文化和西方文化的一种结合。在上海的所有公寓里头，没有一个公寓像枕流公寓这样结合得深刻。

其实我们住户开始并不懂，我是后来越来越有体会。现在回忆起门口那个鱼头在喷水，就深深地感受到，这幢房子它体现了中西文化之间的这种交汇。可能我们中国开始的时候是屈辱的，但是在现在、在未来，我们中国在这种交汇当中的地位会越来越高。"枕流"这个老人，经历时间的洗礼，今天依旧巍然屹立。这个房子曾经住过那么多的高级知识分子和艺术家，它不仅是这些人赖以生存的世外桃源，更是一个海纳百川、兼容并蓄的文明发生地，中国必须有这种包容、开放的心态。希望这样一种海派文化在"枕流"身上可以得到进一步的开花结果。这个就是我对这个老房子，我的这个老伙计想要说的话。

访问员：非常精彩，我们都受教育了。

郭伯农：不客气不客气，胡说八道啊，哈哈。

04 陈希平：在这里看浦江潮起潮落

Chen Xiping. Moved in 1954 – Watching the rise and fall of the Huangpu River from here.

"我们这个楼一共去了5个人，坐一列火车，1969年3月2号离开上海到云南。"

访谈日期：2020年11月20日
访谈地点：华山路731号家中
访问员：罗元文、赵令宾
文字编辑：赵令宾、罗元文
拍摄：王柱

1952年生于上海
1954年入住华山路731号
上海塑料制品十八厂退休职员

夏梦来这里住过

访问员：陈老师，您好，可以做一个简短的自我介绍吗？

陈希平：您好，我是1952年在上海出生的。现在已经退休了，以前在企业工作。

访问员：您在上海什么地方出生的？又是什么时候搬来枕流公寓的呢？

陈希平：出生在哪里我不知道，只知道是在上海。因为我是家里的长孙嘛，所以几个月就到祖父、祖母身边一起生活了。我是和我的祖父、祖母一起搬到这里来的，大概是1954年吧。因为我3岁的时候，是从这里去上幼儿园的，所以来这里肯定是在这之前。

访问员：那当初你们搬来的时候就是住在这个单位吗？是买的还是租的呀？

陈希平：当时好像没有买，应该都是租的吧。好像都是付金条"顶"的，就是后面要住的人给前面的房东付金条，他们说是"顶"的。具体情况我也不清楚，只是听到过一声。

访问员：那当初的房型和现在一样吗？

陈希平：一样。

访问员：我看资料说枕流公寓的单位是按A—G七个字母编排的，大致有七个户型。那你们现在住的房子是几室的？多少面积啊？

陈希平：一百二十几个平方米吧，一百二十几个平方米的有几种户型，有三间房一套的，也有四间房一套的。我们这一套是三间房，对面是四间房，上面就都是三间房的。旁边699号里面也有四间房，或者有小的复式。

访问员：当时的装修是什么样的呀？

陈希平：那个时候，都是油漆墙面嘛，窗下面都是有热水汀的，包括卫生间都有。就是说，最早的时候是有暖气的，也有热水洗澡。原本外面小花园里有个大烟囱，直径有一米多宽，通到房顶上面的，现在没有了，拆掉了。锅炉就在地下室。后来"文革"开始前的几年，热水没有了。但是每年有一次保养，试锅炉。大概在春节以前，要烧两个星期左右，这个时候就又有热水了。我印象很深，一天可以洗两次澡。浴缸放满水，人泡在里面。因为龙头一开，就是热水。后来没有热水供给的时候，就要自己烧水才能洗澡了。

访问员：那个时候在上海已经算是很高的配置了吧？

陈希平：应该说那个时候在上海已经算是好的了。因为我们从小生活就有煤气、有烤箱，卫生间也都有抽水马桶、浴缸，什么都有。现在的生活和当时的生活感觉是一样的。

访问员：那时候就祖父祖母和您三个人一起生活吗？

陈希平：我最小的时候，记得是三个人和两个保姆住在这里。我的其他叔叔，嬢嬢都不在，反正家里人很少。基本上就是两个老人和我吃饭，这是最早的几年。过了两年，我有两个表妹住过来了。估计是1957年左右，她们的父母到贵州遵义去了，就把两个孩子送到这里了，这下就变成三个小孩了。

访问员：当时有没有什么印象很深刻的事情呀？小时候会不会和邻居小朋友相互串门玩耍呢？

陈希平：那个时候就是玩！当时印象最深的就是我对面的几个小孩。他们家姓赵，妈妈是个革命干部，家里有五六个小孩，有两个和我年龄差不多。所以我最早就和他们玩。整个大楼的小孩年纪有大有小，但后来都玩在一起。大的带着我们一起玩，还有比我们小的，我们就再带着他们。从外面楼梯下去，现在不是一个"枕流园"吗？实际上当时有一个圆的"鱼缸"（即水池），喷水的。整个花园根本不像现在这样，现在变成中式的园林了。小时候嘛，玩的内容很多。在我的记忆当中，一个就是拿土坷垃"打仗"，就在花园里面，分成两派。还有一个玩的叫"全大楼抓人"——"官兵抓强盗"，包括花园啊，大楼啊，主要的扶梯啊，甚至有时候还可以乘电梯，分成两拨人。这个是比较开心的事情。剩下的就是和其他的孩子玩的都一样的，什么抓蟋蟀啊，抓知了啊，大家一起玩，都比

花园一侧的住户　　　　　　　　　　　花园一侧的住户楼梯

较开心的。

访问员：我看资料说，这里有一个地下的游泳池，公寓顶层还有一个露台，你们小时候会去这些地方玩吗？

陈希平：游泳池可能也就是一个传说。在地下室有一个儿童可以戏水的地方，大概就膝盖这么高吧，一个浅的所谓的游泳池，不是人们想象的那种。在我印象中，也没有去游过。但是这个结构是有的，只是新中国成立后没有人去游过。

访问员：像露台这样的地方，你们会上去吗？

陈希平：上面那个露台其实不对外开放的。"文化大革命"以前，人民广场、中山公园都会放烟火的，我们就到楼顶上看。那个时候烟火是相当漂亮的，因为前面看上去没有什么阻挡物。现在如果再放就看不到了，高楼太多了，视线不行了。

访问员：是的，是的。当初还配置了停车场，有谁拥有车位的吗？

陈希平：对的，停车位就在现在隔壁的693号那里，已经变成大楼了，过去就是汽车间。据说每一户居民都配套有一间车房的。当时汽车很少，好像就一家有私人汽车。

访问员：当时你们过年过节都会做点什么呀？

陈希平：过年过节热闹了，就自己做熏鱼、肉丸、蛋饺。还要磨糯米粉，用一个石头的碾子。我们是宁波人嘛，要吃汤圆的。还有猪板油，全部都是自己做的。小孩可以穿新衣服，出去放炮仗、玩耍。过年就很热闹，走走亲戚啊，楼里上上下下地互动。现在节日越过越淡了。过年做几个菜，和平时都一样，吃饭的人也少。没什么人来往了，和过去过年完全两回事。

访问员：当初枕流公寓住了很多名人，您有没有听说过谁啊？他们的日常又是什么样的呢？

陈希平：先说名气比较大的，像是孙道临，越剧演员有三个，王文娟、傅全香，还有一个是叫范瑞娟，都在这里住过。孙道临和王文娟在这里结婚的时候，我们还小，"咚咚咚"地去敲门。王文娟就出来，拿了一盒糖，招呼大家吃点糖。孙道临住在这里的时候，当时还有一个疯狂的追星族，那个女青年在大楼里上下跑，闹得不得了。范瑞娟老师会在花园里面练功的，可能是做小生的吧，有的时候踢踢腿啊什么的。王文娟老师和傅全香老师好像没有在花园里面练功，我们没有见过。还有一个比较有名的叫汪正华，唱京剧的名角。他的女儿过去和我在小学的时候同班过两年，叫汪依华。他们在四楼住过几年吧。之所以对这个人印象比较深，是因为他们有一个亲戚，是香港的一个电影明星，叫夏梦，那个时候名气比较大。我小时候有印象，夏梦来他们家住过一段时间，对夏梦的印象甚至比她爸爸的印象深，因为是个女明星嘛。

陌生的家族历史

访问员：您幼儿园是在哪里念的呢？

陈希平：我记得上的可能是一个私立幼儿园，在武康大楼后面的一个弄堂里面，具体位置记不清了。唯独有几件幼儿园的事情是记得的。刚要上学的时候，我就闹，不肯去。园长是一个姓张的女老师，蛮好的。领我到她洋房上面自己的房间去睡了两天，还从冰箱里拿出一个吃的。为什么印象那么深呢？因为这样东西是我有生以来第一次看到。人家冰块里面放些赤豆、绿豆啊什么的，那都是有的。她的冰块里面放的是一个肉圆。这是我唯一一次在她那里看到的。活到现在，许多朋友家里我也都去过，从来没有看到有一家人冰块里面放的是肉丸一样的东西。第二个我现在还有印象的是，幼儿园煮的菜饭。过去上海话说是"咸酸饭"，这个味道相当好。第三个，我小时候很顽皮，爱捣蛋。那个时候我们去上学，没有什么班车的，只有一个三轮车，上面放一个木架子，小孩坐着去。那天，还没到放学的时间，我带了学校煮饭人的小孩，他比我小一点，带着他逃到这里来。那个时候，我不敢带他到家里来，就从隔壁699号大楼转进花园里，再到大烟囱边上。那个时候，那里有一个像格笼那么大的地方，我们两个就躲在里面。大人们着急嘞，小孩没有了，煮饭阿姨的儿子也没有了。后来，他们就一路找到这里来，把我们给找到了。因为这个，我吃了一顿批评。

访问员：那小学和初中呢？有没有邀请同班同学到您家来玩？

陈希平：有的。小学嘛，那个时候我们大楼里就有好几个同班同学。我们互相走动得蛮多的，他们到我家里来玩，我也会到他们家去，没有什么隔阂。

访问员：到您家玩些什么呢？

陈希平：那个时候有学习小组，大家来学习、来做作业啊。或者谁有什么玩具就拿出来玩一下。还有就是玩麻将牌，拿一个东西往上一丢，下面放了一些东西，掉下来像是抓包一样的，男孩女孩都玩的。

访问员：当初您父母是从事什么工作的？

陈希平：到这里以后，和我父母接触得比较少。我父亲是在钢铁厂工作的。我母亲那个时候没工作，大概"文革"以后，才到生产组去工作的。

访问员：听说您的祖父是远赴英国留学回来的是吗？

陈希平：对我祖父倒是稍微有点了解，不过那也是20世纪80年代一次偶然的机会才知道的。就算是"文革"抄家的时候，我都不知道我的祖父曾经在英国留学十年的事情。那次是我祖母的妹妹来信，说她到英国旅游碰到了我祖母的弟弟，然后他们一起到我祖父留学时住的房东家里去了。我在边上看了觉得很惊奇，就问："我的祖父到外国去过啊？"因为在那个年代，感觉出国是很遥远的。"欸，你不知道啊？"我祖母说。她就说我的祖父和我祖父的弟弟两个人很小就去了，是比较早的一批留学生。在英国学习了十多年吧，读的是冶金开矿，回来以后在盛宣怀底下的汉冶萍公司工作过，后来在浦东钱仓站和外国人做生意。旧轮船来，把轮船拆掉，钢铁卖掉。家里吃西餐的两个盘子应该是当时某条船上的餐具。后来听我伯父说，日本人来了以后，为保安全，我祖父和叔公赶紧在厂区里挂起了英国国旗，以为这样就能逃过一劫。但事情并不像他们想象的那么简单，日本人最终还是从仓库里没收了两万吨钢铁。这些钢铁后来很有可能都被日本人用来造子弹、造枪打中国人了。他们认为这个事情没有处理好。从此以后，我们家就开始家道中落了。

访问员：那您作为家庭的长孙，有没有被赋予什么家族的使命？

陈希平：没有，那个时候也不时兴这个。现在好像有什么继承家业啦，有些家庭甚至于要写家谱啊。那个时候谈到这些吓都吓死了，很忌讳的。像祖父的这

祖父辈留下的瓷盘，上有"BOMBAY & PERSIA STEAM NAVIGATION Co.Ltd"（孟买和波斯蒸汽航运有限公司）字样

陈希平家保留着的老酱油罐

个事情，我也是因为偶然的机会才知道的。有些事甚至是通过大字报、通过后来发生的种种才知道的。

访问员：那个特殊年代，对家里有什么影响吗？

陈希平：我的祖父在以前就已经去世了，我祖母又没有工作，所以还好。就是红卫兵要在这里办什么司令部，我们家就搬到楼上的一套单位去住过几年，那个单位就是后来乔奇他们住的地方。像我们这样能够六七十年都住在这里的人不多。

知青电影里的一两秒钟

访问员：您是初中之后去云南插队的吗？

陈希平：对。我们是68届，一片红。当时号召"知识青年到农村去，接受贫下中农的再教育，很有必要"，我就到云南去了。因为我家里人认为云南比较好，抗战的时候，我父亲和伯父在西南地区读书生活过一段时间，他们对云南昆明印象比较好。他们可能是抗战时期的印象，但这个印象对我选择云南有作用。

访问员：所以说并不是强制性的，而是你可以选择的是吧？

陈希平：嗯，对。有很多地方可以选择。到黑龙江、云南、贵州，都可以。报名，自觉报名。

访问员：那时候公寓里有没有邻居和您一起去云南啊？

陈希平：有，我们这个楼一共去了五个人。七楼的小陈一个，那边699号二楼一家姓陆的，他们去了三个，两个哥哥，一个妹妹。就我们五个人，坐一列火

车，1969年3月2号离开上海到云南，去插队。

访问员：当初有什么送行仪式吗？

陈希平：有有有，那时候送行，敲锣打鼓，一直把我们送到彭浦车站。哎呀，喊口号的也有，哭的也有，闹得不得了。火车经过贵阳，还在武斗，在打枪嘞。昆明再一路下去到生产队，走了有半个多月，路途遥远。

访问员：那您后来在云南待了多久？生活怎么样？

陈希平：十年，整整十年。1969年去，1979年想办法通过各种途径返城。插队的时候有个故事。一次回云南的火车上，碰到两个人，一个小青年我还记得，好像姓顾。他们是上海电影厂"大有作为"摄制组的，来拍知青题材的电影。我说："如果你到云南呢，肯定要到我们集体户来，因为我们是云南先进集体户。"听我们吹了一通牛以后，他们就带着我们到他们的卧铺那边，开始介绍说："喏，这个是摄影师，姓马，是《红日》电影的主拍。"他们和我讲，他们这次来，主要是为了拍个人先进。当时知青里面有一个女知青叫杨冰，是全国第四届人大代表，在临沧地区插队的。还有一个叫朱克家，比较有名的。我想我们当时集体户这样的模式，中央可能不太认可，那估计我们是没什么希望被拍到了。

回到生产队，过了一个多月，突然有一天，一辆吉普车开到我们村庄里来了，一看都是认识的人。他们来了，说也要拍一下。这个时候就幸福了，大概有一两个星期，我们也不用出工了，算是出政治工，也有工分，而且是最高的工分。大家还一起杀猪庆祝。我们就根据导演的指挥，配合拍电影。"同志，你站这里。同志，你这边走。" 有的时候，要等太阳出来。下雨不能拍，大家就等着，有雾又不能拍。有一天在拍挖土，摄制组的小顾和我说："小陈啊，你就站在这个位置。我保证随便怎么剪，你家里人肯定能看得到你。"我就"哦哦哦"，拿了个锄头拼命地挖。

这两年，我们把知青的老片子拿出来看，诶！确实有那么一个镜头。不知道是在片头还是片尾，在打名字的背景里面，确实有我们劳动的镜头，至少我在这个历史的资料上面也有个一两秒钟了。

访问员：看来还是有不少难忘的回忆的。

陈希平：是啊，我们当初在云南澜沧做知识青年，回来以后大家都分开了。有了微信群以后，我们又联系上了。然后我们就在群里写一些回忆文章，大家越写越多，干脆自筹出了一本书，叫《碎叶集》。据说之前云南省委书记到普洱地区视察工作的时候，还看到了这本书，评价很高，说没想到这些老知青还在踏踏实实地做一些实事。退休生活也就是这件事情是比较有意义的。

看浦江潮起潮落

访问员：1979年您回到上海之后，觉得有什么变化吗？枕流公寓、邻居还有生活？

陈希平：回来以后，我的感觉就是，以前，邻里关系比较融洽，一栋楼上上下下大家都认识，看到了都会打个招呼。"文革"以后，人际关系就疏远了。就像我和叶新建老师，认识这么长时间，以前是天天在一起的好兄弟啊！中间有一二十年没有联系了，后来看到对方，最多就是点个头。这个变化多大啊。其他邻居也是，在马路上或者公园里碰到会交流，但是我不到他们家里去，他们也不到我家里来，有事情就在门口讲两句。后来就没有串门这个习惯了。

访问员：那后来您回到上海是做什么工作呢？

陈希平：回到上海以后，先是去劳动局报到。现在回想起来，劳动局的那个干部说话还是蛮有意思的，他和我说："早知今日，何必当初。上海市现在缺少劳动力，特别希望你们这种去过农村的人、能吃苦的人回来工作。以前的事情就不要谈了，你现在到工业局报到。"一定要到具体工厂报到以后，才能落户。因为过去有些人，拿了户口，但不到指定的工厂去报到。他有路子，到其他地方上班嘞，那一线没有工人了。所以我就去工业局报到，去工厂里面做工人了，从最底层开始做。一开始我到这个工厂参观，吓了一大跳。为什么呢？那个工厂里面的工人都像杨白劳一样，浑身都是白色。因为是一个塑料化工的车间，炼胶的。他们穿着的棉袄上面盖满了白色的粉尘，一根丙烯绳子扎在腰里。我想，这个

2020 年的枕流公寓花园

地方怎么能去呢？怎么知道一分配，就把我分配到了这个车间。但这个也没有办法，当时如果说能落户上海，有一个上海户口，感觉已经是很不错了。

访问员：是的，是的，您回上海之后是和谁住在这里呀？

陈希平：那时候这里人就多了，房子很挤。包括我的祖母、我、我的表妹、我的嬢嬢、我的叔叔啊，他们都住在这里。他们成家了以后，就一人拿一间房间。我就住在这个房间，放两个床。后面的楼上还有一个厢子间，是小间，也能住人。那个时候阿姨就没办法了，只能睡在走廊上，打一个床铺。可以说是人满为患。

访问员：您是什么时候结婚的呢？

陈希平：我结婚是一九八几年了吧。回来了以后，也有了工作，但是条件比较差。别的地方房子也没有啊。结婚就住在后面的那个小间，八九个平方米吧。自己粉刷，找人打个家具。夫人是朋友介绍的，就结婚了。我结婚比较晚。那个时候，我祖母就盯着叫我快点结婚。我还以为是不是她老人家身体快不行了，希望看到我能成个家。为了提早结婚，我还把原本订好的饭店退掉，另外换了一家。后来到结婚前一个礼拜，她才告诉我，只是因为一个伯伯邀请她到美国去玩玩。所以就这样工作、成家、有了孩子。

访问员：那您儿子也是在枕流公寓长大的吗？

陈希平：对，也是在这里长大的。我儿子好像继承了我小时候的调皮，他小的时候差点把花园的草地放火烧了。居委会里面一个姓范的老师经常来我们家敲门告状。到高中以后，他就开始懂事了，倒还是比较争气，考进大学了。本来他想考中医药大学，我们大楼里开电梯的小芳和我说："千万不要让你儿子去考中医药大学。"她女儿就是在那里读了五年毕业，但最后没有当医生。所以，他后来去了理工大学读影像医学。

访问员：也挺好的。像是花园、顶楼露台这些公共的地方您现在还会去吗？

陈希平：花园可以自己去走走啊，锻炼锻炼。露台可能已经有一二十年没有上去了。

访问员：那现在您每天的生活大概是怎么样的？

陈希平：每天早上起来自己弄个早餐。吃好了就看看股票、看看电视剧略，要么就到外面走走，参加同学聚会或者出去旅游。晚上吃完饭，我就到湖南路那边一个街心花园打太极拳。有一个老师带着，其他的学员现在都成朋友了。

访问员：嗯嗯。最后一个问题再问问您哦，枕流公寓建于1930年，至今有90年的历史，像一个耄耋老人。你们和它的渊源超过了半个世纪，它对您或者您的家庭意味着什么？如果要给这位老人捎一句话，您会说什么？

陈希平：简单来说，就是"有你真好，能和'枕流'一起看浦江潮起潮落，看上海怎样发展"，这就是我现在心里想的。因为我估计自己这辈子在这里也不会动了。曾经也想过出国，但基于种种原因没有成功。我在美国碰到过一个在徐汇区混得很好的人，结果在那里开大巴，他后悔了。这就是人的命运，我是这样理解的。现在感觉上海也蛮好，出去也不一定好。

访问员：好的，谢谢陈老师！

05 王胜国：站在父亲的肩膀上

Wang Shengguo, Moved in 1953 – Standing on the shoulders of my father.

"我父亲是搞机械出身的，他首创过国内半自动化的离心铸造汽缸套机器。他知道今后自动化是电子化的，所以我到中国科大上自动化系，是受他的影响。"

访谈日期：2023年10月18日
访谈地点：枕流公寓七楼走廊
访问员：赵令宾
文字编辑：赵令宾、王南游
拍摄：孙雨航、吴仕华

1945年生于上海
1953年入住华山路699号，1968年搬出
美国北卡罗来纳大学夏洛特分校终身荣誉教授
全国科学大会先进工作者
Fulbright 学者

"枕流"初印象

访问员：王胜国老师，您好！可以简单介绍一下您自己吗？

王胜国：您好！我叫王胜国，我的名字是我父亲取的。因为我生在1945年12月，我们国家抗战胜利了，所以我父亲给我取名叫王胜国。我父亲是搞实业的，我们兄弟姐妹一共六个，我是老大，最小的是弟弟，当中是四个妹妹。我和我夫人结婚50多年了，有一个女儿和一个儿子，还有两个孙女。

访问员：你们是什么时候搬到枕流公寓的？

王胜国：根据户口信息，我们是1954年3月6日从胶州路584号的花园洋房迁到枕流公寓三楼的，因为我父亲的企业要在原来的住处发展。但实际搬入枕流公寓的年份是1953年年底。我父亲、母亲看了这里的房子之后，感到非常满意。三楼这套房子以前的住户可能是外籍的，他们当时已经不在了，但欠了房租。我父亲就把他们的欠款还清，又付了定金，我们就搬过来了。

访问员：你们刚搬进来的时候，这套房子内部是怎么样的？

王胜国：前一家住户留了一些西式的家具在客厅里，有皮沙发。我记得这套房子一进门，有一条很长的大走廊，走廊两边有很多大壁橱。沿着走廊走进去，左手边是一个卧房，有一套大卫生间，这是我住的房间。走廊右边是一个厨房，里面有很好的壁橱，而且是有煤气灶的。厨房过去靠近我们入户门的位置有两个

20世纪50年代中期，王胜国母亲与二妹、三妹和小弟在枕流公寓的客厅

1964年，王胜国父母在枕流公寓客厅

单人的小房间。沿着那条大走廊往里面走，左手边是客厅，带一个内阳台。右手边是一个大餐间，它和厨房是挨着的。顺着走廊再往里走，左边是爸爸妈妈的主卧房，带一套大卫生间。我弟弟那时候还小，1953年他也就一岁多一点，跟我爸爸妈妈住一间。走廊右面是我妹妹们住的房间，也有一套大卫生间。

访问员：那听下来这套房子应该是五大间、两小间吧？

王胜国：对。当时这套房子的大门边上还有两扇小门，就是直通两个小间的门。从小门出去，是后面的侧楼梯，通向枕流公寓大门边上的侧门。有的时候小孩子玩捉迷藏，就可以从这个小楼梯下去。

访问员：1953年年底搬进来的时候，你们总共有多少个人呢？

王胜国：搬进来的时候，有爸爸妈妈，我们兄弟姐妹六个，还有一个保姆，她带我的弟弟，总共九个人。

访问员：保姆是住在小间吗？

王胜国：对。

访问员：总共有两个小间，一个是她住的，还有一个是用来干吗的呀？

王胜国：我记不太清了。

访问员：刚刚我们聊了一些房子内部的状况。那么20世纪50年代初期，您对整个大楼的公共区域或者是大楼的周边有什么印象吗？

王胜国：华山路上有48路公交车，今天我来的时候，发现48路还在。再过去就是华山医院，我们那时看病就到华山医院。华山医院边上有一个周家花园。枕流公寓总共七层，上面凸出来的算个八楼吧，那时候我们人小，感到枕流公寓很雄壮。天台的地上有很多碎石子，我们有时候会小心翼翼地上去。特别是过节的时候，上面可以看远处的烟花。

1961年，王胜国（左三）和弟弟王胜家（左一）、四个妹妹、三个表兄弟在金鱼池前合照　　1951年，父亲开车带王胜国去杭州的路上

访问员：你们上天台的频率高吗？

王胜国：我记得上去过，但是也不是太多。我们通常在花园玩得比较多，因为那里安全，环境也好。花园很大，中间有个圆的池子，养着金鱼。从电梯厅的楼梯出来，通向金鱼池的路两边，是两排冬青树和两块草地。冬青树，长得很好。两排冬青树边上各有一个大花圃，有两片大的、圆形的美人蕉花丛，花开得很大、很漂亮，我记得有黄的、红的、粉红的。捉迷藏的时候，这是躲藏的好地方。走过金鱼池再进去，里面是一片很大的草坪，那是打棒球的地方。小时候，邻居哥哥们教我打棒球。草坪的尽头有围墙，围墙的那一边好像是宋庆龄女士创办的中国少年福利会，我们有时会爬上围墙去看一下。枕流公寓有两个门洞，另外一个门洞（731号）往南过去，边上也有围墙，那里公寓楼房边上有一根很高的烟囱。

访问员：除了捉迷藏、打棒球，你们还会在花园里玩点什么其他的游戏啊？

王胜国：捉强盗、老鹰捉小鸡，我看女孩子们有踢毽子的。我们男孩子还会打弹子。现在保安室的位置原来是一块光秃秃的泥土地，我们就在那里把弹子摆好，怎么打算作赢，我们有一套游戏规则的。大楼的下面有地下室，大楼的北边是汽车间。

访问员：您家里当时有汽车吗？

王胜国：那时候我父亲有一部英国的奥斯汀小汽车，最早就停在汽车间。过年过节的时候，他会带我们到城隍庙去买东西。我的表兄弟喜欢买大刀，我比较喜欢岳飞，我说我要枪。后来，我父亲把这部车子捐给了他的单位，变成公车以后，就停在单位了。记得大概是20世纪60年代初的一次，他们单位需要送一样东西，当时司机不在，我父亲就自告奋勇地去开车，但他没有驾照，为此还写过一个检讨。

访问员：您小时候会跟家人一起去汽车间取车吗？对汽车间有印象吗？

王胜国：走出699号的大门，往右面走，再往右转弯进去，就到汽车间了。我记得汽车间是一排的，一间一间可以停很多汽车，我家的车位是靠中间的。若干年以后，汽车间没有了，盖起了楼房，里面还安排了住户。

好好学习，到北京中科大

访问员：小时候，您跟哪几家玩得比较多？

王胜国：蔡家哥哥蔡迺绳教我打棒球的。他们家里有棒球棍、棒球，也有专门的手套。他打得很好，因为他是棒球队员，所以考上大学以后，他就被调到一医（上海第一医学院）去了。我记得那时候可能是蔡家哥哥编的口哨号，这口哨号一吹，就是叫大家下来玩了。我们楼上的郭家哥哥郭伯农，他对我很好。1962年，我考上中国科技大学，我记得他那年刚好从北京毕业。他就在他家里专门给我详细地介绍了北京，介绍了大学的生活。我记得很清楚，他跟我说，世界上最好的理工科大学是MIT，麻省理工学院。楼下是叶以群老师家，他们家的老大，是上外国语学校的。"文革"中我向他学法语，他就把他学法语的书给我。有的时候我也去他们家里，他们家有很多杂志，比如《收获》，上面有一些作家写的关于东欧的散文，写得很感人。"文革"期间，我通过这些杂志，了解了外面的风貌。我一般都看一些有关学习方面的书籍，因为我父亲希望我们学习好。那时候，我感到我们枕流公寓就是一个大家庭，大家的关系都非常好。

我记得一部有名的电影叫《庐山恋》，讲到了庐山一定要去看看白鹿洞书院。那是我国古代四大书院之一，门前枕流桥下有一块枕流石，相传是宋朝理学家朱熹读书的地方。所以"枕流"跟读书是有缘的，有历史的渊源。枕流公寓很安静，这种氛围我是忘不了的。

访问员：刚刚说到的这些同年龄的孩子们，你们会相互串门吗？

王胜国：关系特别好的会串的。还有就是有些小孩在自己家不一定好好吃饭，跑到邻居家里就吃得很好。除了孩子们之外，一些前辈们跟我父母这一辈比较要好。我们当时住在三楼的一头，另一头的那套房子住的是胡厥文副市长。他刚搬来的时候，东西还没放定，第一顿饭就是在我们家里吃的。很多表演艺术家和大师们住在这里，见面时都是非常亲切的。我记得傅全香老师在我们这里七楼住过。因为我妈妈是越剧迷，有时候傅老师或王文娟老师拍电影还是干什么的，我妈妈还可以捷足先登去看一看。五楼住过范瑞娟老师，也是演越剧的。我们的楼上住过表演艺术家陶金老师，他有两个孩子，好像就比我稍稍大一点，有的时

20世纪50年代，王胜国和母亲

王胜国的弟妹们在家中学习
左起：小弟王胜家、三妹王惠琴、大妹王惠英、二妹王惠珍

候也下来玩。王文娟老师也在我们楼上住过，很多戏迷每天在门口等着要见她。她跟孙道临老师谈恋爱的时候，我知道他们经常戴着口罩在华山路上安静地走，否则大家都认得出他们。一楼住着乔奇伯伯和孙景路阿姨，他们是表演艺术家。一楼还住着朱端钧老师，他是上海戏剧学院的领导、导演。那时候有很多要考戏剧学院的学生，他们有时候大清早的就在枕流公寓楼下的花园里练习朗诵或者念旁白。所以整栋大楼充满着丰盛的人文气息，也激励着在这里住着的每家每户。

乔奇老师住的那套房子原来可能是李鸿章的后代用来存放东西的。我读中学的时候，有一天骑自行车回来，看到整个电梯厅里堆满了巨大的照片，比我们看到的常规照片要大得多，都是李鸿章跟那些外国使节们一块开会时拍的照片。因为这些都是文物，我估计国家可能是把它们收集起来搬走了。我记得周璇老师以前也是住在枕流公寓的，她住在隔壁的一个门洞，她后来不幸因病去世。去世那会儿，不知道是谁在清理还是怎么的，飘下来好多她的照片，就落在花园的地上。我们小时候也不懂，其实这都是很珍贵的文物啊。

访问员：您见过周璇本人吗？

王胜国：没看到，因为周璇老师是住在隔壁一个门洞，我们是在699号这个门洞。只是知道她住在这里。

访问员：您当时搬来的时候是在上小学吧？

王胜国：是的，我在枕流公寓边上的华二小学（华山路第二小学）念书，我妹妹也在那里毕业的。1959年，我上高中，进的是南洋模范中学。这是一所很好的高中，历史很悠久，新中国成立以前叫南洋公学，是上海交大的附属中学。

他们正好跨区招生，我就考进去了。所以我每天骑一辆自行车，从华山路出发，经过武康路、淮海路，一直到天平路200号，那就是我的母校，这一路都非常宁静。高中的时候，我一般中午在学校里就把作业做完了。一天最后一节课是自习课，如果作业没做完，那就继续做。做完了就看看书，看明天老师要教的课，预习一下。小时候我睡得比较早，一般七点都睡觉了。高二的时候，我把考大学复习指南里的所有题目都做完了。1962年，我在南洋模范中学的数学竞赛中拿了第一名，也是同一年，我进了中国科技大学（以下简称"中国科大"）。其实，我本来不是进中国科大的，所以命运有的时候是会被瞬间改变的。

当时，我爸爸跟我讨论怎么填志愿。我第一志愿是复旦大学物理系，第二志愿是中国科大，第三志愿还是中国科大，后面是上海交大、清华等。第一张志愿表可以填写12个志愿，现在来看应该都是比较重量级的学校了。我班主任是化学老师，他说："王胜国，这不行啊。中国科大是北京来招的，招得少，你怎么放第二志愿、第三志愿呢？要换一换。"我就说："那等一等，我去跟我爸爸说一下。"因为我那时只有16岁，很小，我就到学校对面的商店里借了公用电话，打给我爸爸。我爸爸说："老师说换你就换。"所以我就换了。高考结束，我们班的班长第一个跑来我家，那时候我已经睡了，赶紧又起来。他通知我考上中国科大了。

1962年的高考，在那个年代大概也有点首创，是按分逐段录取的。第一批是85分以上的，第二批是80分以上的，再是75分以上的。中国科大那一年招收的学生成绩都很好，而且年纪都很小。我们进中国科大的这些同学，全学校平均分在85分以上。那个年代，中国科大的分数比清华还高，清华大概是80分以上。所以前辈们对我们很关照，中国科学院院士、物理学家严济慈老师还说过一句话：人才出在62级。因为1962年是中国科大历年来招生最少的，以前都招600多人，我们那年只有500多，以后又是600多。中国科大有个很好的学风，叫作"不要命的上科大"。清华、北大那时候是六年制的，科大读五年，所以我们都很拼命。而且我们的师资很好，我记得郭沫若是我们的校长，华罗庚是副校长，严济慈也是副校长，钱学森是近代力学系主任，所以有很好的学风跟校风。

访问员：您刚刚说考大学的时候只有16岁吗？好像蛮早的哦。

王胜国：我爸爸让我早上了一年学，而且他对我的学业一直抓得很紧。我在小学获得过优秀儿童奖状，就又跳了一级，所以我比同班同学的年龄小了两岁。

访问员：能不能介绍一下您爸爸妈妈对子女的教育是怎么样的啊？

王胜国：我爸爸是搞技术的，自己创业。他创办大同交通器材厂，公私合营后厂名改为上海活塞环厂，任副厂长，为主管技术厂长，为单位设计制造生产活塞环的许多专用机床。他对我们的学业抓得很紧，要求我们自学，一直跟我说："你要好好学习。"到大学期间，我爸爸每个月给我30元生活费。在那个年代，30元是很不错的了。除此之外，他还给我一个优厚的待遇，买书不设上限。1966年"文化大革命"了，我到北京王府井的新华书店，有很多外国人写的中译本都不能上架。我看一位工作人员把书都拿下来，就问怎么回事，他说："现在不能上架了。"我就问："现在可不可以买？"他说："现在可以买。"所以我当时就买了很多，其中一本是《控制论》（*Cybernetics*），是20世纪四五十年代全世界控制界的挂帅领军人物Norbert Wiener（诺伯特·维纳）写的。高中的时候，我做物理课代表，大学的时候，我做了三年数学课代表，所以我买了很多这方面的书。

访问员：我们接触下来，枕流公寓里和您差不多年龄的、读文科的好像蛮多的，也有读医科做医生。读工科的好像不太多，您是怎么走上这个方向的呢？

王胜国：工科是比较少一点，但是郭家哥哥郭伯农也是学工科的。如果我没记错的话，他跟我学的是一样的专业。我为什么学这个专业呢？因为我父亲是搞机械出身的，他首创过国内半自动化的离心铸造汽缸套机器和工艺。以前他的这些创造发明好像还到上海展览馆展出过。他知道今后自动化是电子化的，所以我到中国科大上自动化系，是受他的影响。我父亲单位后来是专业生产活塞环的，他是技术厂长。我刚到北京不久，他们厂生产的产品拿了两个"第一"和一个"最低"：质量全国第一，产量全国第一，成本全国最低。所以他到北京去汇报，并在北方的一个城市召开的会议上去介绍经验，还顺道到中国科技大学来找我。那个时候，我们星期六是上课的，星期六下午才放学。星期天放假的时候，我父亲就带我去拜访他的老师——沈鸿公公。沈鸿是中国科学院的院士、老一代的学部委员，当时是一机部（第一机械工业部）的副部长，也是上海万吨水压机的设计总工程师。去了以后，沈公公就问了我的学业情况。他跟我们学校的钱志道副校长很熟悉，他说他会通过钱校长来了解我的学业情况。我当时感到这是老前辈对我的鞭策，我一定要好好学习。所以大学第一年，我的数学和外语都考到了最高分5分，当时只有这两门是打分的考试。那时候评分标准好像还是苏联式的5分制。

当时我是系里最小的学生，同学们对我也很好。那些大姐姐们不知道怎么的，知道我的生日。她们写了一个生日贺卡，称呼我小豆豆，祝我生日快乐，快快成长。还在我的被窝里放了一包北京土特产——大枣里面夹了桃仁。这是我第一年离开家在北京过生日。我记得大姐姐们当中有一位是黄丁年同学，她爸爸是黄炎培副委员长。所以在这样的环境下，在那么多大哥哥大姐姐们的帮助关怀下，在老前辈的鞭策下，我感到我要好好学习。

四川省最年轻的全国科学大会先进工作者

访问员：在北京读大学期间，回上海的次数多吗？

王胜国：每年寒暑假，我爸爸妈妈都让我回来。我们那时候有学生专列，车票半价。正价20元，我们就9元、10元的样子。但是长途跋涉，耗时耗力。第一次从上海到北京，我花了60多个小时。好在那专列很照顾我们，是卧铺车厢可以睡。所以后来，我父母就建议我坐快车。一般都是加一个快车费，增加4元多一点吧。或者加个特快费，大概19元，坐特快列车回来。

访问员：您大学毕业是1967年吧？

王胜国：是的。1967年毕业，正好是"文化大革命"。我们是1968年3月被迫离开枕流公寓的，当时我还在等待工作分配。这对我来说，是十分不愉快的，因为我很留恋这里，留恋我童年成长的地方，留恋这里的精神氛围。就算搬走了，我还是很怀念这里。所以在这样的情况下，不管怎样，记住美好的回忆，怀揣美好朝前走。

访问员：大学毕业之后的去向是怎样的？

王胜国：毕业以后，按照国家的政策，我们处于待分配状态。1968年，他们先分配我到成都铁路局，铁路局把我分配到重庆分局，重庆分局又分配我到重庆电务段，重庆电务段分我到珞璜工区。那里处于长江南面，要搞"三线"，将来要发展成一个枢纽站。那个地方当时没有电，白天靠施工队发电，晚上都是煤油灯。晚上，那些师傅们喜欢打牌，我打不来，我还是爱看书。

那时重庆的铁路枢纽站叫九龙坡。20世纪70年代初，九龙坡要搞枢纽站信号控制工程的自营设计改造，所以就把我调到了那里。整个信号楼很大，那时铁路信号控制都是靠继电器自动控制的，那里有成千上万个节点，许许多多人施工，不少节点是焊接错了，没有按照设计图纸，故障很多。我就靠着科大对我的训练，把故障逐步排清。那时候我是干一天24小时，再休息一天，但晚上可以在信号楼睡觉。我爱人是重庆车辆段的，我们1971年年初结婚。结婚以后没房子，她住在车辆段宿舍，我住在九龙坡铁路招待所。晚上一有事故了，他们就打电话到招待所找我赶快去处理。

1973年的一天，铁道部第二设计院的一个工程师到我们信号楼来学习，我那天正好当班。铁路局的老领导廖局长带着一批干部下来视察，他就问我的名字和工作，我说了我的名字，是实习生。廖局长还问了那位工程师，他说他是第二设计院的工程师，来向我学习。听到工程师说向我这个实习生学习，于是，廖局长就问我："你是哪个学校毕业的？"我说："中国科技大学。"他对那些干部说，中国科技大学毕业的是人才。因为我当时还是实习生，参加工作六年，职称没变，工资没变，还是实习生。过了几个月，上面下调令了，通知电务段调我到成都铁路局科学技术研究所。所以从那个时候开始，我就专职搞科研了。1973年以后，科研所恢复，我记得那个时候应该是杨振宁、李政道等这些前辈老师们回来讲学了，国内的科学氛围慢慢起来了。

1978年，我获得了全国科学大会的先进工作者奖。我是四川省全国科学大会代表团的成员，当时我32岁，是四川省获奖者中最年轻的，也是铁道口最年轻的全国科学大会先进工作者。

1979年，我想继续深造，搞一点理论的，就考了中科大的研究生。1981年毕业，也算是那个年代国家的第一批硕士吧。我在中科大得了专业里的第一名。学校推荐两位同学念博士，我是其中一位。但是当年能够带博士的老师非常少，以前科学院自动化所的杨嘉墀老师可以带，但是一个导师只能带两个，而且只带本系统的。当时杨老师已经不在科学院自动化所，调到其他地方去了，所以我没能做他的学生，我是被分配留校的。失去了这么个机会，我的老师们就鼓励我到海外去深造，所以我就申请了当时在美国佛罗里达大学的鲁道夫·埃米尔·卡尔曼教授（Prof. Rudolf Emil Kalman）的博士研究生。卡尔曼教授是自20世纪60年代起，全世界控制领域的挂帅领军人物，后来得到了美国的最高科学奖，奥巴马总统在白宫给他授奖。当时我把我的研究成果寄给他们，系主任在给我的录取信中说他们很感兴趣，录取我在他们学校的一个以卡尔曼教授为首的研究中心做研究生，并且说这是一个非常罕见的机遇。我至今保留着这封录取信。据我所知，卡尔曼教授之前没有带过任何中国学生。我是被卡尔曼教授录取了，但是我那时候没有托福成绩，也没有GRE成绩（留学研究生入学考试），所以他们跟我说，第一年没有资助。那时候，虽然我父亲落实了政策，也恢复了工资，但是那个年代人民币不能换美金，所以我就又丧失了这个机会，这个在我人生道路上罕见的机遇。2005年，我和卡尔曼教授在捷克布拉格召开的 IFAC大会上第 次相见，我们拍了合影，我说我很遗憾失去了这个机遇。

我是40多岁在英国考的托福和GRE，1991年去美国休斯敦大学念的博士。我以最快的速度，在1994年获得了电气与计算机工程博士学位。我们系博士资格考试委员会的主席说我破了这个学系博士资格考试成绩的历史记录。我很感谢这些老前辈们，他们通过不同的方式鼓励了一批又一批的年轻学者继续前进，一个人的成长离不开推荐和关怀。后来，在北卡罗来纳大学夏洛特分校有个终身制的机遇，我就申请了，这样就可以安心地搞科研和教学了。

1978年，全国科学大会颁发给王胜囯先进工作者的奖状   2005年，王胜囯与卡尔曼教授在布拉格召开的IFAC大会上第一次相见

回到成长的起点

访问员：20世纪90年代出国之后，您回中国的次数多吗？

王胜囯：1999年是我出国后第一次回中国。当时是回来参加在北京召开的IFAC大会，这是每三年一次的自动控制领域最高级别的国际会议，而且是第一次在中国召开。20世纪50年代，钱学森老师是这个会议最早的倡导者之一。1999年IFAC会议召开的时候，国家领导人很重视，李岚清副总理出席大会并致辞，宋健老师和北京市的领导也发表了讲话。宴会是安排在人民大会堂的，主办方把我们招待得很好，给我的印象很深。

第二次回国是2002年。当时上海同济大学召开了一个国际会议。我知道枕流公寓的老邻居黄家哥哥黄鼎业在同济大学，我就到处打听他。他知道有一个控制领域的会议在同济大学召开，也在百忙之中到处找我，专程打电话到会议的旅馆找我，但是我没有住在旅馆。后来，我们终于联系上了，我就去办公室拜访了黄家哥哥，我们一起回忆了以前住在枕流公寓的点点滴滴。他以前就住在我们楼上，王文娟和孙道临老师在"文革"前搬走以后，住进来的就是黄鼎业哥哥他们。

访问员：2002年回上海的时候，您有到枕流公寓吗？

王胜囯：应该有，我记得我拜访了叶家姆妈（叶以群夫人）和郁家姆妈。因

2023 年 10 月，王胜国（右）和小弟王胜家在枕流公寓的天台上

为她们两位在特殊时期对我们家非常照顾，所以我2002年回来，是一定要去感谢她们的。

访问员：2002年之后，还有没有来过枕流公寓呀？

王胜国：还是回来过几次的。最近的一次是2019年，去广州开会，我也顺便回了趟上海。每次只要能回中国，我都会回上海，因为我在这里出生，在这里长大。

访问员：这次回到枕流公寓，觉得这里有什么变化吗？

王胜国：花园变化比较大，好像更现代化了。从电梯厅出来，小路两边的冬青树和花丛都不一样了。花园的面积好像变小了，也有可能我们小时候人比较小，觉得空间很大。另外，我今天发现靠近731号门洞的那根大烟囱不见了。以前那里有个平台，有几节楼梯可以上去，平台上面有一个小斜坡。那时候我为了高考，每天早晨四五点钟，天只要清亮了，我就会端个小板凳坐在大烟囱旁边的平台上复习外语。现在平台还在，斜坡也还在，小楼梯没有了，大烟囱也不见了。

访问员：怎么会选择在那里复习外语呢？

王胜国：那里安静，而且我坐在那个地方，没人会注意到我。

访问员：这个倒是很有趣的。很多当年的小朋友对这根大烟囱印象都挺深的，他们通常在那里做游戏。还有其他地方您觉得有变化的吗？

王胜国：走廊格局还是没变，但是我记不得以前是不是有这么多电表了。小时候的电梯门不是全封闭的，是拉链式的，就像香港电影里拍的那种老式的。感觉电梯也更大一点，因为我记得那时候我的自行车是可以放在电梯里拿上来的。自行车不是放楼下的，一般都是放在家门口的过道上或者放在家里。以前699号大门进来的地方有个"金鱼"在喷水，"文革"期间还有没有，我记不太清楚了。时代在发展，总是要变迁的。这里附近高楼都起来了，我感到上海的发展很快。

1962年，我刚到北京读大学一年级。有一次，我到王府井边上的东安市场，看到一期《人民画报》里有好几页是专门介绍枕流公寓的。我当时很吃惊，这不是我小时候长大的地方吗？这些不是我认识的邻居长辈们吗？当然里面介绍的大师们，有一些是我知道、认识的，还有一些是我当时不认识、不知道的，但是我记住了。这些都让我感到，我们从这里走出来，要好好学习。所以我把那期的《人民画报》买下来，一直保留着，现在还在我美国的家中。

访问员：枕流公寓是1930年建造的，到现在快有100年的历史了。您在这边住了差不多15年的时间，对您个人或者您的家庭来说，这栋大楼会不会有一些特殊的意义啊？

王胜国：当然。因为我刚才说，这是我童年和青少年成长的地方。虽然我后来到北京了，但我每年寒暑假都回来的。"文革"期间，有的时候我干脆就住在这里了。有这么多哥哥姐姐的带领和帮助，也因为我父亲和前辈们的培养，我学习了自动控制。我的愿望就是按一个按钮，喝一杯咖啡，在节约大量劳动力的同时，能够更准确地利用现代化技术实现目标，从而造福人类。我感谢所有培养我的老师们、帮助我的朋友们。我感恩父母的培育和夫人的支持。枕流公寓这个特殊的地方，对我是有特殊的意义的，不仅是我成长的地方，而且是我走向学术生涯的出发地。

访问员：如果让您对着枕流公寓这位老人讲一段话，您会说什么呀？

王胜国：我要对枕流老人说——你见证了、记录了这栋建筑的人文和历史，我感恩那些前辈大师，熏陶了当时还年轻的我们以及现在住在里面的中青年。枕流的精神是永远向上，永远不断进取、不断创新的。我是从枕流公寓走出来的，这是一个读书的宝地，枕流公寓给了我最难忘的童年跟青少年，感谢他给了我这么好的一个起点。这么多年的工作，让我取得了不少荣誉和成就，这都离不开枕流公寓对我的熏陶，我永远忘不了我是在这里奠定了基础。感恩！希望"枕流"的人文精神永远长青。谢谢赵老师，谢谢"枕流之声"！

访问员：谢谢王胜国老师的分享！

06 金通澍：爱开电梯的"孩子王"

Jin Tongshu, Born in 1954 – The "King of Children" who loved operating the elevator.

"哪家新搬进来了，我就会主动去跟他们打招呼，拉来和大家一起玩，我会想出各种各样的玩法。"

访谈日期：2023 年 5 月 29 日

访谈地点：枕流公寓南侧花园

访问员：赵令宾

文字编辑：赵令宾、王南游

拍摄：王柱

画家娄詠苏之女

1954 年生于华山路 699 号，1982 年搬出

70年前的这个家

访问员：金老师好，请问您是什么时候出生的？

金通澍：我是1954年12月份出生的，就出生在枕流公寓。1947年，我爸爸从美国留学回国，他在纽约大学学的是工商管理。我妈妈以前是一个画家，叫娄詠芬，她是苏州美专(苏州美术专科学校)毕业的，后来是上海文史馆的馆员。她师从郑午昌，跟老一辈的画家，比如徐悲鸿、吴湖帆等，一起开过画展。爸爸妈妈是1950年结婚的，然后就搬进了枕流公寓。因为我妈妈之前有难产，所以过了几年才生下了我。

访问员：您有听爸妈说过他们为什么会选择这里吗？

金通澍：大概就是因为这里的环境比较好、比较安静，所以我爸爸就选择了这里。我还听我妈妈说，他们是用金条"顶"进来的。其实，当时用金条"顶"就像买卖私人房子一样的，等于是买进来的。我们前面的住户是一个外国人，可能是因为新中国成立了，他们要回国，就把房子转让出来了。我们家的家具都是外国人留下的，是那种土黄色的柚木家具，后来我们就一直使用着。

访问员：您现在能回忆得起来你们这套公寓的一些细节吗？几大间啊？房间是怎么样的？

金通澍：它是两间一套的公寓。外面一间是客厅，客厅里面还有一个小套

父亲金其杰和母亲娄詠芬的结婚证明

间，可以用来放一些东西，也可以搭一张床睡觉。我那时候小，就跟父母住在里面的那个房间。我印象比较深的就是我们厨房的煤气灶，它是落地的，下面有一个烤箱，上面有四个火头，可以同时煮饭、烧菜。当中有一根像棍子一样的构造，里面蹿出来的是明火，可以在上面烘面包。

访问员：煤气灶是你们搬进来就有的吗？

金通澍：就有的。家家户户都有煤气灶的，大概有1.2米高，1米来宽，我想应该是进口的。厨房间里有一排连体的橱柜，很先进的。因为空间是狭长型的，里面的一条走廊非常挤，一个人要通过，另一个人就要往里靠一靠让一下。厨房的水斗蛮大的，白色的，有1米来宽，洗东西特别方便。

访问员：你们会在家里烧饭吗？

金通澍：那时候都是在家里烧的，不过是保姆烧饭。但是我小时候还是蛮喜欢劳动的。有一次，保姆请假回家，我就自己拿个小凳子踩在上面，在厨房间把我们的衣服都洗掉了。后来，我妈妈一看，怎么衣服都洗完了，我说："是我洗的呀。"我记得那时候我才5岁。

访问员：除了洗衣服，还会做一些其他的什么事吗？

金通澍：其他的我倒没什么印象了。后期我还会织毛线，花式的都会织，织得挺好的，还给我们同大楼搬进来的邻居织过。

访问员：刚刚说到厨房，那其他房间，比如说睡房是什么样？

金通澍：睡房不是很大，大概18个平方米，房门边有一个壁橱，家里的衣服都挂在里面。房间的窗口下面有一个水汀，我经常坐在水汀上看下面的风景。后来还没到"文革"，大概是某个时期要节约用煤，就拆除了。

访问员：家里的两间房，一间是卧室，另外一间是什么用途呀？

金通澍：另外一间就是客厅，里面放了一个大的沙发，旁边是两个小一点的沙发，当中一个茶几。靠门进来的墙上，有一个玻璃橱，放些摆设。另一边的那堵墙，有一个写字台。这个写字台蛮新式也蛮特别的，它是斜角的，棕黑色的桌面可以翻开来，里面是一格一格的，后来也不知道怎么就看不见了。中间靠厨房间的位置，我们有个直径1米左右的圆台子，四面四把红木的小凳子。

访问员：厕所是什么样的？里面都有什么配置呀？

金通澍：我们的厕所间是暗式的，马桶后面的墙上有一扇天窗，跟厨房间相通，但厕所间是暗的。里面有浴缸、抽水马桶、洗脸盆，还有两根挂毛巾的架子，一根在浴缸上面，还有一根靠着洗脸池旁边的墙上，我们可以挂洗脸毛巾和洗脚毛巾。

访问员：您记得小时候洗漱或者洗澡是怎么洗的吗？

金通澍：洗漱是在洗脸池，洗脸的时候就在洗脸池里面放满水，不是用脸盆的。洗澡就在浴缸里，但是后来水龙头放不出热水了，都是靠自己烧水的。烧好的水放在浴缸旁边备着，要时不时加一点热水，不然浴缸里的水一会儿就变冷了。有一次，我坐在浴缸里，直接拎着水壶把热水浇下来，一不小心浇到腿上，以至于腿上到现在还留着一条疤。

访问员：太惨了。小时候浴缸的水龙头是有热水的吧？

金通澍：对的，小的时候浴缸水龙头可以直接放出热水的。而且是那种老式的龙头，比较粗，两边有两个旋钮，一边冷水，一边热水。

访问员：那你们家除了父母之外，还有其他的家庭成员吗？

金通澍：没有，我们家就我一个孩子。因为我妈妈生我之前难产一次，流产两次，生我的时候已经是第四胎了。她在床上躺了6个月，才把我生下来的。我妈妈其实还蛮想再生一个男孩子的，但我爸爸思想比较开放，觉得男女都一样。女孩也可以当男孩养，所以我性格当中也有男孩子的一面。

访问员：枕流公寓里的独生子女比例好像挺高的，而且听说女孩子都比较要强。

金通澍：对的，这也许是我们从小生活的环境为我们打下的基础，都挺要强的。

访问员：小的时候，你们家还配备了一名保姆是吗？

金通澍：对的，一直有保姆。我生下来的时候，好像有两个，后来变成一个。一直到我7岁，大概是1961年，她回家了，我们改用了钟点工。

访问员：以前住家的保姆是住在用人间吗？

金通澍：是的。我们大楼不是有三条楼梯吗？其中两条是消防楼梯，就在消防楼梯的旁边，有一个小房间。那个房间可以储物，也可以给保姆住。我们家的保姆就住在那个房间里。

访问员：保姆间的家具是之前外国人留下来的，还是后来自己买的呢？

金通澍：是后来自己添的，不是外国人留下来的。

访问员：爸妈有没有跟您说起过，在他们结婚的时候，在搬进来之前，有没有对单位进行装修，或者新买了点什么啊？

金通澍：他们搬进来之前装没装修，我倒不知道。我只记得我们墙面是那种淡黄色的涂料，我记事以后，家里似乎没有装修过。

一个懂得团结友爱的孩子

访问员：小时候，您是待在家里的时间多还是在外面的时间多？

金通澍：反正我每天放学做好功课以后，我妈妈就会让我到楼下玩，因为她蛮关心我的眼睛的，所以我视力一直很好。妈妈虽然对我管教得比较严厉，但还是给了我一个非常自由的空间。我在楼下玩，等我爸爸回来了，他们就叫我回家吃饭。

访问员：妈妈会去上班吗？

金通澍：妈妈没有上班。她之前是画画的，后来因为难产，眼睛就看不清了。由于视力下降，不能再画画了，基本上就在家里待着。后来要照顾我，自己身体又不好，所以她就没有再坚持画画。其实她到老年都觉得非常遗憾，这辈子没有完成自己的心愿。因为晚年的时候她一直想画，但是那个时候已经力不从心了。

访问员：在您小时候，妈妈会在家里画画吗？

金通澍：会的，她的那些画具直到现在我都还保留着，因为是她喜欢的东西。

访问员：她通常会在哪段时间、在哪一个位置画画呢？

金通澍：时间倒也不是固定的，通常在我们客厅里放一个小小的桌子画画。"文革"以后，就搬到小间里画了，就是我们刚刚说的保姆间。

访问员：那她会教您画吗？

金通澍：我没有天赋，一点都不行。我十一二岁的时候，我们家想让我学钢琴。那时候有租钢琴的，我记得好像是一个月12块，但是我学不好。"文革"前夕，家里买了一架钢琴，我学了不到两个月，钢琴就因为抄家，被强行搬到了一间学校，借给他们用了。"文革"结束后，落实政策，他们才把钢琴还给我们。

20世纪50年代末，金通澍在699号大门口　　　　20世纪60年代初，金通澍和母亲在家中

这架钢琴现在还在我的家里，虽然很旧，但是至少是对过往的一种追忆。

访问员：那后来有继续学吗？

金通澍：没有，后来我让我儿子学，他也坐不住。还好我爱人是搞声乐的，他练声的时候非常需要钢琴，正好用上了。

访问员：我想如果是纯摆设，应该不会放那么久吧。那您父亲是做什么的呢？

金通澍：他本来学的是工商管理，学成回国以后，这个专业当时在国内好像不是很用得上，所以他就在一个化工厂做管理工作。"公私合营"之后，他就在工厂里做销售方面的工作。

访问员：这样听下来父亲在外的时间好像比较多。

金通澍：对，他那时候早上5：30就出去上班了，走到美丽园，坐62路公交车。他的工厂靠近南翔，路上要一个多小时。晚上回家要6点多钟了。

访问员：好辛苦的，那所以还是母亲跟您接触的时间比较多吧？

金通澍：对的。但是在我的印象中，我爸爸是非常疼爱我的，因为他有我的时候已经43岁了，有点老来得子的意思。反倒是我母亲对我管教得比较严厉。

访问员：一般在什么方面她会比较严啊？

金通澍：比如说她讲话，我回嘴了，她会教训我的。所以我养成了一个习惯，从来不回嘴，基本上也不会跟别人争吵。

访问员：跟父母在一起的时候，还有没有一些印象比较深的事情？

金通澍：我妈妈一直教育我对小朋友要团结友爱，有一件事情我记得蛮清楚的。小时候，我在大楼后面的一家民办幼儿园上学。这个幼儿园里的小朋友家境参差不齐，有的小朋友条件不那么好，来上学老是会流鼻涕。我觉得流鼻涕很

抱着叶新桂（文艺理论家叶以群的女儿）的金通澍（中），与儿时玩伴陆欣珊（左）和陆欣梅（右）在花园

金通澍（前排左）和小学同学朱兰（前排右），邻居陆欣珊（后排左）、陆欣梅（后排右）在通往花园的台阶上

脏，回家以后就和我妈妈说。她就教育我："那你就拿个手绢帮他擦干净。"

　　访问员：这个教育理念是不是可以让你跟身边的小朋友更融洽地相处，并且让你成了枕流公寓里的孩子们都很愿意追随的一个姐姐？

　　金通澍：也不是这么说，我在年纪上比徐东丁、沈黎她们稍微大一些。小时候无忧无虑的，所以我可能是一个比较活泼、热情的孩子。哪家新搬进来了，我就会主动去跟他们打招呼，把他们拉来和大家一起玩。我会想出各种各样的玩法，经常玩的有跳橡皮筋。皮筋从膝盖的位置开始，到腰，再到肩膀，最后到两人双手举高的位置，我记得好像有六格。我们二楼隔壁有个女孩子，她的弹跳力特别好，一下就能跳上公寓一楼这么高的位置。我们还会玩全大楼抓人。全大楼抓人是什么概念呢？枕流公寓有三条扶梯，可以任意地从一楼跑到七楼，再从七楼跑下来。但是，如果我把你抓住了，你就出局了。那时候玩得很疯，也不知道累，就满大楼上上下下地跑。我记得有一次，沈黎在电梯间被我抓住了，她又是紧张又是激动，尖叫着跳起来，那个画面至今都还在我的脑海里。我们还玩"勇敢者的道路"。花园边上都是一楼住户的阳台，阳台外面有一条突出的装饰条。我们就踩在上面，从花园一侧爬到另一侧。靠南边原来有个烟囱，有三格楼梯，爬到那里才算完成。我小时候很调皮，虽然是女孩子，但玩的游戏都是比较剧烈的，不像是女孩子玩的。

　　访问员：这个游戏是你们自己发明的吗？

金通澍：像"勇敢者的道路"肯定是我们自己想出来的。跳橡皮筋是外面都有的，只是他们住在弄堂里的，没有我们这里地方宽敞。我们在花园里可以尽情地跳，最多的时候有十几个人。

访问员：那像全大楼捉人呢？

金通澍：这个也是自己发明的，因为我们大楼有这个先天条件。再像造房子的游戏，外面也有的，但是他们可能要自己画出一小块一小块地去跳。我们大楼就不需要了，因为地砖一格一格都已经分好了。

访问员：听下来是蛮开心的，以前能凑齐十几个人一起玩啊？

金通澍：最多的时候有十几个人，这是在"文革"之前。"文革"之后，大家都有一些心理阴影了，而且都各奔东西了。

被电梯串起的邻里情缘

访问员：您小学是在哪里读的？

金通澍：我1962年才进华二小学（华山路第二小学），1966年念完四年级，五年级根本就没有上，大家在捣乱。1968年进了初中，这一年我们这群小朋友就在大楼里。我们家是根据地，夏天门窗都开着，比较通风。大家就在我们家门口一起做功课，一起聊聊天，好像觉得也挺开心。因为我们的成分很接近，都是受到冲击的，所以我们大楼的女孩子相处得特别好，从来不会为了什么事情吵架，大家都是非常和睦的。

访问员：听下来感觉699号比731号要热闹一点。

金通澍：对的。大部分699号的单位面积比731号的要大，而且住户要多，731号一层楼只有两套。他们如果要到花园来，就要下楼，绕过马路，从699号的电梯间进来，才能到花园。

访问员：731号没有一个过道可以直通花园的是吧？

金通澍：嗯，它没有过道的。

访问员：你们家住在二楼，是不是用电梯的机会蛮少的？

金通澍：对的，用电梯的机会很少，我们基本上都是步行上下楼。那个楼梯，我至今都非常熟悉，通常要转三个弯才能到达一个楼层。从一楼到二楼，第一组楼梯有7格，第二组有8格，第三组是7格，小时候都是三步并作两步走上去的。我虽然不坐电梯，但是非常感兴趣。那时候的电梯比较大，可以放进28寸的自行车，里面有开电梯的师傅，还有把椅子是让他们坐的。我们电梯间有两个师傅。一个是老金师傅，男的，40多岁。还有一个梁阿姨，她对我蛮好的。那时候

20世纪70年代末，金通澍在花园

金通澍（左）、孙丹薇和蹇明（右）

金通澍保存着的枕流公寓里邻居们的照片

徐朱丁　　金通澍　　陆欣梅　　沈珊

孙丹薇　　咏梅　　梁阿姨女儿　　范苏敏

陆欣珊 我　　　我 郝晓雯

我想开电梯，就跟梁阿姨说了，开始她不同意，怕我出事儿。因为当时的电梯都是手控的，有一个把手，往左边掰是向上，往右边是下来。但是要控制好停的位置是不容易的，到一定的程度就要松手了，然后借助惯性，电梯轿厢才能停得和楼层一样平。梁阿姨一直坐在里面，我就开给她看。后来我比较熟悉了，她也就放心一点了。我就帮大楼里的邻居上上下下地开，所以谁住几楼我都非常熟悉。

访问员：电梯工会穿统一的服装吗？

金通澍：没有的，他们是房管所的，估计现在都老了。我知道梁阿姨是住在常熟路荣康别墅的。

访问员：那你们沟通得还蛮深入的。

金通澍：对的，我跟她很要好，她还给过我她女儿的照片，我现在还保存在照相本里。我们二楼隔壁一户人家的保姆那时候年纪轻，留着一根大辫子，我们叫她咏梅，我也有她的照片。那时候都兴拍一寸的小照片，我的照相本里贴满了她们一张一张的照片。

访问员：梁阿姨女儿的照片是她主动给你的吗？

金通澍：对的，都是他们主动给我的。她的女儿我也不认识，但是我知道她会来送饭的。因为那时候开电梯分早班晚班，梁阿姨多数都是开晚班的。

访问员：大楼里面哪几户邻居是你比较熟的啊？

金通澍：当然是那些小朋友啦。塞明和我是同一个年龄段的，所以玩得比较多。我的好朋友们有徐东丁、沈黎、张春玲、范苏敏、张瑞华，还有小刺猬。我们现在都还保持着联系，大家可以算得上是好闺蜜了。

访问员：像这些小朋友的家里，你会去串门吗？

金通澍：小时候差不多每户人家都会去。徐东丁家我们是经常去的，在靠阳台的客厅里玩。他们家有一个外婆，住在后面一间。还有一个奶奶，我们叫她阿婆，是一个非常和蔼的老人。她应该是"文革"前走的，当时我们都很难受。小刺猬是作家峻青的女儿，她叫孙丹薇，她的弟弟叫小狗。他们好像是1962年左右搬进来的，他们家比较先进，搬进来的时候就有投影仪。我们都觉得很新奇，会到他们家看投影。他家是五大间，五口人加一个保姆住。他们家还养了一只猫，名字叫小虎子咪咪，我会经常去抱抱它。范苏敏家好像是"文革"之后搬进来的，我们也会到他们家里玩，一般在大人上班了以后。张春玲家不太去，但是她会经常跟我们出来玩。那时候大家手里都有一些零用钱，我们就经常到华山路、武康路那里的小店，买点小零食回来吃。我记得黄佳谊（原上海市人大常委会主任陈铁迪的女儿）他们搬进来的时候，东西都放在电梯间，我跟他们打招呼，还帮他们把东西搬上去。反正那时候我是一个非常热情好客的孩子，对每家每户的情况都比较了解，这家搬走了，那家又搬进来了。

访问员：刚刚说到黄佳谊他们刚搬过来时的场景，这是你们俩初次见面吗？

金通澍：对的。初次见面就帮他们搬东西了，她爸爸妈妈看到我这么热情也挺喜欢的，就这样熟悉了。

拼凑出来的生活

访问员：黄佳谊家住的那个单位是合住的，除了他们一家，还有一家呢？

金通澍：是的，还有一家是郭家，他们的母亲瘦瘦的，我们叫她郭家姆妈，她有两个儿子和一个女儿。黄佳谊他们搬进来的那个单位以前是王文娟住的。王文娟和孙道临结婚以后，就搬到武康大楼去了。黄佳谊他们搬进来也是一大家子，那时候她爷爷是师范大学的副院长，奶奶个子挺高的，戴一副眼镜。黄佳谊的爸爸和妈妈那时候是同济大学的教师，加上她们两姐妹，还有一个阿姨。他们家有三间房间，要住七个人了。

访问员：所以这个单位里面住的人口还是蛮多的。

金通澍：蛮多的，有两户人家了。但是和后来比起来，还算好。我们那时候基本上都是一户一家，很少两户的。后来随着"文革"的到来，很多人搬出去了。又搬进来很多新的人家，那就很挤了，有的三间房间住三户。像我们家，原来我们自己住一套，后来两间房间要住两家人了。我们家三口人，加上旁边的四口之家，就要住七口人了。

访问员：你们家分出去的那间是以前的睡房还是客厅呀？

金通澍：客厅，很大的客厅。但前后也换人家的，到我们搬走的时候，已经换过三次了。

访问员：从这个单位的结构来看，如果是中间的客厅分出去，那你们进卧室的时候是不是还要经过别人家的门口？

金通澍：也不是。因为客厅本来是敞开式的，带一个弧形的门框，但是没有装门。他们搬进来之后，就装门了。所以我们虽然经过他们门口，但是没有多大影响。只是那条内走廊变得很黑、很暗，要开灯了。最早的时候，我们洗完的衣服是晾在窗外面的。合住之后，下雨天衣服没地方晾，两户人家的衣服都晾在走廊上面。上面有竹竿，把衣服吊上去，走道旁边还摆着鞋子啊什么的，整个走廊就显得比较窄了。

访问员：因为居住的人口变多了，东西没地方放了。以前你们住的一套里面有几个卫生间呀？

金通澍：一个卫生间，就合用了，没办法。如果要洗澡的话，当时没有淋浴，就不在浴缸里坐浴了。拿一个盆，装点水，蹲在浴缸里面洗。洗到最后，再拿盆里的水往身上冲一冲。因为浴缸也是合用的了，总感觉不卫生。

访问员：洗一次澡要用几盆水啊？

金通澍：旁边还是会准备好热水壶的，因为要另外加水，就是没有以前那么方便了。

访问员：洗澡的频率呢？和小时候比起来怎么样？

金通澍：小的时候当然也不是每天洗澡的，因为后来没有热水汀了，水是要靠自己烧好倒在浴缸里的。我记得是一个星期左右洗一次。后来我们不到17岁就进单位工作了，单位都能洗淋浴的，基本上就不在家里洗澡了。

访问员：那卫生间的马桶也要合用咯。

金通澍：都要合用，一切的一切都合用，包括厨房水斗也要合用，只有煤气灶是大家分开的。

访问员：煤气灶能分吗？

金通澍：他们再装一个两个火眼的，我们还是用那个大的。

访问员：厨房你们用得多吗？

金通澍：当然啦，那时候的人不像现在的小青年可以到外面吃饭或者叫外卖，那时候都是家里烧饭的。早餐我们基本上是吃面包、喝牛奶，或者到单位去吃，但是中饭、晚饭是免不了的，都要用到厨房的。

访问员：两户人家住在一起，容易起矛盾吗？

金通澍：会有的。人多了，大家的生活习惯也不同，总体感觉和以前就不一样了。大家以前住在枕流公寓，都是相敬如宾的，后来确实会听到吵架的声音。但是因为大家都挤在这么小的一个空间里，免不了有一些摩擦吧。

访问员：住在这里，买菜方便吗？

金通澍：说起买菜，我们这些女孩子真的是挺有劲的，对新生事物充满了好奇心，对买菜也很有兴趣。20世纪70年代左右，丁香公寓旁边是一条汪家弄，我们称为"朱家沙"。打酱油、买米、买菜，都在这条路上。我们几个孩子前一天说好，明天去买菜。第二天一早，就挎个篮子去排队。那时候买鱼是很紧张的，都是分配的，晚了就买不到了。有的人会在地上摆一块砖头，算一个位置。买肉就还好，不需要排队。买酱油不像现在，不是一整瓶买的。都是拿个瓶子过去，店家给你打一点，可以按两算的。

访问员：是不是都要凭票的呀？

金通澍：凭票是再后期了，我们当时就是去排队。

访问员：几个人去啊？

金通澍：三四个人，我印象中是我、张春玲和塞明，我们三个是经常去的。我们很乐意去尝试一下，觉得什么事情都挺新鲜的。人家都买菜，我们也去买菜。

离别与团聚

访问员：不到17岁的时候，您就出去上班了吗？

金通澍：1969年是插队落户，一片红。我是70届的，又是独苗，正好有照顾，可以分配到工厂。我分配在新光力车厂，后来改名叫上海家具五金厂。那个厂不大，就在新华路，离这儿倒不远。一开始进去做什么呢，就做黄鱼车的钢丝和条铆。后来转产了，做家具的五金配件，比如说橱的拉手、铰链等。但是我从心里面是不喜欢在工厂干活的，也没办法。干了十几年，直到可以自己找工作了，我就到别的单位了。

访问员：在工厂的时候，每天怎么去上班呢？

金通澍：坐48路，5站就到新华路了。我分配在车间里，上班都是要穿套鞋的。螺丝攻牙要用肥皂水，手上整天都是湿乎乎的。

1980年2月18日，金通澍和先生于欣结婚，和父母摄于家中　　　　　1980年2月19日，金通澍结婚第二天，全家摄于花园

访问员：你是怎么学会做这些东西的呀？

金通澍：我是工人，从学徒做起，还是挺辛苦的。

访问员：每天几点出门？

金通澍：有分早班、中班，有时甚至有晚班，因为白天要让电，用电有高峰期。早班6：30就要上班了，6：15必须到单位。还要算上路上的时间，那么我5点多就要等在48路站头了。中班是下午2：30上班，晚上11：00下班，回到家已经很晚了。

访问员：您和您先生是怎么认识的？

金通澍：我们认识得非常早。他住长乐路，我住华山路。以前对面戏剧学院里有个游泳池，下午4：45和5：50分别有一场游泳，我们这些女孩子每天都去的。我爱人喜欢游泳，而且他跳水跳得非常好，我们经常会欣赏他跳水，但是从来没和他说过话。有一天，我们几个女孩子在菜场排队买鱼。我爱人买了一条鱼，托他同学送来。那个同学我也不认识，跑到我面前就说："这鱼给你！"他连篮子带鱼放下，人就走了，我莫名其妙地拎了鱼回来。后来，枕流公寓里搬来一家新的邻居，是广电局的。我经常去玩，我先生跟他们熟悉，也会到他家玩。虽然我们碰到过几次，但还是没说话。1970年2月的一天，他在路上找到我，说想跟我交往。那时候我才16岁，年纪很小，但是青春懵懂的时候，对爱情是有点向往的，而且对他印象也不错。后来，我跟他一点点交往上了，但都是偷偷摸摸的，不能让家里人知道。他是69届的，那年4月，就去插队落户了，但我们还保持着通信。我那时候觉得没什么，我想再过一年我也要插队落户跟他去的，但是事实上我是分到了工厂。后来，我爸爸妈妈知道了，坚决不同意。他们说，如果他不到一个正规的单位，就不同意我们结婚。我爱人通过自己的努力，考入了原广州军区的战士歌舞团。我跟他1970年认识的，一直到1980年才结婚，前前后后

20世纪80年代初，金通澍和好友徐东丁在枕流公寓天台留影

1982年10月12日，儿子周岁生日，和父母在家中，摄于搬家前夕

相处了10年。

访问员：你们的婚礼是在哪里举行的？

金通澍：我是在枕流公寓出嫁的，婚礼在外滩的东风饭店，办了11桌酒席。我记得我父亲是很不舍得的，我出嫁那天他哭了。其实婚后我还是住在家里，但是在他的心里，总归觉得女儿嫁出去了。

访问员：婚后还是住在枕流公寓吗？

金通澍：那时候我们在枕流公寓只有一间房，我结婚之后其实是没地方住的。我婆婆家也是一间房，一隔二。但是她家里有三个儿子，如果我们用了一间，其他两个儿子的住房条件就比较困难了。好在我爱人常年在广州，不经常回来，所以，平时我就住在枕流公寓。他回上海的时候，我就住到他们家去。但这样总不是办法，1981年儿子出生了，统战部帮我们重新分配了一套新华路的房子。

访问员：你们是什么时候搬出去的？

金通澍：1982年，我在枕流公寓住了整整28年。搬出去的那一天，我特地选了我出生的那一天，希望有一些纪念意义吧。

访问员：那等于儿子出生没多久，你们就搬走了。

金通澍：他14个月的时候我们搬走的。

访问员：你们搬出去的时候，父母还住在这儿吗？

金通澍：没有，我们一家人都搬出去了。统战部给我们分配了一套三房一厅的新公房，1982年的时候也算是比较宽敞的，但是枕流公寓的这个房间就要交给房管所了。

访问员：搬家那天的情景还记得吗？

金通澍：我们叫了一辆搬家车，但是一些零零星星的东西，后来是用黄鱼车

1983年10月1日，带2岁的儿子回枕流公寓看看　　　1996年2月1日，金通澍（中）重返枕流公寓，和好友徐东丁（左）、张瑞华（右）摄于花园

运的。最后一车东西运走的时候，我眼眶里是含着泪水的。毕竟这里一切的一切我都是那么熟悉，这里有我那么多的好朋友、好邻居，大家从小一起长大，她们还没结婚，我算是早的啦。我真的是没有办法，没有居住的地方，才要搬到一个陌生的环境去，我是非常不舍得的。我就想，如果有一天我还能够重新搬回来，那该多好。我把那个煤气灶也带走了。因为我问过房管所，他们说可以拆的，我就搬到了新华路。大概一直用到20世纪90年代末，煤气灶老化了，一直要有人修理，后来这些配件都买不到了。

我婆婆家住在长乐路，如果我回新华路的家，出了长乐路口应该往左拐，如果到枕流公寓，就是往右拐。有好几次，我都还会走错路，没留神的时候就往右边走，走到一半才发觉不对。直到现在，如果我要出去办点事或者买个东西，只要朝这个方向来的，我都会绕到枕流公寓，情愿绕远一点。为的就是看看我从小生长的环境，看看这栋大楼。

访问员：还是对这栋楼念念不忘啊。你们家是1950年搬进来的，您是1954年在枕流公寓出生的。1982年搬出的时候，你们已经在这里住了32年了。枕流公寓到今年为止，已经超过了90岁了。如果把他比喻成一位老者，您觉得这位老者对您个人或者您的家庭来说，有什么特别的意义吗？

金通澍：枕流公寓对我来讲，一直是一个魂牵梦萦的地方。在这里，我度过了一个非常愉快而幸福的童年。这里的一草一木我都非常熟悉，家家户户我都觉得非常亲切。我希望枕流公寓在经过了那么多的风风雨雨和沧桑变迁之后，能够得到相关部门的重视与保护，让这座充满优秀人文历史的建筑能够永远矗立在华山路上；也希望这里的居民们能够幸福安康，开心每一天。

07 王慕兰：当一个画家的妻子

Wang Mulan, Moved in 1956 – Being the wife of a painter.

"当初参加革命的时候，领导问我：'你为什么要参加革命啊？'我说：'为人民服务。'他说：'说得太好了！'那么能够帮助沈柔坚，我想也是为人民服务的一种。"

访谈日期：2020 年 11 月 20 日
访谈地点：华山路 699 号家中
访问员：赵令宾、汤开旸
文字编辑：赵令宾、王南游
拍摄：王柱

画家沈柔坚之妻
1931 年生于江苏省苏州市，1956 年入住华山路 699 号，
离休干部，先后在共青团上海市委、上海市教育局、东华大学任
2023 年于上海离世

一名画家的妻子

访问员：王老师，您好！

王慕兰：您好！

访问员：您在哪里出生的？

王慕兰：我是江苏吴县人。抗日战争快要爆发的时候，我家从苏州逃难到上海来，定居到现在。

访问员：那您是什么时候跟沈柔坚先生认识的呀？

王慕兰：1951年吧。因为工作的关系，那个时候我在团市委宣传部。团中央有一个意见，就是要给中学生普及一下文艺美术方面的基本知识。所以各团区委就开了很多班，比如美术班、戏剧班、音乐班啊什么的。我是负责这个工作的，需要文化局跟文艺界协助。文联辅导部的部长当时就是沈柔坚兼任的，那么就要争取他的支持，有的时候商谈有关于这方面怎么在全市各区开班，要很多的美术、音乐这方面的老师。

访问员：前两天在看您写的《往事如歌》那本书，看完了之后，觉得当一个画家的妻子还挺不容易的。

王慕兰：我觉得是很艰难的。

访问员：您能具体说一说吗？

王慕兰：主要就是他是以工作、画画为他的主要的生命的追求，所以他不会有很多的时间来陪你玩，陪你说话，不会的。他拿时间作为最宝贵的财富。因为他当时还兼任文化行政方面的工作，又要画画，时间是很少的。所以在我们交朋友的时候，他是陪我的。以前，他主要是画国际漫画，两三天《大公报》或者《文汇报》就有登出一幅，那么比较轻松一点。后来，进入正式创作了，根本就没有时间。所以他说："当时陪你玩啊，看电影什么的，是舍命陪君子了。"等到结婚了以后，他就全心全意地扑在工作上。你要抢他时间，是他最烦的事。所以你就要耐得住寂寞。

访问员：那您是怎么样去调节自己的心态，然后好像还慢慢走到他的艺术世界里面去了？

王慕兰：开始我很不习惯，因为我还比较年轻，23岁24岁，好像很苦闷的。后来隔壁来了一个邻居，是一个老翻译家，叫罗稷南。很多托尔斯泰、高尔基的作品都是他翻译的。他的夫人是不做工作的，但是她有很广泛的经历。我怀孕的时候，她就常常跟我谈心，她说作为一个艺术家的妻子，是要耐得住艰辛，要忍耐得住的。她说能够成为这样一种规格的翻译家或者画家的人是不多的，我们要扶他们再上去，自己是会有些牺牲的。后来，我就想，当初参加革命的时候，领导问我："你为什么要参加革命啊？"我说："为人民服务。"他说："说得太好了！"那么我能够帮助他，也是为人民服务的一种。而且我看他，也不是为了别的，不是为了娱乐和吃喝，主要是为了艺术，为了画画。当时也有很多任务啊，画宣传画、宣传新中国的胜利啊什么的，所以能够帮助他在这方面有所发展，也是一份贡献吧。所以，我后来慢慢就想通了。

另外，我想我自己也要追上去。因为他是老新四军嘛，革命经历比较长，他的朋友都是知名的艺术家或者老战友或者干部。我当时是文工团出来的一个年轻小干部吧，那么我也要在各个方面锻炼自己，不然我跟他的知识层面和他的经历不相匹配，所以我自己也很努力。我就努力学习、工作，而且我有我自己的事业，我在工作上是很努力的，有的时候加班啊，晚上不大回去的。小孩就说看不大到我，我回来，他们睡觉了，早上出去，他们还没有起来。而且开始的时候，我对他的画也不大关心。有时候他画好了，叫我看，想得到我一声称赞，我就偏不说，不表态。有一次，我说："哟，这张画画得蛮好的嘛。"他就跳起来："沈黎啊，沈钢啊，啊呀来看啊，你妈妈说这张画画得很好的啊！"从那一次起，我就觉得他对我的意见还是蛮重视的。后来看得多了，我也能够分辨一些好坏，也可以提些意见。所以有的时候他作画，在构图啊色彩方面，我也会提意见，他都接受的，他很能够听取人家的意见。连我外孙女，就是沈黎的女儿，当时只有三四

20世纪50年代初的王慕兰和沈柔坚   20世纪50年代，枕流公寓的周边景象

岁，看他作画，他也会问问她："小唯唯，这个画得好吧？"她说"好！"，他
也很高兴。

一个没有画桌的画家

访问员：你们是在几几年搬到枕流公寓的呀？

王慕兰：1956年9月底搬过来的。我们原来住在卫乐公寓，在复兴西路上。
那个房子也是蛮好的，但也没有画室。后来因为小黎出生了，小孩子也没地方
待。而且凑巧那个时候国家重视高级知识分子，就出台了一个政策，要改善高知
的住房。于是在上海选了一部分条件比较好的房子，让高知们自己挑选，搬到创
作条件比较优越的屋子里去。我们这一套就是市政府分配的。当时我们觉得太大
了，想换小一点的，他们就让我们先住下来再说，以后有适合的再调整，那么就
住下来了。后来，市里面不是要勤俭节约吗？干部要带头。那么那个时候，我们
主动拿外面的部分让华东人民美术出版社的同事搬进来住。当时没考虑到小孩是
要长大的。他们搬进来的时候，我们的儿子小钢刚出生不久，还是可以住的。一
个阿姨带两个小孩睡一个床也可以的，等他们都长大了，就没法住了。后来就分
开来，我跟小黎住一个房间，柔坚和小钢住一个房间，就分成男女生宿舍了。

访问员：当时沈先生有画室吗？

王慕兰：没有呀。沈柔坚最希望有一个画室，但是没有，连个像样的画桌都
没有。我们家每一个墙角，不是书画，就是雕塑。他那个所谓的画桌下面，也有

很多很多东西，脚也放不平的，所以非常拥挤。

访问员：好像说他会在饭桌上画画的是吗？开饭的时候，他就要先吃饭，之后再接着画。

王慕兰：喏，就在这张画桌上。要吃饭了，他要把所有东西翻起来，吃好饭再翻回去。所以叫他吃饭，他很烦的。假设现在要吃饭了，他会说："怎么搞的啦，怎么又要吃饭了啦？"说起来我们住的条件好像很好，跟当时一般的老百姓比起来是好的，但是一个画家没有自己的画室，终生没有。

访问员：刚搬过来的时候，整个枕流公寓是什么样的，您还有印象吗？

王慕兰：有的。刚搬过来的时候，枕流公寓是一个私人的房产，一楼有账房间，有留用人员办理有关管理的手续。新中国成立不久，原来里面住的外国人、一些资本家都撤退到台湾、美国去了，所以是空空落落的。看起来比较萧条，没几个人。晚上你看这个房子，没有几家有灯的。等到我们搬进来了以后，还有其他的一些朋友搬进来以后，这里就有了人气了。特别是有了新生代以后，孩子们跑来跑去，充满了欢声笑语，是非常非常快乐的。大家对当时政府优待知识分子，是很感激的。

访问员：你们跟其他的几家邻居有走动吗？

王慕兰：大家之间会走动。我们和乔奇、孙景路夫妇关系蛮密切的，有时会相互拜年。早年在抗美援朝的时候，配合军事院校的招生任务，我曾经邀请过乔奇到电台去朗诵魏巍的作品《谁是最可爱的人》，他还经常去学校给青年学生演出，都很受欢迎。我和柔坚也看过他演出的几部话剧，非常精彩。比如像越剧演员傅全香，她有的时候过年也过来。她想学国画，请了一个老师，有的时候也会来问问咯什么的。有一次，我们还陪她一起到国画家唐云先生家里去拜年。以前，作家峻青也住在这里，每次回山东老家都会带点土特产来，比如红枣、花生什么的，邻里之间都比较亲切的。大楼里的大人因为工作挺忙的，走动得不算很频繁，但是孩子们天天玩在一起，都成了好朋友。这里窗口看下去，总归看到小黎、小钢和一帮小朋友在花园草地上玩，跳皮筋咯，跑跑跳跳咯，玩得满头大汗的。

访问员：沈黎老师和沈钢老师小时候都是由谁带的呢？

王慕兰：是一个阿姨，她在我们家干了40年左右。小黎出生一个月不到，她就到我们家里来帮忙。后来"文革"的时候，我在干校，柔坚在他们单位出不来，家里没有人，就是她带他们。后来她年纪老了，做不动了，还住在我们家里。一直到80多岁才回到她女儿那里。她拿我们家当她自己家一样的。

访问员：嗯嗯，这里的家庭氛围还是很温暖、很积极向上的。

王慕兰：是的。我的两个小孩，还很喜欢看书的。我们家一个小壁橱里面藏有很多世界名著，"文革"的时候，红卫兵没有发现。当时别人家也受到冲击，我家小孩子也没什么地方去，他们就看了很多这方面的书。

柔如垂柳坚如竹

访问员："文革"的那一段时期，这个家有受到冲击吗？

王慕兰：受到很大的冲击。柔坚说："我18岁参加革命，一直在部队，我是跟着解放军三野部队渡长江到上海，没做过什么坏事，怎么会拿我这样一个人去斗？""文革"的时候，他最想不通的就是这件事情。那么我就跟他讲："你要相信党，相信组织，你一定要坚持。为了我们这个家庭，为了你自己的理想，坚决要顶住。"后来他还是顶住的。他在家里关门写检查的时候，两个小孩就在钥匙的洞洞眼里看看他，看他还好么。他有的时候还有点傻乎乎的啦，开黑画展时，他和林风眠的画被人偷走了，他听说了之后很开心："这个时候我的画居然还有人要偷哦！"就是这样，他性格里面有一种童心，很单纯的，这也支撑了他。

访问员：这样你有没有放心一点啊？

王慕兰：我是一直不大放心的。因为我在干校还要对付局里面的一批"造反派"，他们随时随地要抓我的辫子。当时，我就叫他们分配我住在宿舍里的上铺，这样我就能拿蚊帐遮住。在他们面前我绝不掉一滴眼泪，住在上面的时候，人家看不见，我想这个时候我总归可以掉掉眼泪了。但我哭不出来，一滴眼泪也没有。整个"文革"时期，我没掉过一滴眼泪。那时候幸亏我有一个好朋友朱锦华，她跟我住一个房间。她是工人阶级的子弟，也是个乐天派，样样事情帮我顶在前面。有的时候还叫我带小孩到她家里去吃饭。这个朋友，我很感激她的。

访问员："文革"结束再回枕流公寓的时候，您的感受如何？

王慕兰：那个时候就是感到，一个是很高兴，又回来了哦。但是另外好像觉得举目沧桑哦，这个墙啊，外面的装饰啊什么的，都破破落落的。20世纪50年代末"大炼钢铁"的时候，大楼门口的两扇大铁门和大门上钢铁铸造的大吊顶全都被拆下来，室内的水汀管道被锯掉，连壁炉的铁围栏也要拆除掉。再加上后来十年的"文革"，整栋楼就像没落的贵族一样。但是"文革"之后能回来，总的来说，心情是很好的，就是觉得又回到家里了。 我在干校的时候，有一次除夕，所有人全回家了，就厨房一个师傅和我两个人值班。那个时候看着茫茫一片盐碱地，我是很苦恼的，觉得前途茫茫，不晓得将来会是什么样，大概可能要终老在此地了。

访问员：如果真的是要终老在这片土地的话，您当时能接受这样的一个结果吗？

1963 年，老舍赠予沈柔坚的墨宝　　　　　　　　　　　王慕兰和沈柔坚在客厅里

王慕兰：我已经下决心要这样做了。因为有的时候要带被子回来洗洗，再带回去，很麻烦的。有一次带被子回来洗好，回干校的路上很泥泞的，摔一跤，把那个被子也摔了，都是泥巴。我就说下次不带被子回家去了，所有的东西都放在这里，省得我来来去去。那个时候有一个什么特点呢？这些事情是针对一个集体的。我们房间里的人，家庭出身都是不大好的，他们学问很好，有的年纪还比我大，他们也面临着各种各样的困难。所以这个群体的力量一直支撑着我。

访问员：而且是不是家里的两个孩子也给了你一种坚持下去的力量啊？

王慕兰：那个时候小黎还给我写信，她那个时候还小。接到她的信我也很高兴，觉得她长大了。她还告诉我，我家的阿姨结婚了，她以家里的名义送了她一对热水瓶什么的。

往事如歌

访问员：外孙女唯唯小时候是在枕流公寓长大的吧？

王慕兰：是的。那个时候小黎到国外学习的时候，唯唯大概三岁吧。

访问员：沈柔坚老师会教她画画吗？

王慕兰：不教的，画画是不好教的。他跟唯唯说："我不教，你随便画，想着画什么你就画什么。"他说你教孩子画画，就是给了她一个格式。小孩是很天真的，她能够释放自己的感情，她要怎么画就怎么画，到了一定的时候才可以教。他们两个人每天晚上还要在一起看动画片，我问柔坚："你这么大了还看动画片啊？"他说："我看色彩和设计。"问他动画片是讲什么的，他一点都不知道。

访问员：沈老师好像一直都是童心未泯的状态哦。他好像每天的生活是非常规律的，是吗？

王慕兰：他在位时，生活是不规律的，因为他是双肩挑干部，既要完成好工作任务，又要找时间争分夺秒搞绘画创作，身心都很疲惫。到晚年退居二线后，生活才规律起来。每天黎明就起床，第一件大事就是烧水泡茶。手捧着茶杯坐在窗口看看窗外的大草坪，找找灵感。上午和下午两大块时间都用于作画，中间花半小时去楼下花园散步。晚上看过新闻后，就看书、处理公务、回复来信。他对读者来信很重视的，事必躬亲，不要我代劳的。晚上九点半就睡觉了，因为他的睡眠质量不太好，所以就在枕边放一台小录音机，播放播放轻音乐，起点催眠作用。

访问员：沈柔坚先生最后一次从这个家门走出去是什么时候？

王慕兰：1998年7月10日，是个星期五的上午。他要出席上海大学美术学院一个设计比赛的授奖仪式，然后又要去参加庆贺文汇新民报业集团成立的笔会。那天37度，是入夏以来第一个高温天。走的时候，我送他到电梯口，他说："我争取回来吃中饭。"向我摆摆手，走了。中午的时候，我接到《新民晚报》一个工作人员的电话，说他突然犯病，叫我快点去。事后才知道，笔会上他先画了一幅荔枝图，又和另外一个画家合作作画，画了几笔凌霄花，刚放下笔要回座位的时候，突然昏倒在地。后来，就没有抢救过来。

访问员：这实在太突然了，沈柔坚先生是为画而生，也是为画而死。

王慕兰：是的。

访问员：在沈老师过世之后，您和家里人把他本人400多件书画作品、文集手稿和信札等，加上一些收藏的其他画家的作品，都捐给了上海图书馆、上海美术馆，然后还通过义拍设立了一个沈柔坚艺术基金。这个主要是王老师您的想法吗？还是说沈老师之前有透露过他这方面的想法呢？

王慕兰：他和我谈起过，但没那么具体。他走后，我最初的想法是回报社会。他家在福建最边远的一个城市，叫诏安。从小也没有很好地上过学，要真的说他的学历，大概只有中专，都是在图书馆里自学成才的。因为没有钱念书，所以说图书馆是他的课堂。他有两个美术老师很喜欢他，培养了他。后来就参加新四军，一路在党的教育下成长。他走后，我们从书柜中理出五十几本大大小小的速写本，一页页翻下去就好像跟着他走过了整个人生，从抗战时期到新中国成立后，好多题材都是和工人、农民同吃同住的情况下创作的。柔坚来自民间，他的作品也应该还之社会，才能使他的艺术生命常青。所以后来我就想，可能用基金的办法会比较好。跟美协（上海市美术家协会）商量了以后，就建立了沈柔坚艺术基金，奖励中青年的优秀美术作品。我觉得当初有很多有天赋的青年，没有钱去学画画，我们能够馈赠一些，也是他的一个心愿。

沈柔坚于 1957 年创作的套色版画《雪后》　　　　　　沈柔坚于 1998 年创作的最后一幅套色版画《阳台上》

访问员：嗯，有16幅沈老师的代表作就挂在上图（上海图书馆）的综合阅览室。可能主要还是想让现在更多的青年可以欣赏到他的作品，并且可以从中获得一些艺术的灵感。

王慕兰：对的。

访问员：枕流公寓从20世纪30年代建成到现在有90多年的历史了，您和沈老师组合家庭不久就在这里住下了，其实在这里已经度过了半个多世纪。

王慕兰：嗯，对。

访问员：那王老师在您看来，枕流公寓对您或者说对您的家庭意味着什么？他给您带来一些怎么样的回忆和感受呢？

王慕兰：枕流公寓记录了我们的生活轨迹吧。这个家是我们几十年来苦心经营的家，每一个摆件都有一番来历，每一张画都有一段故事。大楼前面的花园，是柔坚每天早、晚都要下去散步的地方，他喜欢站在大树旁边或者花丛旁边闻闻花木的气味。在这个客厅里，我们接待过不少国内外有名的朋友，也拍摄过一些片子，记录沈柔坚的从艺足迹。1956年以后，沈柔坚的作品基本上是在这里画的。像版画《雪后》，就是刚刚搬到这里来不久画的。当时小黎一岁还没有到，外面下雪。他是南方人，没怎么看过雪，他就在窗口看看外面的风景。外面万家灯火，很安宁，很平静，当时这里没有公交车。那么他就想，千家万户到底在做什么呢？他们各自有各自的生活，希望以后这个世界就这样安宁、平静，大家都能过上很平安的生活。他就画了一幅《雪后》。这幅画后来很出名，在很多国家展览过，得过奖。那个时候革命主题都画大拳头、枪什么的，他这里有比较人性的一种想法，在当时是蛮忌讳的，但是他就画了。结果倒受到很多人欢迎，可能是突破了一个框子。

访问员：好的好的，谢谢王老师！

08 沈黎：腹有诗书气自华

Shen Li, Moved in 1956 — Possessing a wealth of poetry and books, one exudes an air of elegance.

画家沈柔坚之女

1956 年生于上海，同年入住华山路 699 号

上海复旦大学英语语言文学系原教授

> "这些老一辈的艺术家，有的时候不一定在他们家里见到，可能是在走廊，在电梯间里，都是非常儒雅，非常有教养的。"

访谈日期：2020 年 11 月 20 日

访谈地点：华山路 699 号家中

访问员：赵令宾、汤开旸

文字编辑：赵令宾、王南游

拍摄：王柱

在书堆里长大

访问员： 沈老师，您是在枕流公寓长大的，是吧？

沈黎： 是的，我出生一个月的时候，随父母一起搬过来的。

访问员： 那您记得童年的时候一些成长的经历吗？

沈黎： 从童年记事开始，就觉得家里需要我们安静，不能吵吵闹闹的，所以我和我弟弟的性格都比较安静。我们家阿姨，也非常配合我父亲的工作，要叫我们小孩子安静。有的时候我们安静不下来，她就叫我们画画。我弟弟很会画，随便拿了笔、拿了纸就开始画。我就画不出来，画出的线条像蚯蚓一样，就画不下去了。当时小的时候不太懂为什么大人们老是叫我们安静，后来长大了，才发现我父亲确实是不容易的。国外的很多画家一般都有自己的画室，和生活区是完全分开来的，但是我们家没有画室。

访问员： 除了画画，你们通常在家会玩点什么呢？

沈黎： 我们家有个好处，就是有很多书。父亲除了画画以外呢，经常看书。除了爸爸妈妈的藏书外，家里还有很多连环画。一般小孩可能都没有那个条件，要到路边的街摊上，押几分钱或者几毛钱，看几个小时。我父亲原来是华东美术出版社的，所以他们每出一套连环画，都会有赠送本。这是我在家里面娱乐的一个很好的渠道，也算是我的文学自修课的起始。因为我觉得书里面有很多东西吸引我。印象比较深刻的有《山乡巨变》《玉堂春》《瑞典火柴》等，还有《铁道游击队》，当时都看得非常入迷。后来《铁道游击队》的作者刘知侠还到我们家来做客，我崇拜得不得了，觉得他非常了不起。

访问员：小时候您在家里有没有享受到一些公寓的硬件设施带来的便利呀？

沈黎：这个印象太深刻了。那个时候是有暖气的，当然不是天天开。但到冬天的时候会有通知的，今天可以洗澡了。后来"大炼钢铁"什么的，里弄组织过来，一波又一波地拆，拆得干干净净的。

访问员：火炉会用吗？

沈黎：用的。我们家有火炉，非常正宗的一个火炉，管子是直接通到玻璃窗外面去的。我爸非常非常喜欢那个火炉。因为他是闽南人，怕冷嘛。他会坐在火炉旁边，一直关注它的运作情况。有的时候他还在上面烧水，觉得特别温馨。他只需要一个小小的东西，就会特别满足。

访问员：在火炉上烧水吗？

沈黎：嗯，在火炉上烧水，可以泡茶。最热的水，不是从热水瓶里出来，是从火炉上出来的。用这样煮开的100℃的水泡茶，可能和他家乡的工夫茶有点像，就在眼前发生，他觉得太美妙了。这和他的创作理念有相通之处，他曾说过，不一定要去名山大川，普通山水有时更入画，并且更有诗意。

访问员：沈老师是大画家，山水自在心中啊。以前还有浴缸吧？小时候用过吗？

沈黎：小时候就在浴缸里洗澡啊，浴室里面都有暖气的。一收到通知，几点到几点可以洗澡，大家就争分夺秒地来洗，太享受了。

访问员：那是大锅炉里出来的热水吗？

20世纪60年代初，沈黎（左）和父亲沈柔坚、弟弟沈钢摄于家中

沈黎：地下室有非常大的锅炉，以前是供暖的。

访问员：那时候过年过节还有印象吧？

沈黎：过年过节非常热闹，也非常道地的。过年过节爸爸妈妈都是会回来的，外婆有的时候也过来。水磨粉做芝麻馅的汤圆，从头到底全过程都是由我们家张阿姨来完成的。我们家还会做枣泥饼，因为我妈是苏州人，把枣子、核桃切碎，再和上糯米粉，非常好吃。这个点心不仅我们家里人喜欢吃，很多客人过年过节来的时候，也很喜欢吃。

访问员：好像当时枕流公寓的天台上可以看到放烟花啊，你们有没有上去看过？

沈黎：好像看见过一两次吧，也没有太多。

珍藏在楼梯间的星光点点

访问员：您和弟弟通常是待在家里的时间多，还是出去玩的时间比较多呀？

沈黎：除了看小人书的话，就是和小朋友一起玩。我和弟弟小的时候比较喜欢到外面去玩，到花园里去玩。那个时候花园没有那么多树，草地面积比较大。在花园里，我们可以跳绳、跳橡皮筋啊什么的，比较自由。在家里就不能有太多自我的发挥，会影响爸爸画画。

访问员：嗯嗯，可能像王慕兰老师一样，对小孩子来说，也有一些自我的牺牲吧。

沈黎：其实，从我爸爸的角度来看，他更难。他一边担任美协（上海美术家协会）的领导工作，事务繁重，一边搞创作，一般都是利用边角料的时间搞的。可以想象，他如果有创作的冲动不也要一忍再忍，等时间许可才能伏案画画，太难了！

访问员：确实也是。那你们跟小朋友除了在小花园玩以外，还会去大楼的其他位置玩吗？

沈黎：基本上就是在小花园。还有就是在大楼里捉迷藏。我们699号这边有三部楼梯嘛，一部是主楼梯，还有两部是消防楼梯。捉迷藏是非常消耗体力的，那个时候大家精力旺盛，好像有力没处花，到处奔来奔去，爬楼梯爬得乐此不疲。暑假的时候，大家会搬着小桌子，三五成群地在门口一起做功课。当时如果有什么时髦的东西我们也会学着做，比如十字绣啊什么的。

访问员：你们是搬着桌子在这个门口吗？

沈黎：好像基本上在二楼，因为二楼当初有一个"孩子王"，姓金的，她比我们大两岁，人长得漂亮，而且蛮照顾我们的，大家基本上都是听她的。

访问员：会和小朋友们互相串门吃饭吗？

沈黎：会串门，但蹭饭很少。那个时候好像不时兴蹭饭，但是会按铃，看看小朋友在不在家，可不可以到他们家里来玩玩。我们玩过家家玩得蛮多的。那时候我特别喜欢串门，因为每家每户好像都不一样，布置陈设都不一样，都有自己的风格，都很有自己审美的艺术眼光。到了一户人家，"哇！"，心里就有这种感觉。

访问员：能举个例子吗？比如说到了谁家，看到了一件什么样的东西，给您留下了深刻的印象？

沈黎：倒不一定是一样具体的东西，主要是陈设布置，每家每户都太不一样了，都很有格调，都有自己的想法，大家都非常爱自己的家，所以跑进去就有一种非常大的新鲜感冲击到我。现在一说到枕流公寓，我的很多记忆都是停留在串门时候看到的画面，非常留恋。当然建筑外面也蛮好的，但是里面更精彩。

访问员：文化名楼就是不一样啊，这么多高级知识分子那个时候相聚在了这里。

沈黎：对，就是这么一个特殊的历史时期。枕流公寓和我当初小时候的那种印象，已经不太一样了。这些老一辈的艺术家，有的时候不一定在他们家里见到，可能是在走廊，在电梯间里，都是非常儒雅，非常有教养的。那才是真正的高大上。

访问员：对，内外兼修。

沈黎：他们不一定穿得很华贵，但是很有气质，很有风度。腹有诗书气自华嘛，就是这样。

一个很牢的情结

访问员：那您是几岁的时候，第一次离开枕流公寓呀？

沈黎：差不多是九岁的时候吧，我在上海外国语大学附属小学住读。从1964年到1965年，整个九岁就在那边度过的。学校在虹口区，校车在静安寺有一站。我爸那个时候有空的话，就会送我到静安寺。我就觉得特高兴，因为我爸爸他太忙了。我妈也很忙，那个时候已经开始在农村搞"四清"了，我妈就没有什么机会送我了。我爸有的时候送我去，我真的特别高兴。

访问员：那爸爸除了很忙，还有没有给您留下一些其他的印象啊？

沈黎：我童年时，爸爸主要从事木版画创作，所以在我最初的印象里，爸爸是个和木板打交道的画家，我和弟弟很小就喜欢趴在沙发的扶手上，近距离观看他在对面的写字台上凿刻木板。他偶尔会抬头看一眼，笑眯眯说一声"金童玉女"。我当时六岁左右，弟弟大概四岁，当初也不明白那话的意思，只知道那是一种赞许，心里挺高兴的。1956年到1965年，也就是搬进枕流公寓后的头十年，爸爸创作出一批好作品。那个时期创作的《雪后》（1957）、《船坞中》（1958）、《歌德故居》（1962）、《早春》（1963）、《渔舟》（1965）等都成为名作。我们目睹了他凿刻、调色、拓印的过程。拓印时，客厅瞬间就变成一个工场，油墨罐、油画颜料占了半个餐桌，大小工具都翻出来。调色用的汽油和松节油，那股强烈的气味一直留在记忆里。有时爸爸会让我们姐弟也参与一下，按他的指令用拓印器这里轻轻磨几下，那里用点力。总体效果满意的话，他会激动到沸点！

访问员：哈哈，因为可能他也是小孩吧。

沈黎：对，他有那一面，比较单纯。爸爸过世后我们收拾他的柜子，发现他收藏了很多我弟弟还有我女儿唯唯小时候的涂鸦画，他一直认为儿童的画天真烂漫，是非常有价值的。所以每次发现小孩子画出有趣的东西，他就在上面一本正经地给他们写上名字，标记好时间，好像这是一幅正式的作品一样。在子女的教育上，他是比较严格的。我和弟弟读到哪个年级，在哪个班读的，他搞不清楚的，但是对于我们的学习是高度重视的。他希望我们可以好好念书，今后有自己的路可以走，他非常希望这样的。因为他自己出身非常贫寒，没有这样的机会。他非常渴望能够念到书，念完整的高中，甚至于上大学，甚至于去勤工俭学、去游学。我妈其实本来也有念大学的机会，但是后来考虑到家庭，考虑到工作，就没有去念大学。这是他们的遗憾。

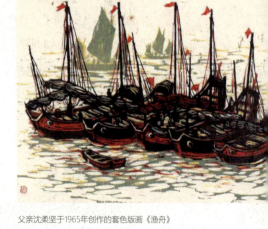

父亲沈柔坚于1965年创作的套色版画《渔舟》

访问员：王慕兰老师本来可以去北京深造吧？

沈黎：是的，去念新闻。她非常喜欢，而且很适合做这一行。

访问员：后来也是因为您爸爸这边着急了嘛，他觉得您妈妈要是去了，可能两个人的感情要不稳定了哦。

沈黎：对对对，她的《往事如歌》里都有写到。这本书是我爸爸去世后，妈妈在这里完成的。本来她是写在纸上的，后来稿子越积越多，修改起来不是很方便，我就鼓励她直接用电脑写。但是她的电脑技术很有限，又不懂汉语拼音，只好托朋友去买了一套可以手写的中文软件。她开始的时候操作不熟练，有的时候好不容易花几个小时输入一大段，一不小心碰错了一个键，全部擦掉了。但是她还是坚持下来了，花了两年的时间，把稿子写完了。整个写作的过程，也是慢慢释怀的过程，她静下心来把他们从相识、相恋，到结婚生子，到共同患难的过程，又重新回顾了一遍，对自己的人生，对爸爸和对这个家都有了更深刻的理解。

访问员：这本书对人物、事件的描述非常细致，很不容易。也看得出，王慕兰老师是一个顾全大局的人。

沈黎：是的，她是顾大局的。我和我弟弟也是这样，到现在都非常顾家。我们一些枕流公寓里的发小也是，家庭观念都非常强，对父母都非常敬重，觉得他们很了不起。我们不可能达到他们那样的水准，但是我们会维护这个家庭，希望能传承好他们的成就。

访问员：这个是您后来从美国回来的原因吗？

沈黎：也是一部分原因吧。

访问员：那是几几年呐？

沈黎：我是1997年回来的。尽管那个时候回来，家里已经非常拥挤了。我爸的藏书，加上改革开放之后，家里多了很多杂志、朋友的赠书啊什么的，越积越多。我和妈妈还有唯唯睡一个房间，因为外面那个时候还住着另外一户人家嘛，我们合住了40年。

20 世纪 80 年代初，沈黎（左二）和父母、弟弟在家中　　　　　　　20 世纪 80 年代中期，父亲沈柔坚与弟弟沈钢在家中

访问员：从美国回来了以后，你觉得这个家，跟十来年前走之前相比，有什么大的变化吗？

沈黎：就是感觉更挤了。那么多书，我爸从来不舍得扔的，这个是他的习惯。他的父亲连一张写过字的毛边纸都不随随便便扔掉的。写过字的纸，都是非常神圣的，更不要说印刷品了。我又带回来很多书，念书时候的那些外文版的书我也不舍得扔掉，就都海运过来，全部叠在桌子上。台子底下都伸不直脚，走路都要侧着身。人家朋友说："哎呀，你们家怎么搞得像个超市一样"。还有就是唯唯长大了，我回来就只能睡36元钱买的钢丝折叠床啊。其实这钢丝床都已经非常旧了，当中是塌下去的，我也睡了一年多。

访问员：回来了精神上就有寄托了。

沈黎：我觉得主要是安全感，这个家，给了我很大的温暖。

访问员：您从出生一个月就搬来这里了，一直住到现在，已经六十几年了吧？枕流公寓对您和您的家庭来说，是一个怎样的存在呢？有什么特殊的意义吗？

沈黎：也不是说一直住在这里，当中也出出进进的。我的家庭以学为先，这促使我走上学者的道路。枕流公寓里的精英长辈似乎也一直在默默支持我，激励我。随着老洋房热升温，枕流公寓好像声望日增，它也是沪上有特色的老公寓嘛。但是，和50年代、60年代中期相比，人文的氛围不大一样了。因为当初有那么一批知识精英、文艺精英都住在这里。现在建筑再怎么恢复，内外都不一样了。这个是没办法的，也是历史必然的。枕流公寓最辉煌的时期我们必须承认已经过去了。只有50年代到60年代中期，这么一个特定的历史时期，当初的精英会选择这里。我们的下一代也蛮有趣的，比如我的女儿唯唯，还有东东和崔杰他们的女儿娃娃，有的时候会讲起这里。她们好像天生就喜欢枕流公寓。尽管现在都不住在这里，但是她们对枕流公寓都有一个很牢的情结。

09 洪唯深：和外公一起刻版画

Vivian Hong, Born in 1985 – Carving woodblock prints with grandfather.

"他有很多创作的材料和工具，通常都是铺在外面的。有一次，我说我也想刻木刻，他说好啊，然后就给我拿了一块板。"

访谈日期：2023 年 6 月 30 日
访谈地点：华山路 699 号家中
访问员：赵令宾
文字编辑：赵令宾、李敏
拍摄：王柱

画家沈柔坚外孙女
1985 年生于华山路 699 号
美国 Ardurra. Inc 水治理工程师

一条走廊的距离

访问员：唯唯好，你是几几年出生的？

洪唯深：你好！我是1985年出生的。

访问员：是出生在这里吗？

洪唯深：对。我就出生在枕流公寓。

访问员：小时候住的是哪个房间啊？

洪唯深：我小时候住的是最里面的一间房间，跟我外婆一起住。

访问员：在你小的时候，整个单位是什么样子的呀？

洪唯深：除了我和外婆住的那个房间外，还有外公的房间。那是他的卧室兼画室，白天他在那里工作，中午和晚上，他会在那里休息。外面是我们家的客厅，客厅有很多书橱，是一个会客和吃饭的地方。但有时候，外公要作大画的时候，他也会用客厅的桌子。很多时候，客厅和他的房间的书橱都会挂着很多刚完成的画。

访问员：听你妈妈和外婆说，有一段时期，家里的东西很多，进来脚都没地方放。但不知道你出生后，家里还是不是这个状况。

洪唯深：我小时候觉得还好，可能因为我人比较小，所以不会感觉那么拥挤。

访问员：在房间的分配上，好像是延续了你妈妈他们小时候的分配方式。你外公和舅舅一起住，你外婆和妈妈一起住，分成男生宿舍和女生宿舍。

洪唯深：不是，从我记事开始，只有我和外公外婆住在这里，好像没有和舅舅一起同住过。我妈妈在我3岁的时候去美国留学深造，直到1997年学成归来才搬回华山路的。回来以后，我和妈妈，还有外婆住一间房间，挤了一段时间。我外公住在另外一间房间。

访问员：在你小的时候，家里有几大间啊？

洪唯深：小的时候，我们家是二室一厅，外面还有一个小间，是阿姨住的。阿姨叫张阿婆，她帮我们打理家里的事情，包括打扫、烧饭什么的，她在我们家做了有四五十年，好像是跟外公外婆一起搬进来的。大楼里的人都认识她。她直到快80岁才回松江养老的。

访问员：当时这里是不是还有另外一户人家？你们是两室一厅，他们家是什么情况啊？

洪唯深：外面的一室一厅，是另外一户人家的。现在我的房间就是当初他们的卧室，我们家现在的书房，以前是他们家的客厅。厨房是两家合用的，所以说到烧饭的时候，厨房就会非常热闹。

访问员：能说说看是怎么个热闹法吗？

洪唯深：就是你看看我今天烧什么，我看看你今天烧什么，各种香气扑面而来，非常热闹。虽然会有一些不方便，但是两家人合用一个厨房感觉还算好的。

访问员：他们家那个时候是几口人啊？是不是住着一位漫画家叫陶谋基？

洪唯深：是的，应该是小朋友的外公，但是我小的时候，他好像已经不在了。所以他们家应该是三个人，小朋友、她的妈妈和外婆。后来外婆过世了，就剩下她们俩人住。那个小朋友跟我是同龄的，就比我大一岁，我们俩小时候一直一起玩。最开心的时候是放暑假，因为她妈妈要上班，所以白天就她一个人在

1987年夏，洪唯深和妈妈沈黎在枕流公寓花园

20世纪80年代末，洪唯深和外公沈柔坚、妈妈沈黎在家中

家，我就可以去找她玩各种各样的游戏。20世纪90年代，她家里有一台游戏机，可以玩《超级玛丽》和《松鼠大作战》。每次她妈妈快要回来了，我就会提前跑回家，装作好像一切都没有发生过。

1987年夏，洪唯深（右）和同住一个户号的邻居小姐姐陶宇在花园

访问员：所以你会经常跑到他们家去玩。

洪唯深：是啊，也就一条走廊的距离就到了。

访问员：以前这个走廊有隔断吗？你进他们家是敲现在这个房间的门吗？

洪唯深：走廊是共享的，从走廊可以直接进入厨房、他们家的卧室和客厅，还有我们家的客厅。所以我们两户虽然同处一室，但还是相对独立的。小时候，如果天气比较热的话，在那个没有空调的年代，门都是开着的，根本也不需要敲门，只要探个头就可以找我的小伙伴儿玩了。

访问员：除了玩游戏机，你们还会玩点什么？

洪唯深：她家有一副麻将牌，但是在小学的年龄，我们是不会打麻将的。不过，我们会自己制定游戏规则，类似于争上游，然后用那副麻将牌玩出扑克牌的意思。我们还会用麻将牌在地上搭多米诺骨牌，各种各样的花式玩法，反正每天都可以想出新东西。

访问员：哈哈，小朋友的无限想象力。那小时候玩得比较多的伙伴，除了这个小姐姐之外，还有谁家你是经常去的啊？

洪唯深：同楼层隔壁邻居家是经常去的，那个小姐姐比我大两三岁，也算是同龄的，有时候会去她家吃饭。他们的房子是复式的，进门有一个楼梯，但是楼梯上不去，上面是封掉的。所以也就一室一厅的样子。

访问员：除了同一层的邻居呢？

洪唯深：其他层也有，因为在那个年代，尤其是夏天，大家的大门都是敞开的，最多就关个纱门挡挡蚊子。如果我要去找一个人，也不需要按门铃或者敲门，直接就可以走进去。我经常去楼上的小伙伴家，以前过生日什么的都会去。我有两个非常要好的小伙伴，一个是住楼上的这位，还有一个是住在隔壁731号的小伙伴，我们三个人是同龄的。我们上了同一个幼儿园、同一个小学。初中的时候，我们去了不同的学校，她们两个上了华模（华东模范中学），我去了七一中学，但是我们还是会经常在一起玩。直到现在，我们依然会每天发短信。我们有个短信群，名叫"枕流三金钗"。

访问员：初中之前，你们都是同一个班吗？

1993 年，第一次看到雪，和邻居好友摄于枕流公寓花园
左起：洪唯深、朱小艺、吴文聪、乔爱

1995 年，参加邻居好友的生日聚会
左起：699 号的王芊蒨，731 号的严思佳和一名华二同学，
731 号的吴文聪、洪唯深，699 号的乔爱和李悦枫

洪唯深：幼儿园我不记得了，好像不是同一个班的。最起先是在五原路上的宋庆龄幼儿园，后来不知道为什么，我们三个都同时转学，转到了隔壁的中福会幼儿园。以前幼儿园放学以后，各家都有家长来接，我们嘻嘻哈哈走在前面，家长们就跟在后面，一起走回来。回来之后，不是直接回家的，很多时候要先去小花园里玩一轮，等家长窗口叫了，再回去。到了小学，我们三个人分在了三个班。华二小学（华山路第二小学）离得非常近，我们人也长大了，就自己回来。虽然上课不在一起，但是感觉每天好像还是都在一起的。

访问员：那感情真是很深厚啊。我发现住在这边的居民，读的学校都差不多。

洪唯深：对。到现在为止，我站在我家，可以看到我以前的小学，也可以看到我以前的幼儿园。红色的房子就是以前的华二小学，操场很小，也有可能是树长得比较密了，有些遮挡。以前那里很热闹，早上要做广播操，中间上下课打铃，这里都听得清清楚楚。我记得有一次，他们楼顶上的国旗升反了，我们还打电话到居委会去让他们转告呢，蛮好玩的。

永远是追逐的状态

访问员：以前读小学的时候，你们三个好朋友每天的生活状态是什么样的呢？比如说早上几点钟起床？大家会不会约好一起去上学？

洪唯深：倒不会，早上比较赶，我们的作息也不一样。但是放学回来以后，我是属于比较调皮的小孩，喜欢在花园里面玩。我有一个非常好的绝招，可以把我的小伙伴们都叫下来。我会制造很多噪声，唱歌之类的，让他们知道我已经在花园里了，你们可以下来了，引诱她们出动。还有一个更直接的方式，就是呼喊她们的名字。我也一样，要是我在楼上，听到下面有声音，我也一定会到窗台去看一看。如果看到下面有小朋友，我就要下去玩了。

访问员：你们通常会玩点什么？

洪唯深：过家家、采花、奔跑，反正各种各样的游戏都可以。

访问员：你印象比较深的有什么样的游戏？

洪唯深：过家家、编故事。以前花园刚刚弄好的时候，有一棵迎春花，它比较茂盛，蓬开来之后里面是空的，我会拉开"门帘"，钻到里面去，觉得这就是我家了。竹林那里有石凳和石椅，我们就会说，那里是客厅，或者是过家家的另外一个区域。

访问员：原来过家家的空间是靠自己想象出来的。

洪唯深：对，而且我们还会编很多故事，比如说竹林里面有蛇，墙外的那个小屋里面有个猎人之类的。编到后来，我好像还相信了蛮多年的。以前夏天，靠近围墙的那一块，地上还会长草莓，因为我们各个角度都会钻进去看一看，所以有这样的发现。还有，写着"枕流园"的那块照壁边上，有个水池，水是一直流的。水上面有几块石头，我们会经常踩着走过去，然后跳到那个像窗口一样的地方，钻来钻去。

访问员："枕流园"三个字是你外公提的呢，那时你在场吗？

洪唯深：我记得有这样一回事，但具体的过程不记得了。

访问员：除了花园以外，你们还会去其他的地方玩吗？

洪唯深：花园是一个非常热闹的地方。天台其实我不太去，因为小的时候，天台是锁住的，上不去。如果要上去的话，只能经过楼上小伙伴的家里，因为她家是复式的，可以通顶楼的阳台。

访问员：你对当时的天台有印象吗？

洪唯深：跟现在差不多。如果你看老照片的话，以前它有一排一排的构造，像是建筑的一部分，我小时候印象还挺深的，但不知道到什么时候就没有了。天台对我来说比较神奇的一个地方就是，我们这个大楼699号和隔壁731号是不通的，通过内部的走廊是走不过去的，但是大台是通的。我可以从这边的楼梯上天台，再从那边的楼梯下到731号。以前难得有机会上去的话，我就会好好地玩一下。

访问员：你对走廊或者电梯大堂之类的公共区域有什么印象吗？

洪唯深：有，这是以前玩捉迷藏的一个非常好的地方，因为有小楼梯，有大楼梯，有电梯间，我们可以上上下下到处穿梭，奔跑追逐。

访问员：你们是在整一栋楼里捉迷藏吗？

洪唯深：应该是在我们相邻的这三层，其他楼层去得少。

访问员：你们都会躲在哪里呢？

洪唯深：躲在小楼梯，听到有人来了，再跑到楼上或者楼下。永远是追逐的状态，还可以按个电梯，躲到电梯里去。同楼层和我同龄的小朋友比较多，我们除了捉迷藏，还会在楼道里玩抓人游戏。这个游戏的规则是这样的，碰到所有金属的东西，就是安全的，比如说窗台的把手、门球、水管等。有一个人负责抓人，其他人要不停地换位置，跑到不同的点，在换的过程中又不能被人家抓到。

访问员：那要瞄好下一个点。

洪唯深：对，立马奔过去，不能被抓住。我们就一直处于一个互相奔跑、互相追逐的状态。小时候不像现在，有那么多选择，有那么多游戏，以前的小朋友就是在走廊里玩，在花园里玩。

访问员：像你妈妈她们在六七十年代会玩跳皮筋，你们还玩吗？

洪唯深：也有。有踢毽子，也有跳橡皮筋。

访问员：跳格子玩吗？

洪唯深：跳格子也有，可以直接在走道里跳，因为走道的地面就是有格子的。

访问员：那时候的电梯是什么样的？

洪唯深：电梯也是一个非常热闹的地方，小时候的电梯好像没有现在这么大，一次只能站四五个人，因为还有一个开电梯的阿姨。我对这个阿姨记忆比较深刻，她叫小芳。我经常会找小芳阿姨玩，坐在她腿上，陪她开电梯，开各种各样的人上上下下。

访问员：你记得她是怎么操作的吗？

洪唯深：她对楼里的人都非常熟悉，看到就知道是住几楼的。有时候我会说："你不要按，让我来。"

访问员：你们按的是楼层数吗？

洪唯深：对。在我的记忆里，已经是自动电梯了。

访问员：地下室你们去过吗？

洪唯深：我对地下室从来没有印象，只知道很久以前是一个锅炉房。

访问员：那20世纪90年代的时候，或者是读幼儿园的时候，你对大楼的周边有什么印象吗？

洪唯深：小时候，这是一条非常安静的马路，文艺气息很浓厚。梧桐树没有长这么大，没有什么网红商店，没有这么多车。最热闹就应该是放学的时候，因为这里学校很多。上戏（上海戏剧学院）以前就有的，我们经常会穿过上戏到延安路或者静安寺，这样可以少绕一段路。但是现在走不过去了，管得严了，要刷脸了。

访问员：你们以前会进去玩玩吗？

洪唯深：好像没有，因为以前戏剧学院是有围墙的，不像现在这样是开放的。

访问员：小时候会去隔壁的儿童艺术剧院吗？

洪唯深：儿艺会经常去，我小时候在儿艺学过一段时间的芭蕾舞。学校有汇报演出或者联欢会，也会借用他们的剧场，因为就在隔壁嘛。儿艺是一直都存在着的，只是有段时间他们把大部分房子租借给了会所。

访问员：这样听下来，你的生活和学习的圈子，好像都在这方圆一两公里内。

洪唯深：都不到，200米之间吧。

走进外公的世界

访问员：小时候除了学芭蕾舞，还会学什么吗？

洪唯深：以前华二小学有一个秦老师是教画画的，我们有时候放学后会跟着他学。他会让门卫踩着黄鱼车，组织我们小朋友一起出去写生，拿我们的画作去参加各种各样的展览，我们还得了奖。

访问员：有外公指导，应该也算得上是一个得天独厚的条件吧？

洪唯深：倒不是，因为在绘画上，他对我其实没有任何要求。如果喜欢，我就画，如果不喜欢，他也无所谓。画了以后给他看，他不会批评，永远都是鼓励的。当他画画的时候，我站在边上，他也会问我，这个色彩好还是那个色彩好。虽然我是一个很小的小孩，但是他也会向我征求意见。

访问员：这可能也有一点潜移默化的影响吧。你的外公平时在家都会做点什么？

洪唯深：他好像一直在创作，有水彩画、书法、版画。如果他要木刻，那时间会长一点。因为他需要雕刻板材，需要拓印。每次拓印，他都会拓好多份，然后逐张上色。这个过程是比较长的，但非常好玩，因为他每次在板上刷了颜料，再把纸印上去的时候，我就会帮他抚平，让颜色可以印到纸上。然后他会揭下来看一看，是不是要再补一点颜色。这个过程会重复很多次，我也会参与。他有很多创作的材料和工具，通常都是铺在外面的。有一次，我说我也想刻木刻，他说好啊，然后就给我拿了一块板。我就在板上先用铅笔画好，画好以后，他就刻给我看，线条怎么刻，圆弧怎么刻，然后我再自己刻。那时候应该是1995年，我10岁。

访问员：刻的是什么？还有印象吗？

洪唯深：有，我刻了两幅。一幅是花瓶，花瓶里面有一束花，还有一幅是一个小女孩。这两幅画可以说是我们合作出来的作品，非常有意思，我都还保存着。

访问员：为什么会想到刻花瓶跟刻小女孩呢？

洪唯深：我觉得可能是因为当时在外公的房间里，就挂着一幅花瓶的画，上面是一盆花。我对那幅画印象非常深刻，可能有点想临摹的意思。小女孩的话，

我当时10岁，基本上画出来的小女孩就是这个样子的。

访问员：这两件算是你第一次尝试木刻的作品吗？

洪唯深：对。是第一次，也是唯一的一次，因为这个东西的确是蛮费工夫的。

访问员：你们花了多久做出来的啊？

洪唯深：记不太清了，三五天或者一两个星期吧。我拿的木板可能是边角料，不是很大，外公自己创作的话都是整幅很大的。有可能那个时候我是看到了他有多余的材料，才说我也想试一试，然后就在外公的指导下，有了我自己的木刻。

访问员：10岁以前，你有印象跟外公一起画画吗？

洪唯深：也有，比如说我画了一个东西，然后他会在边上帮我加几笔。我不会在他的画上去添东西，因为他工作起来是非常认真的，我不会去搞破坏。但是他所有的颜料、毛笔，永远都处于铺在外面的状态。平时他不忙的时候，我只要拿一张纸，就可以直接开始了。

访问员：外公画画的时候是什么样的？你会在旁边看着吗？

洪唯深：他画画是非常认真的，平时我再吵再闹，看到他画画，就很自觉地掉头走开，不会去打扰他。就算我有时在家里走来走去，蹦蹦跳跳的，他好像从来也不会觉得烦躁，从来没有跟我说要轻一点什么的，从来没有。

访问员：那可能也是隔代亲，他好像对你妈妈和舅舅他们会严厉一点。

洪唯深：好像是的。

访问员：外公的房间是什么朝向的？

洪唯深：朝北。

访问员：他房间的布置是什么样的呢？

洪唯深：他的房间最主要的就是他的画桌，那个画桌其实是由多个小桌子拼起来的，其中好像有一台缝纫机，然后上面放一块板。他的房间还有两张单人床，一张用来睡觉，一张用来放东西，上面有画卷，有些时候需要把画铺开的时候也可以放在上面。

20世纪80年代末，外公沈柔坚陪着洪唯深在客厅画画

访问员：听说去香港旅行的时候，外公会给你带文具是吗？

洪唯深：我小时候最喜欢的就是文具，我外公最喜欢的也是文具。所以他每次有机会去文具店、书店，就会买很多橡皮、笔之类的东西。带回来之后，我就要跟他"分赃"：这个我要的，那个他要的。

访问员：你们还会一起看动画片的是吧？

洪唯深：这个我好像记忆不太深刻了。小时候的动画片非常准点，每晚大概6:00或者6:30的样子会放动画片，我会在外婆的房间里搭个小桌子，边看电视边吃饭。这个小桌子是不固定的，我可以坐在房间里，也可以坐在走廊的尽头。夏天的时候，我也会把小圆桌搬到小楼梯门口，因为那里有穿堂风。早上做暑期作业，中午的时候，我和同楼层的邻居小伙伴们会把自己家里的菜都搬出来，一起吃饭，资源共享，可以吃到不一样的口味。所以吃饭不一定要坐在同一个位置上，这样我会觉得很新鲜。

访问员：蛮有趣的，变流动式的餐桌了。这说明家里还是给了你蛮大的自由发挥的空间的。

洪唯深：我觉得是的，可能一部分也造成了我现在的心态比较乐观、比较自由。我是属于被散养的，但是如果考试不是很理想的话，我外婆也是会说我的。

外婆布置的作业

访问员：能介绍一下你的外婆吗？

洪唯深：外婆是离休干部，她会帮助外公打理很多幕后的事情。如果按今天的话来说，她可以算作是外公的经纪人。家里的电话全是她接的，还包括客人的接待、一些外公工作上的事务安排，全部都是她办理的。外婆每天还有一个工作，就是开菜单，中午吃什么，晚上吃什么，她都会事先写一个菜单。

1987年，洪唯深和外婆王慕兰在家中

访问员：等于说家庭的后勤和对你外公工作上的辅助全部由外婆来承担的。

洪唯深：对，她是非常能干的一个人，除了烧饭。

访问员：你从小是跟着外婆长大的吗？

洪唯深：对，我小时候跟她睡在一张床上。后来，我妈妈从美国回来了以后，也在这个房间里住过一段时间。那个时候家里比较拥挤，我和外婆睡一张床，我妈妈搭了一张钢丝床。再后来，同单位合住的小伙伴一家搬走了，我们买下他们的房子之后，这样就宽敞一点了。外公过世之后，他的房间变成了我妈妈的房间，外婆还是住在她自己的房间。外婆的房间以前有一个小沙发、一张床、一个写字台，还有一架钢琴。

访问员：也有一架钢琴啊？枕流公寓里好多家庭都有钢琴。

洪唯深：对。我和我的几个同龄小伙伴小时候都是学钢琴的。那个住731号的小伙伴，她的外婆是教我们的钢琴老师。她外婆过世以后，我们继续跟着她阿姨学。

访问员：这个很有趣啊，学习在大楼内部就解决了。

洪唯深：对的。她外婆是音乐学院的，是一个非常高雅的老人，满头银发，身姿非常挺拔。她每周都会到我们家来教钢琴，也到楼上的小伙伴家里教。但是，我学钢琴不太认真，老想着出去玩。所以，她外婆每次都会用手绢包几块巧克力来，我分心的时候，她就拿出一块，我吃完就再接着弹。

访问员：以示鼓励了。

洪唯深：对。我们这里学钢琴的孩子很多，以前，不论是在小花园，还是在走廊，总是可以听到琴声的。

访问员：对于学习方面，外婆会抓得比较多吗？

洪唯深：应该是外婆在抓吧。记得有一年，我语文考试中的作文写得不是太好。她开完家长会回来，不太开心，就给我布置了额外的作业。以前暑假，外公外婆经常会应邀到别的城市去，他们在能够带着我的情况下，都会带着我。那年暑假，我额外的作业就是要每天写一篇文章，记录当天发生的事情。

访问员：这正好撞上了你外婆的强项。

洪唯深：对，也算在小学的时候打下了基础吧。那段时间应该说对身边事物的观察变得敏锐了，因为每天都要发现一个题材。

访问员：外公外婆都带你去过些什么地方啊？

洪唯深：小学的时候，有这个条件，还是去了蛮多地方的，大连、东山、漳州、厦门等。在那个年代，可以去这么多地方，其实挺不容易的。

访问员：是的，对小朋友来讲，也是一段很特殊的经历吧。同龄人并不一定有这个条件。当初你对哪个城市印象比较深啊？

洪唯深：对大连的印象挺深的，因为大连有很开阔的海，上海是看不到的。我们还在海里游了个泳，即使是夏天也非常冷，所以记忆很深刻。还有就是东山，因为我外婆是苏州人，老家就在那一带。东山的枇杷很好吃，印象也很深刻。所以这次回上海，正好又是枇杷的季节，我就吃了不少，因为平时在美国没机会吃到。

访问员：有去过你外公的老家吗？

洪唯深：嗯，外公是漳州诏安那边的。去他老家的时候，我们还去了他小时候居住的地方。

访问员：是什么样子的？

洪唯深：顺着一条乡间小道走进去，就是他居住的地方。他以前睡在阁楼上，那地方非常小。即使我那时候只有五六岁，都觉得非常小，这个印象很深刻。诏安是一个靠海的渔村，海鲜非常多，那个年代在上海吃不到那么多品种的。

访问员：后来是什么时候离开枕流公寓到国外读书的呀？

洪唯深：高中我在这里读了一年，2002年我大约16岁的时候就出国了。在美国读完了高中、大学和研究生。如果以"常住"为标准的话，我就算离开这里了。但是读书的时候，只要是暑假、寒假，我还是会回来的。

访问员：当时从这里离开，是什么样的心情？

洪唯深：我觉得更多的是不舍得我的小伙伴，因为不能天天在一起玩了。对家人的想念也有，但是我还是会再回家的嘛。

访问员：怎么会成为一名水治理工程师的？

洪唯深：我是2008年大学毕业的，当时正好遇上全球金融海啸，工作机会很少。那个时候也算是比较迷茫，我的大学读的是商科，如果直接去读一个MBA的话，没有工作经验好像也没有太大的意义。然后我就想：转业学一个别的专业？最后，我决定学工程，好像没有听说过工程师失业的。不过我的工程背景不够，所以当时补了很多工程课。但是毕竟理科有国内的基础，重新再学那些东西还是可以拿捏的。所以我拿着商学院的大学文凭，直接考了工程学校的研究生。

访问员：很牛啊，这两个专业，方向差得不是一点点啊。需要考取工程师资格吗？

洪唯深：要的，要考两次，毕业出来以后先考一次，工作四五年以后，再考第二次，每次考试都是8个小时，才可以最终拿到执照。

访问员：这方面的人才应该蛮稀缺的。

洪唯深：对，在现在的美国是非常稀缺的。现在大环境不太好，很多地方都在裁员，我们这个属于基础建设行业反倒吃香，但是过几年情况怎么样，也不好说，凡事都有个周期。

叶落归根的地方

访问员：工作之后，应该没有寒暑假了，是不是回来的频率进一步降低了？

洪唯深：对，一方面是频率降低了，还有一方面是待的时间变短了。这次疫情，四年都没有回来过。

访问员：那四年前那一次回来，是因为结婚吗？

洪唯深：对。我在马勒别墅办了一个很小的婚礼，只放了四桌，邀请了四五十个亲朋好友一起吃了顿饭，没有什么仪式，没有司仪，简简单单的。很巧的是，举办婚礼的那个宴客厅，就是以前外婆的办公室。

访问员：是外婆在你小的时候带你去过吗？

洪唯深：没有，那应该是在我出生前很久，新中国成立初期的事情吧。新中国成立以后的一段时间，马勒别墅是共青团上海市委的办公场所，外婆就在那个厅工作的。回来结婚的那一次，应该说是我跟外婆见的最后一面吧。非常遗憾的是她今年1月份过世了，我当时因为疫情回不来。这次回来参加她的落葬仪式，也算是一个告别吧。

访问员：外婆一定可以感知到的。那一次婚礼，她老人家肯定是很开心的啊。

洪唯深：是的。婚礼那天上午，我们在枕流公寓里拍了一组结婚照。在枕流公寓的各个地方，天台、花园、走廊，还有我家。

访问员：这是一个很特别的决定啊，你有纠结过在哪里拍吗？还是很果断地就决定了？

洪唯深：我觉得好像没有纠结。因为这里就是非常特别的地方，也不需要去外面的马路上拍。这里就是最有意义的地方吧。

访问员：结婚是一个很神圣，也很特殊的时刻，你会希望把这个时刻定格在自己小时候出生成长的这栋楼，我想一定是这栋楼给了你一些很特别的感受，所以你需要留下这些特殊的记忆。那你觉得，这栋楼对你个人或者你的家庭而言，有没有一些独特的意义啊？

洪唯深：是的。我觉得枕流公寓对我的意义，就是家，就是一个归宿。这里是我出生、成长、成家的地方，我觉得以后可能也是我叶落归根的地方，这是我对它的一个非常特殊的情结。

访问员：在这一点上，不论是哪一代，好像都有一个共同的情结。几位出生在这里的受访者也都这样说过，你们不约而同地觉得，自己人生的后半程也是会在这边度过的。

洪唯深：对。包括我的小伙伴，也还住在这里，我觉得她们也不会搬走。

洪唯深珍藏在自己卧室里的小画，外公在上面写着："画给小唯唯白相相，柔坚，丁丑秋日"

访问员：嗯。你的先生是美国人吗？

洪唯深：不，他是俄罗斯人，美籍俄罗斯人。他出生在莫斯科，两岁的时候搬到美国去的，但是你问他祖籍是哪里的，他会回答是俄罗斯。

访问员：他可以理解你的这个情结吗？

洪唯深：我觉得他知道，他非常喜欢这条街的环境，这里非常漂亮，还有很多有意思的建筑。

访问员：结婚那一年，是他第一次来吗？

洪唯深：他来过两次，结婚之前他还来过一次。2019年结婚，是第二次，他的父母也来的。那一年夏天，我们在美协（上海美术家协会）的协助下，还在中华艺术宫举办了外公百年诞辰的画展。因为外公过世后，外婆捐赠了家里的很多书画。那一次，我的先生也在。其实明天，他又要来了。

访问员：哇，三顾"枕流"。外婆的这个决定，你们都支持吗？

洪唯深：我觉得这是非常有意义的，因为这些字画放在家里，也只是个人欣赏，不如拿出去让大家都有机会看到。外婆是一个非常大气的人，在外公过世以后，她做了很多事情，帮助延续外公的影响力。除了向不同机构做捐赠以外，她还设立了一个沈柔坚艺术基金，有画作的评选和颁奖，就是为了鼓励年轻的艺术爱好者们不断地创作下去。

访问员：是的，上次采访外婆的时候，她有谈到，外公是在比较艰苦的环境下成长起来的，他自学成才，后来有了一定的成就。她也希望用这样的一种精神去鼓励下一代吧。

洪唯深：对。

访问员：你和枕流公寓相处了将近40年，你觉得它有什么变化吗？

洪唯深：现在楼里有很多新的住户，我都不认识了，他们也不认识我，因为

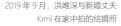

2019 年 9 月，洪唯深与新婚丈夫 Kirril 在家中拍的结婚照

2019 年外公沈柔坚百年诞辰画展开幕式前，洪唯深和外婆王慕兰摄于家中

我离开的时间比较长。我还记得一些老年人，但以前的小孩，我就认不太出了。因为他们都长大成人了，我的印象都还是停留在他们小孩的时候。比如说叶音，我对他的印象还停留在我读初中的时候，坐电梯下去，在他们家楼层停下，他妈妈带他上电梯的画面。那个时候他很小，大概是小学低年级。如果现在在马路上看到他，我肯定是不认识的。但是有意思的是，我先生非常喜欢《这！就是街舞》，他每期都看。我当时看到叶音，根本不知道他是谁。有一天，我和我的小伙伴说起这个节目，然后她说："你知道吗？叶音就住在我们楼里。"我就非常惊讶，才想起是不是就是那个时常在电梯里碰到的小男孩。前几天，我在外面办好事情回枕流公寓，看到叶音在楼下的咖啡店坐着，就跟他要了一张合影，发给了我先生。我从来不追星，但是我先生看了很羡慕。大家都住在同一栋楼里，能有机会重新碰面，还蛮有意思的。

访问员：被认出来应该是一件开心的事吧。那你是怎么看待这些变化的？

洪唯深：我想是吧。我对于枕流公寓的变迁蛮坦然的，这不是单纯这栋楼的变化，更多的是时代的变化。以前没有手机、空调，我们玩捉迷藏、玩麻将扑克，我们会和邻居坐在小楼梯门口吃饭，邻里关系都很亲近。但后来，很多熟悉的邻居搬走了。因为毕竟很多单位都是合住的，随着生活条件的改善，他们也希望能搬到更舒适的环境去。再后来，老人们相继离世，我和我的小伙伴们也长大了，慢慢地，我们不再玩过家家，小花园也没那么热闹了。大家有了空调和电脑以后，夏天也不需要敞开大门享受穿堂风了。在我看来，我的童年应该是这栋楼最鼎盛的时期，那时候老一辈的艺术家们都还在，楼里也有很多第三代的小孩，感觉当时的大楼充满了活力。但是，时代总是在变化，枕流公寓也随之不断地变化着。

10 徐东丁：我是一个有根的人

Xu Dongding, Born in 1957 – I am a person
with root.

影剧表演艺术家乔奇和孙景璐之女
1957 年生于华山路 699 号
上海电影制片厂原副导演

"我爸爸妈妈从事的这项工作，留下了
很多影视作品。对我们来说，就是永久的纪
念。"

访谈日期：2020 年 12 月 8 日
访谈地点：枕流公寓南侧花园
访问员：赵令宾
文字编辑：赵令宾、王南游
拍摄：王柱

你有没有做过这样的梦？

访问员：东东老师，您好！您是在枕流公寓出生的吗？

徐东丁：对，我是在枕流公寓出生的。爸爸妈妈搬进来没多久，我就出生了，一直住到现在，六十几年啦。我爸爸说，我妈妈当时已经超过了预产期，他们不搬进来我就不肯出来。

访问员：哈哈，那是几几年的事情啊？

徐东丁：1957年的夏季。当时我父亲正好在对面的上戏（上海戏剧学院）参加一个苏联专家的培训班。我母亲是电影演员，怀孕了没办法拍戏，所以去当旁听生，也兼台词课的老师，教过焦晃老师那一届。所以焦晃老师一直说："我是看着你出生哒，我是抱过你哒，哈哈。"

访问员：您这还没出生，就去上培训课了。那当时父母为什么会选择搬到这儿，您知道原因吗？

徐东丁：当时是这样的。我父母结婚后住在衡山路高安路口的集雅公寓，但因为双方老人都需要照顾，所以想找一处大的地方搬到一起。上戏的朱端钧爷爷就跟我爸说，他隔壁有套房子是空着的，有四大间，挺大的，让他们来看一看。我爸爸妈妈来看过之后，觉得两家的老人都过来也够住，所以就拿三个不同地方的房子交给公家，换到这里来，这样子一大家子就能住在一起了。

访问员：那当时房间是怎么分配的啊？

徐东丁：我父母住一个房间，我奶奶带我住一间，我外婆带着我姐姐住一间，然后还有一间是大客厅。

访问员：嗯嗯，您对这个房子还有什么印象吗？里面是什么样子的，你们平时吃饭怎么吃，洗澡怎么洗，还有印象吗？

徐东丁：枕流公寓有个特点，每一层的房间格局都是不一样的。同样一个户号，在不同的楼层，要么户型完全不同，要么户型差不多，但是有的多一间，有的少一间。我们住的房子除了四个房间以外，还有厨房、洗衣房和两个储藏室。两个卫生间都是套在卧室里边的。所以说到洗澡，据说最早的时候是靠公寓地下的锅炉房供热水的，但我自己没有经历过。小花园里有一个巨大的烟囱，从地下室一直通到上面，我们小时候一直在那儿玩。后来没有了，拆掉了。这个烟囱很有意思，虽然我没有使用过它，但是我知道我们大楼里那些和我年纪差不多的小朋友，对它的记忆都很深刻。因为我们其实有很多幻想，就是到现在，我们聊起来都还是会说："你有没有做过这样的梦啊？"都有。是什么梦呢？就是这个大的烟囱，里边是很神秘的，不知道有什么，而且它是通向地下室的。地下室我们小时候都进去玩过，里面有很多作废的设施，但都很大。小时候感觉那个里面肯定是很神秘的，就会出现各种各样的想法。直到现在，我们小时候要好的这帮小伙伴每年还有一两次聚会，就会说到这个事儿。

还有一个有意思的是，这个大楼的电梯。我们699号和731号正面看是一整个大楼，但是实际上当中是分开的，根本就无法互通，两边的电梯也不通。只有哪

壁炉前的全家福：坐在奶奶身上的徐东丁、父亲乔奇（最后排）、
母亲孙景路（三排左一）、外婆（前排右一）、
大姨妈（二排右一）、姐姐（二排右二）

20世纪60年代初，徐东丁在一楼家门口

里通呢？只有楼顶。但是在我们小小的心灵当中，可能有一种潜意识，希望它是通的。所以在我们的梦里边，电梯到了某一层是可以横着走的。这个梦也是这几年我们这些"小朋友"重逢的时候说起的，原来很多人都有过这个梦，很有意思。这两年有一本小说，写枕流公寓的，我就买来看，因为想在里面找到自己熟悉的影子，找到自己不知道的故事。

1963 年，徐东丁与大烟囱合照

访问员：那您对花园还有什么印象吗？

徐东丁：花园当然有印象啦！花园是我们从小玩的地方嘛。我们这一批，女孩子很多，男孩子都比我们大出好几岁。所以等到我们在这儿玩的时候，他们都已经长大了，跟我们玩不到一起去了。小时候玩儿的最频繁、最多的是"老鹰捉小鸡"和"勇敢者道路"。十几个女孩子大大小小，奔跑在草地上，从一个阳台爬到另一个阳台，几乎每天如此，乐此不疲。因为当时我们家住一楼，所以我爸爸妈妈说，我是从第一个人一起玩，一直玩到所有人都回家了，然后等第二批来，接着玩。一直玩到天都黑了，窗口里要叫"东东啊，回来啦，人家都走光啦"，然后我才回去，因为我家最近嘛。所以我们从小就是在院子里长大的。

"文革"刚开始的时候，听说要把花园改成水稻田，大家都很害怕，好在后来没有实现。当时还听说要在七楼以上再盖两层。后来为什么没盖呢？因为枕流公寓的蓝图没有找到，那所有建筑参数不知道，就没办法盖了。这是因祸得福了。复兴西路永福路口的良友公寓就加盖了两层，公寓没有电梯，顶上两层的住户要走上去还挺吃力的。房子还有漏水的问题，苦不堪言。但是我们这里"文革"的时候有一件什么事情是大家都做的呢？做砖头，很专业的。那时候"备战备荒为人民"，珍宝岛事件之后，要准备跟苏联人打仗了。家家户户的男丁都要出来，像我爸爸、朱端钧爷爷，外面纪念墙上写的名人们，都是出来做过砖头的。他们到了周末要去领泥，然后就在那边水泥地上砸，跟和面一样，要把泥砸熟、砸透了。然后有一个专门做砖的模子，把砸好的泥放进去，用钢丝这么一拉。泥块弄好就一排一排码平了放，吹干之后把架子拆开，就是泥砖。这个泥砖要运到对面戏剧学院。戏剧学院当时盖了很多烧砖的窑，泥砖就在那儿烧。烧

20 世纪 60 年代初，徐东丁（右一）和导演
朱端钧的孙女小金玲在"枕流"花园喷水池旁

出来的是红砖，那时候好像是用来盖防空洞的。"广积粮，深挖洞"嘛。我们这底下本来就有防空洞，但是那个时候真的又开始挖防空洞了。据说我们这儿的地下室是可以一直通到常熟路100弄的歌剧院的。我们下去走过，有点吓人，就没走到底。走出这个大楼所在范围的地下室之后，有一道铁门，像看二战的影片一样，门板非常厚，"吭"一拉，都有那种声音哦。然后再往前走过两道铁门，就不敢再过去了。实在太害怕了，因为也没人。但是当时的设施弄得还真的是不错的，有开关，一路上都有电灯。现在不知道怎么样了。

访问员：这么长一条通道，里面的灯是长亮的还是去开才亮的呀？

徐东丁：你去开，就能亮，但是要走到开关那儿才能开到灯啊。然后你顺着那个余光，走到前面又黑了，所以后来没有再过去。

访问员：那么当时枕流公寓下面的地下室是什么样子的呢？

徐东丁：当时地下室是有人住的，好像是房管所的职工。楼顶上也有一家房管所的职工。

访问员：传说中的游泳池是有还是没有啊？

徐东丁：传说中的游泳池应该是有的。

访问员：有看到过吗？

徐东丁：我们小时候没看见过池子里放着水啊什么的，但是有听其他住户说起，他们小时候可能看见过吧。但是我们小时候还能看到热水汀，每个房间的窗户边上都有。大楼是集中供暖的。大概是新中国刚成立以后吧，就不烧锅炉了，所以就没办法取暖了。后来到1973年，是我小时候记忆中的第一次大修，这些东

1963/1964 年，枕流公寓里部分小朋友合影
后排左起：徐东丁、蔡千红、蔡定芳
前排左起：张德华、张瑞华姐妹，金通澍，沈黎

枕流公寓当年最要好的四个朋友
左起：范苏敏、张春玲、金通澍、徐东丁

西就都被拆掉了。说实在的，那一次装修破坏了很多东西。他们把所有过道里的窗把儿、铰链啊，那都是铜的，全部都拆掉了，换成了像铝一样非常薄、非常容易坏的材料。包括电梯间的那个大理石，本来都是很好很完整的，自从1973年以后，每况愈下。还有管道，以前都是暗管，房管所的老师傅还都知道是怎么走的。等到这批老同志都退休以后，新的工人都不知道了。

勇敢者的道路

访问员：您小的时候会去邻居家串门吗？

徐东丁：当然有啊，我们相互之间都串门的啊。我们那一代人，家家户户之间都非常了解。就像刚刚说到的，外面纪念墙上写的那些文人墨客，有艺术家、医生、教授，有资本家、企业家，有的和我爸爸妈妈年纪差不多，有的年纪稍微大一点，像朱端钧老师、叶以群老师，大家住在这儿，相互之间都是比较信任的。新中国刚成立不久，和平时代，大家对共产主义的追求都很统一，那时候真的是很统一。所以孩子们也没有太多针锋相对的事情，非常和睦。孙道临老师也在我们大楼住过，他们住在四楼。四楼的这个单位，很有故事，因为换了很多主人。孙道临老师搬到武康大楼去之后，住的是陈铁迪阿姨，后来是工程师李国豪先生。

访问员：这些都是大名鼎鼎的人物。那有哪个小朋友家你是常去的呀？

徐东丁：都常去啊，他们也常来我们家。我们几个好朋友差不多大，上学都很近，就在隔壁的华二小学（华山路第二小学）。我们大楼里的小朋友都在那里上学。有的是同班的，有的是高我们一班的。所以当时，我们一帮小朋友在一起，都挺快乐的。

访问员：那你们每天的日常是什么样的，还能记得起来吗？早上一起上学，下午一起放学吗？

徐东丁：哦不，都是自己去，自己回来，谁功课做好了就在院子里玩。那个时候花园里没有树，不遮挡视线，所有的人家都能看见院子里有谁在，然后自己就下来了。或者自己一个人玩，没人下来的时候会叫的呀，叫谁谁谁的名字，我们都是这样叫的。那天，我在家里晾衣服，沈黎在她家看到我就叫我，我吓了一跳呢，因为已经很久不叫了。我现在就可以叫沈黎，她如果能听见，就会开窗。

访问员：那你以前怎么找沈黎老师玩呀？会搭电梯吗？

徐东丁：很少搭电梯。那个时候电梯是有人开的。有一组开电梯的工人，他们都是房管所的职工。一个叫老金伯伯，一个叫梁阿姨，还有一个叫徐阿姨。他们都是陪伴着我们长大的长辈啊，现在大概都已经不在了。但是，我们会永远记着他们的。

访问员：那您能描述一下这几位电梯工吗？他们都是什么样子的呢？

徐东丁：当然可以了。那个老金伯伯，啧，他是非常好的一个人，一直兢兢业业地工作。以前，如果你要坐电梯，进来以后，他看你一个人，他是不开的，一定要等到第二个人。他要让你等一会儿，特别是小朋友，因为要节约用电嘛。三楼以下的，他就让你自己走上去。然后他们分两班，早上6:30到11:30一班。中午没有电梯的，上下楼梯就得自己走了。下午4:30到晚上10:30一班。所以我们要找楼上的小朋友玩，都是靠喊的，一喊就下来了呀。小朋友都是走下来的，不然老金伯伯要讲的。

访问员：以前有什么样的节日或者活动是你们特别期待的吗？

徐东丁：熏蚊子呀。夏天吃完晚饭以后，居委会会发熏蚊子的药。每家拿个盆，弄点草纸，把那个药浇在上面。好像是66粉还是敌敌畏，有毒的。把门窗都关上，每个房间都放一盆，点上火以后熏，家里人都出来。我们小朋友就到花园里，开心得不得了。有一个好玩的事儿就是抓蚊子。拿个脸盆，用水打湿，上面抹一层肥皂沫。就在树底下这么一挥一甩，什么蚊子啊、小虫啊，就都抓到了。我们这一代小朋友里边有个头儿，叫金通澍。她会组织大家在院子里表演小节目，家长们就拿个蒲扇在边上看。节目演完了，我们还在玩儿，家长就先回去开门通风，弄得差不多了，就叫我们回去睡觉了。

访问员：你们都会表演什么节目呢？

徐东丁：具体的就不记得了，什么唱个歌、跳个舞、朗诵啊都会有，家长们就在这里看。然后再大一点，我们就玩一个叫"勇敢者的道路"，自己起的名字。我们枕流公寓的女孩子都很要强，像男孩子一样。你看，这些阳台不是突出来这么一小格一小格的吗？我们就一路扒着，从最北边的这家阳台爬到最南边，翻墙跳出去，然后从大门口跑到这儿，算一圈。我们都是这样玩的，比较野。所以后来"文革"的时候，有人欺负我们，我们都是"黑崽子"啊，我们都直接跟人干架。因为那个时候家长不在身边，没人保护你，只有你自己保护自己。

妈妈说：我现在就是葱花儿，哪里都可以撒一点

访问员：在您小的时候，爸爸妈妈上班忙不忙啊？

徐东丁：忙啊，相处时间很少的。我爸爸在上海人艺（上海人民艺术剧院）上班，演话剧的。每天正常上下班、排练，晚上经常要演出。因为单位在安福路上，离家近，所以他通常中午回家吃饭。我妈妈是拍电影的，要出外景。以前拍戏很慢的，所以妈妈经常好几个月都不在家，我就会给她写信。那时候小，不会写字嘛，我就画个画啊什么的。跟父母的沟通是这样的。

访问员：爸爸妈妈都是表演艺术家，他们在家的时候会讨论哪个戏怎么演之类的话题吗？

徐东丁：他们自己会交流的。"文革"前那段时间，我可能比较小，也不是很关注这个事儿。后来，我跟我先生（影视演员、主持人崔杰）认识了，我俩和我爸爸妈妈都是同行。比方我们在家里看电视，或者在外面看完戏、看完电影回来，都会有类似的讨论，聊聊某个演员的表演啊，或者是谁唱歌怎么样啊。我爸爸喜欢研究人家唱歌，时常会说这个人声音怎么样，飘不飘啊，实不实啊。这个是很常见的，是我们家的共同话题。

访问员：小时候您有没有参加什么兴趣班啊？

徐东丁：没有的，那时候有吗？没有的。

访问员：因为我看好几张老照片上，您好像都在弹钢琴。

徐东丁：哦，有有有。我爸爸那个时候领我去一个姓杨的老师家学，她的那栋公寓在乌鲁木齐路乌北菜场边上，不过我基本上没学会。"文革"的过程中，我们家就把钢琴卖掉了，这是我爸爸的一个心病。因为我爸爸唱歌很好，他经常要在家里练声啊什么的。所以到1973年政策落实了，我们家就又买了一架钢琴，

20世纪60年代初，徐东丁
和母亲孙景路在花园里

也希望我能够继续学，但我还是没学会。不是没学会，就是没好好学，哈哈。

访问员：父母会盯着你说一定要练多少时间吗？

徐东丁：不可能，父母哪有这么多时间来管你啊，他们都有自己的事业。他们只是创造了条件摆在那儿，学不学都是小孩儿自己的事儿。我对我女儿也是这样的，她4岁开始学，一直考到钢琴十级。

访问员：那在您的印象当中父母有没有对您特别严厉的时候啊？

徐东丁：基本上没有，都是讲道理的。记得"文革"以后，我妈妈从隔离状态被放回家。那时候我读初二还是初三吧，在保温瓶三厂学工，有个高年级同学跑来叫我："东东，东东，你快回家，你妈妈回来了！"一开始我不相信，因为感觉这个妈妈已经不知道在哪里嘞，反正是回不来了嘛。但是她这一说，我还是跟着一起往回跑。当时爸爸也回不来，奶奶1969年的时候已经去世了，家里只有一个半身不遂的外婆，她不可能起来开门，所以我就赶紧跑回来。

我们家外面是一条很长很长的走廊。我从那儿一进去，就看到我妈妈背对着我在等。她听到声音，回过头来看，一看是我，两个人都愣住了，其实她已经不认识我了。因为我妈妈离开的时候"文革"刚开始，我9岁。她回来再看到我的时候，我14岁了，又瘦又高的个子，已经完全变成了一个大姑娘了。然后我也愣了一下。我印象当中妈妈是很清瘦的，但看到的时候呢，好像比原来胖了，后来才知道她吃了很多激素的药，浮肿了。关键也是有五年没有看到自己的妈妈，这一下子见到了就觉得不敢相信。但是，我的内心告诉自己：这个是我的妈妈。然后我就慢慢走过去，把门开开。我们家四间房，三间贴了封条，就剩下最里面一间，我外婆住。我就奔进去说："外婆，我妈妈回来了。"外婆回头看了半天，也愣了。然后，她叫出我妈妈的名字："孙景路啊！"这就是我们在枕流公寓里的悲欢离合吧。

访问员：在您爸爸妈妈离开之前，有感觉到家里的气氛有一些不对头吗？

徐东丁：没有，我那时候才9岁啊，没觉得有什么异样。

访问员：就是觉得生活还是像原本那样欢乐，突然在某一天就戛然而止了？

徐东丁：对，就戛然而止了。就像新冠疫情，你怎么知道它哪天降临呢？但是去年的某一天，我们不就是因为疫情，戛然而止了吗？生活就是这样的，你不知道明天会发生什么。所以说"文革"，给我们这一代人的心里留下了很多创伤。但是呢，我爸爸妈妈都是很乐观的人。他们回来以后没有自暴自弃或者怨天怨地，还是非常积极向上地、非常努力地工作，希望能够弥补失去的十年的岁月。十年，对演员来说，真的是非常非常珍贵的。但这十年就这么荒废了，也吃了很多苦。我妈妈在"文革"结束后，拍了很多电影，她说我不在乎要继续演女主角，现在年纪大了，就是葱花儿，哪里都可以撒一点。所以她就演各种丈母娘啊，妈妈啊，老太太啊，讲理的不讲理的她都演。谁找她，她都演，她非常乐意去从事她自己喜爱的工作。

访问员：新中国成立前，您妈妈在香港工作过很长一段时间吧？

徐东丁：是的，1939年去的香港。《孤岛天堂》《风雪夜归人》《再相逢》等这些早期的作品就是在香港拍的。新中国刚成立的时候，我妈妈说："我要回去了。"好像也不止她一个人，很多人都回来了。不因为别的什么，纯粹就是因为爱国。最近这几天，我正好在整理我妈妈的一些笔记，她是1951年回来的，加入了"联影"（即国营联合电影制片厂）。"联影"是由当时上海所谓的八大私营电影厂合并而成的，后来成立没多久，又并到了新成立的上海电影制片厂。所以她回来以后，基本就是在上影厂工作。

终于圆了当演员的这个梦

访问员：您在小的时候有没有想过要走上表演艺术的这条道路呀？

徐东丁：也没有特意去想，但是从小就看爸爸妈妈他们排戏，可能有很多东西还是继承了父母的特性的。戏剧舞台艺术、电影艺术、戏曲等，都是相通的。我觉得不是说特意要去干吗，是因为从小就接触这个，周围的兄长姐妹、老师、朋友、爸爸妈妈的朋友聊的都是这个，所以比起其他人，我接触得更早，潜移默化的东西更多。

1951年，乔奇和孙景路在《有一家人家》里面饰演男女主角沙大星和钟佳音

孙景路（右一）和梁波罗排练独幕
话剧《破旧的别墅》剧照

访问员：您通常去哪里看他们排戏啊？

徐东丁：爸爸那儿比较少，妈妈那儿就常去。我妈妈是上海电影演员剧团的演员，他们剧团经常会排一些小话剧，因为要通过实践不断地锻炼演员，深化他们对舞台艺术的感受。记得小时候，我去看他们排戏，我妈妈当时跟梁波罗老师排一出小的独幕剧叫《破旧的别墅》。到现在，梁波罗老师还会说："你这么小，就来看我们排戏，还会提意见，这儿不好，那儿不好的。"我那时候四五岁，所以真的就是潜移默化的。

等到我转业以后进上影厂导演组了，有的时候我就带着我女儿去片场，也想让她去见识见识摄制组的生活。我妈妈就是这样带我，我从小经历着"马背摇篮"的生活。我觉得摄制组的生活非常有意思，非常锻炼人。我女儿从小就很喜欢在摄制组吃盒饭，开心得不得了。我们拍戏的各个段落、各个程序，我女儿都参加过。我去西双版纳出外景也带着她，所以她很小就吃辣了。在上海的时候，她一直会晕车。到了云南，从昆明坐长途车到版纳，26个小时，盘山公路，从此以后她再也不晕车了。再比方配音，她也看过。有段时间我跟崔杰一直在配音，也带她到配音棚。对她来说，可能也多了一份经历。

访问员：确实是的，比起学校里的教育，这是一份很独特的经历。那我们回到您刚刚接触这个行业的时候，当时加入装甲兵宣传队是机缘巧合吗？

徐东丁：这是一个很好玩的故事。"文革"结束，我爸爸妈妈回来以后，有的时候有人会来找他们上课，学学朗诵啊什么的，那么我就顺手学了一点。中学毕业以后，我被分在针织六厂做缝纫工，那肯定是不安心的。中间也参加工人文化宫的舞蹈班、话剧班。1973年，我考上了前线话剧团，但父母的问题政审不通

华山路699号大堂里的信箱，上面写着
"平常日WEEKDAYS" 和 "星期日及放假
日SUNDAYS&HOLIDAYS" 每一天不同
的开取时间

过，因为历史遗留问题还没有解决。我就到处考，东海舰队也考，考上了又是政审不通过，所以很灰心。

后来，我最要好的朋友想考文工团，工厂里一个师傅的女儿也想考。那个师傅托我说："东东啊，你看哪里招生哦，我女儿想考，你带她去考考。"我就陪她们两个人去考了。考试一般是唱个歌啊，跳个舞啊，朗诵一段啊什么的。最后，考官对我说："你也来一段吧。"我就朗诵了一段。他们就说要我，我说："我可能不行，政审通不过。"考官跟我说："我们是野战军坦克十师，是按照服兵役走的，公民参军是义务，政审会通过。"最后接到入伍通知书，部队要了我和我朋友。就这样，我们俩就一起参军了。

访问员：当时去参军的这个决定家里都支持吗？

徐东丁：我自己有这个主观愿望，就是想改变生活的轨迹。我妈妈是支持我的，因为她从小就是跑江湖的，十三四岁就跟着剧团跑码头了。所以她觉得，出去闯闯无所谓，是应该的。而我爸爸有点舍不得我去当兵，他一直怪我妈妈放我出去，怕我以后回不了上海。我爸爸还是一个很仔细的人，他把我离开上海的那天的台历留下来，我一直留到现在。1977年12月15号，他在台历上写着：东东参军日。

访问员：1977年你几岁啦？十几二十岁吧。

徐东丁：1977年正好20岁，20岁当的兵。那天大概是中午拿到通知，第二天早上6点钟就要出发去南京。我和好朋友在曹家渡，一人买了一个行李包，买了一个肥皂盒，晚上回来收拾一下行李，第二天就上了火车。那个时候没快车，

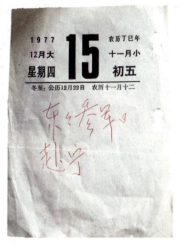

徐东丁（左一）和好友汤莉萍的入伍照片　　徐东丁参军当天，父亲乔奇手迹和保留下的日历页

火车哐当哐当一路向西北方向开。当时招的那一批兵总共有15个人，9个男的，6个女的。我们是年龄最大的，另外的都比我们小，最小的就14岁。关键是路上，快到南京站了，我们都起来拿行李。带兵的赵干事稳坐在那儿，说还没到呢。我说："南京到了啊"。他说："我们在郊区，下一站。"我想也对，部队在郊区也很正常咯，那么又坐下来。哐当哐当哐当，南京再过去是南京东，他还不动。"还没到啊？""还没到没到，下一站。"最后开了好久，终于到了一站叫三界，他才开口说到了。我们拿着行李下去，火车哐当就开走了。关键是火车一开走，我发现旁边除了一个卖票的小房子什么都没有，就剩一根铁路。早上6点钟出发的，到安徽三界，天都快黑了。然后上了一辆军绿色的部队大巴，一路开。边上的房子都是黄泥砌的，墙身很厚，上面只有一个窗洞，窗洞上正好够放一盏煤油灯。那儿的老百姓连电灯都没有。我们很紧张，所有人一路上都不说话。这车就往里边开，后来总算是开到军营了，下来一看，还挺气派的。这就是我们去当兵的一路。现在我们跟那位赵干事还一直有联系，经常跟他开玩笑说他把我们"骗"到了三界。那时候全军会演非常火，很多单位都要拿好的节目去挣奖，因此在上海招了我们几个文艺兵。但我们宣传队没有正式编制，女生们都被放到了师部医院，所以我还当上了卫生兵；那些男生是招的体育兵，都是打篮球的运动员小将，他们被安排进了修理营、防化营什么的。

访问员：那是一直待在三界这个地方吗？还是到处跑的啊？

徐东丁：坦克十师一直在三界这个地方。后来，原南京军区要办一个科技展览，每个兵种都要有自己的讲解员，坦克部队要宣传自己先进的武器啊什么的，我就被选到了原南京军区。在南京做讲解员的时候，前线话剧团的人知道了，就说："你怎么到这儿啦？已经当了兵啦？那就把你调过来吧。"这就跳过了政审的问题。所以当完讲解员以后，我就被直接军调，进了前线话剧团，终于圆了当演员的这个梦了。

访问员：条条大路通罗马呀。那么到了前线话剧团，有没有碰到什么印象深刻的事情啊？

徐东丁：有啊，就找到我们家崔杰这个老公啦，哈哈哈。我们俩是一个班的战友，天天在一起，出操啊，学习啊，排练啊，演出啊，所以彼此身上的缺点优点，一早就知道，结婚后也不会吵吵闹闹的。前线话剧团我待了7年。

访问员：你们是几几年结婚的啊？

徐东丁：我是1984年转业回来的，同年结的婚。崔老师在前线又多待了好几年，总共待了十几年。

访问员：您是1977年出去，1984年才回来，这几年间觉得枕流公寓有什么不一样吗？

徐东丁：还好啊。那时候有探亲假，每年都可以回来的。

访问员：身边的邻居呢？

徐东丁：小时候的玩伴陆陆续续结婚、搬家了，好多都走了。但是我们之间的联系基本上没怎么中断，特别是几个要好的朋友。有的中间出国，像沈黎博士，她出国了好多年，后来又回来了。有的退休又搬回来了，像刘丹老师，她搬出去很多年，最近才搬回来。那这样就又有一些联系了。

访问员：后来你们的女儿是几几年出生的啊？

徐东丁：她属老虎的。

访问员：那就是说在她出生没多久，您妈妈就过世了啊。

徐东丁：对，我妈妈过世的时候我女儿才3岁。我妈妈很喜欢她，只是相处的时间太短了。虽然我们一直给她灌输外婆是很了不起的，但3岁，能有多少记忆呢？最多就是看看照片啊。好在我觉得，我爸爸妈妈从事的这项工作，留下了很多影视作品。对我们来说，就是永久的纪念。我从来不觉得他们离我很远，因为想他们的时候就可以看到。所以相比起其他的家庭，我觉得我们家对于这种伤痛，是可以弥补的。大概也是我有阿Q精神吧。

访问员：现在还会看看他们的片子吗？

徐东丁：会啊，会的。

访问员：您父母在您眼中是怎样的人呢？可以简略地描述一下吗？

徐东丁和丈夫崔杰在南京军区前线文工团时的军装照

1992年春，徐东丁一家四口在枕流公寓花园里

　　徐东丁：我的父母是非常正直的。人家说我爸爸是个老实人、孝子。他确实对我奶奶非常非常孝顺。他对艺术又非常执着，非常热爱演艺的工作。我妈妈也是，她从小就是，对表演艺术充满了爱，对观众充满了爱。父亲去世了以后，我当时考虑到底是把他葬在上海的福寿园还是放到苏州那个老的墓地。后来，我去看了福寿园以后，有一个很大的感受，就是觉得放在那儿，他们的观众可以经常看到他们，也可以给这些观众留下一个很好的可以怀念他们的地方吧。所以我后来就把我妈妈迁过来，和我爸爸合葬在福寿园的墓地里。有时候过去看，会发现墓前放了一枝花，我想对他们来说，这就是最好的安慰吧。

　　访问员：二老在天有灵。东东老师，枕流公寓是在20世纪30年代建成的，到现在有90多年的历史了。你们家是从1957年搬进来一直住到现在，已经60多年了。那么，这栋公寓对您个人或者对您的家庭来说，意味着什么呢？它代表一些什么呢？

　　徐东丁：对我来说，枕流公寓就是我的家呀。我们家从来没有经历过很大的搬迁。2000年的时候，我们想把这儿的房子装修一下，因为有漏水又有蚁害的问题，所以就搬去桂林路附近暂住了几个月。我爸爸当时到处给人家打电话说："我住在一个很远很远的地方啊！"这大概是最大的一次动荡了，后来装修完就搬回来了，所以六十几年，几乎都是住在这里的。去国外旅游办签证的时候，要填家庭住址，我总是填同一个地址。有时候想想几十年都住在同一个地方，我是一个有根的人。

　　访问员：好的，谢谢东东老师！

11 吴肇光：新中国医学道路上的千里之行

Wu Zhaoguang, Moved in 1957 – A prolonged journey along the path of medical advancements in New China.

"作为中国人，有点本事能够回来，为自己祖国的老百姓服务也是应该的。"

访谈日期：2020 年 12 月 15 日
访谈地点：中山医院办公室
访问员：赵令宾
文字编辑：赵令宾、王南游
拍摄：王柱

1925 年生于北京
1957 年入住华山路 731 号
外科学家，医学教育家，新中国外科事业奠基人之一
上海中山医院终身荣誉教授

穿行四海的医学梦

访问员：吴老，您好！

吴肇光：您好！

访问员：很高兴今天能邀请到您参加我们的访谈，想问问您是在哪里出生的啊？

吴肇光：我出生在北京，很多年前了。

访问员：家里的情况大致是什么样的？爸爸妈妈他们是做什么的啊？

吴肇光：我爸爸是学化学的，妈妈就是家庭妇女。那时候爸爸在北京工作，所以我就出生在北京，后来因为爸爸工作的关系离开了。

访问员：嗯，我看您青少年时期好像辗转了好多地方。

吴肇光：对。后来他工作调动，就到了青岛。再后来又因为"七七事变"，日本人侵略我们，就离开青岛到了上海。那时候我姐姐在上海考大学，所以就跑到上海跟她在一起。但过不久，"八一三事变"上海也打起来了，我母亲为了使我能够不影响学习，就带我们到香港去了，所以就一直留在香港上学的。一直到1941年，想不到日本又发动太平洋战争，占领香港，我们后来又回到上海，跟我姐姐在一起。

访问员：1941年的时候，您是在香港大学学习吧？1942年回到上海入读了上海圣约翰大学。

吴肇光：是的。

访问员：那当时为什么会选择医科专业呢？

吴肇光：本来是我爸爸有这个想法，过去找工作不容易。他就觉得你做医生，所谓的"不求人"，工作没有问题，所以叫我学医。我那时候是小孩子，喜欢看书，看那些书觉得做医生也是很不错的，但对治病救人是没有概念的。十几岁脑子没那么清楚，觉得学也可以，也不错。既然家里也要求我学医，我就说"干"，就学了。

访问员：学外科专业是在什么时候决定的呢？

吴肇光：学外科是在到国外去的时候决定的。那时候在国内实习，看见很多病人，那时候病人很苦，病得很重，毛病很容易诊断出来，但是没药，没办法。那时候到了国外有机会去学习，觉得还是做外科，不管怎么没有药，我可以用外科手术来治疗，也是解决问题。所以就学了外科，没学内科。结果后来回国了，看到新中国成立以后这个情况，不一样了，跟我离开的时候不一样了。情况也发展很多，做内科也不错的，但是我已经学了外科，就继续做外科了。

访问员：那大学毕业后就去了美国了吗？

吴肇光：对。

1943年，涂莲英（后排右一）18岁高中毕业
全家摄于上海中西女中（现市三女中）
（图片来源：《不能忘却——纪念爱国教育家涂羽卿博士》）

访问员：是一个怎么样的机会到新泽西州医学中心的呀？

吴肇光：那时候学校里毕业要么自己找工作，要么私人开业。不像新中国成立之初的时候，是分配的，没有的。那个时候，我所谓的未婚妻，她的爸爸替她安排了去国外，通过关系找了个地方去实习。我没有着落，怎么办呢？我也只好自己动脑筋，到处去联系。后来对方同意录取我，虽然和未婚妻不在同一个地方，但是可以录取让我去做医生，那有机会我就去了，希望能够跟她在一起。

访问员：您的太太也是一名医生吧？

吴肇光：她跟我是同学。

访问员：是上海医学院的同学吗？

吴肇光：对。

访问员：你们是怎么认识的？

吴肇光：我们同班，考进去的时候，名次正好是前后连着号，她7号，我8号，还是她6号，我7号，反正离得很近。所以一进去以后，分座位也是坐在一边的，本来不认识的，就这么认识了。一直几年下来，就建立了感情。

访问员：后来又一起去了美国。

吴肇光：对，一起去了美国，也是在那里结婚成家。

在枕流公寓安了一个家

访问员：那后来为什么会放弃美国那边的优越条件，又回来了？

吴肇光：那时候国外是比这儿强多了。我的岳父涂羽卿是湖北人，新中国成立前在沪江大学教书，后来也做过上海圣约翰大学的校长。我的岳母是个美国人，她嫁给我岳父，20世纪20年代到中国，没回去过，所以她对中国感情很深的。从旧社会一直到新中国成立，她看着这个变化，就觉得新中国情况跟过去不一样。所以她就不断地通信，信里头说这儿怎么怎么好，另外建议叫我们回来。所以我们学习完了，就决定回来了。作为中国人，有点本事能够回来，为自己祖国的老百姓服务也是应该的，所以就回来了。而且国外生活是好的，但是社会关系不见得怎么样，尤其你不是当地人，到底是外来人，总归多少受点歧视的。

访问员：你们是回来了之后就住进了枕流公寓吗？

吴肇光：回来以后就要安家了，那时候家里孩子也不少了，总要找个地方住，就先到中山医院报到。报到了以后，单位就说正好枕流公寓那儿有个空的房子，本来是准备给我们单位里头另外一个教授的，他大概什么原因不合适没要，所以就空在那儿。问我们怎么样，我说蛮好，现成的。不然我们没地方住呀，那时候住在岳父岳母家里，也是很挤的。好，就"枕流"，那时候是1957年。所以1957年我就住进枕流公寓，一直住到现在，也是半个世纪以上了。

访问员：对，您初到枕流公寓的时候，第一印象是什么还记得吗？

吴肇光：那时候房子是空空荡荡的，不去说它了。那个时候整个公寓好像是很正规的，每门每户一家人家，4楼是一个德国老太，对门是一个作家。那时候还不知道蔡医生（即受访者之一蔡洒绳医生）他们在楼底下。但是没过几年，"文化大革命"来了，就乱了，里头就不是一家一户了。进来很多人，情况就比较复杂了。

右图：1920年10月，岳父涂羽卿和岳母涂牟莉在南京

左图：1957年，吴肇光（后排右一）和夫人涂莲英（后排右二）带着孩子们
初回上海时在上海文化俱乐部拍的全家福

中排左三：岳父涂羽卿，后排左二：岳母涂牟莉

（图片来源：《不能忘却——纪念爱国教育家涂羽卿博士》）

访问员：那时候你们的房子里住了几口人呀？

吴肇光：那时候是我们七口人。不少，七口人，两个大人，五个孩子。

访问员：你们的房间是怎么分配的？

吴肇光：大人一间，其他两间就是他们孩子分了，男女分开就是了。

访问员：男生宿舍、女生宿舍这样吗？他们睡的是上下铺吗？

吴肇光：女的房间她们的床是摊开的，那个房间相对比较大，床不要太大，还可以摆得下。两个男孩子住一间，她们三个女孩子住一间的。正好也无所谓客厅什么的，反正都是住上人的。

访问员：您对当时的花园、电梯这些公共的区域有什么印象吗？

吴肇光：那个时候电梯里头条件是很好的，还有水汀，天冷供暖的。当然因为后来"大炼钢铁"把那个东西统统拆掉了，都拿去炼钢铁去了，所以现在是没有了。

访问员：花园是什么样子还记得吗？

吴肇光：花园就是空空荡荡的一个草坪，有几棵树，没有别的什么东西。那个亭子是最近几年才造起来的。本来是没有的。

访问员：你们有没有去过天台？

吴肇光：天台是可以上去的，现在不能够上去了，现在也住着人的。住了人么，为了安全起见，通到天台去的那个地方也上锁了。

访问员：小朋友小的时候是谁带的？

吴肇光：那时候小的还在送托儿所，大一点的上小学了。小学就在旁边，华二小学(华山路第二小学)，现在也没有了。

访问员：以前家里有没有请阿姨呀？

吴肇光：请个阿姨没地方住。

访问员：自己带五个小孩还是蛮辛苦的。

吴肇光：所以礼拜一，小的送托儿所，就扔在那儿，周末再接回来。另外大的上学，他们中午吃饭就到单位食堂里吃。那时候那个食堂就在华山路跟乌鲁木齐路转角那儿。

访问员：那挺近的。你们对孩子们有没有提出一些要求，想要他们长大去当医生或者什么的吗？

吴肇光：没有，根据个人的需要，反正能够有机会让他们学习，尽量让他们去学习。他们选什么专业，那是他们的事情，我们不勉强。

访问员：当时和邻居有没有走动，比如说那家德国老太太或者对门的作家，会不会有走动？

吴肇光：那倒没有，因为平常我工作也比较忙，周末有点空休息，一起带着孩子到公园走走，不然他们老是关在学校里，也不合适，平常也没机会跟他们在一起。

访问员：通常会到哪里玩呀？

吴肇光：到公园去，没别的地方好去，只有到公园去晃晃。孩子们精力无限的，让他们到开阔的地方跑跑，消耗消耗。

访问员：通常去哪个公园？

吴肇光：中山公园比较近，或者坐个摆渡到浦东去，浦东那时候还有个公园，现在没有了。

访问员：以前跑到浦东好像也算挺远的了。

吴肇光：坐车到十六铺，乘一个摆渡船，一下了船就到了，所以也很方便。

与生命的赛跑

访问员：平时的工作，您还想得起来每天的时间表是什么样子吗？比如几点起来，吃点啥，坐什么交通工具来这儿上班？

吴肇光：脚踏车，最方便的，自由出入，我们大人每个人一辆脚踏车上下班。我做外科医生，时间就不固定了。因为有时候要值夜班，有时候有急诊来了，随叫随到，工作时间也比较长。我夫人她是一般的辅助科室——病理科，所以一般是上比较规则的常日班。

访问员：那听起来你们两个人见面的时间似乎都不太多。

吴肇光：是。我就靠不住了，她是比较有保证的，所以带孩子的事情她占的成分比我多了。

访问员：您那个时候值完夜班，几点钟会回家呢？

吴肇光：不管的呢，第二天还得干。干完了，下了班，再回的家。

访问员：有没有因为医生的这个身份，邻居们时常来找您看病的情况呀？

吴肇光：开始是没有的，大概后来大家比较熟悉了，就来咨询一下。多多少少有一点，但是不是很多。

访问员：在枕流公寓里面，有什么样的节假日或者活动是印象深刻的？

吴肇光：基本上没有组织什么活动，而且搬进来没几年就"文化大革命"了，我也还有下乡的任务的，所以在上海没待多久。后来就乱套了，什么活动都没有了，有的就是斗所谓的地主了，斗反动派了，看看也挺害怕的。

访问员："文革"的时候，其实枕流公寓是一个重灾区，因为里面住了很多文化界名人。当时你们家有没有受到冲击？

吴肇光：我们就是孩子们的学校的红卫兵来抄家了，他们看看你们崇洋媚外，什么都是外国货，连书都是外国书。没办法，医学书目都是外文的，他们不管的。

访问员：后来就下乡了吗？

吴肇光：下乡是大家轮流去的，断断续续的。去了又回来，去了又回来。那时候去，最早是体验生活，学校带队下去，后来就下去工作，再后来是因为国外回来的要下去改造。外出任务、支援外地都不能够参加。

访问员：下放的话，每天要干点什么？

吴肇光：改造，跟农民在一起参加劳动。

访问员：您当时是怎么想的？因为本来是一个医生，后来被下放到农村去改造，跟原本的生活状态会有很大的不一样啊。

吴肇光：对，很大的区别。但是不是我一个人，很多人都是那样，同等的。在这儿的人也要下去改造，所以大家都一样的，也无所谓。而且作为医生下去，农民对我很好，很尊敬我，我当然也跟他们学习。所以我反而觉得在下边更太平、更安全、更开心。回来了，一天到晚要开会，斗得心里不舒畅。反而下边好，农民很客气，大家很融洽。

访问员：这样的时间持续了多久，一直到什么时候？

吴肇光：那个改造维持到20世纪70年代初，到1972年左右，跟日本建立关系的那年，算是解放了，可以回来了。回来了就被安排到贵州去帮忙抢救一个病人，不然的话不会叫我去的。

访问员：70年代和你们刚搬进去那会儿相比，您觉得枕流公寓有什么样的

吴肇光工作照

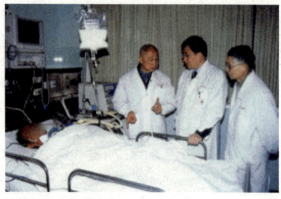
吴肇光在病房指导工作

变化？

吴肇光：都变了，很多人都不认识了。那个德国老太太也回国了，搬进来另外一家人家了。跟这家人接触还比较多，因为她是音乐学院弹钢琴的，我们家里都喜欢音乐，所以能够听她讲些东西，增加知识。

访问员：后来，五个子女都长大了，是什么时候陆陆续续搬出去的呢？

吴肇光：后来（中国）跟美国建交了，他们就回去了，他们出生在美国。

访问员：五个孩子都是在美国出生的吗？

吴肇光：四个是出生在美国的。

访问员：嗯嗯，还有一个是出生在哪儿的啊？

吴肇光：有一个是出生在上海的。

访问员：上海，是在枕流公寓里吗？

吴肇光：是在枕流公寓。那个时候正好"文化大革命"，我的夫人是所谓的"牛鬼蛇神"，劳动去了，改造去了，根本不在，我那时也要下乡。所以等于几个孩子自己在家里自生自灭，小的出生不久，靠大的带的。

访问员：最小的一个是几几年出生的？

吴肇光：1962年。长大了就走了，他们还下乡。

访问员：他们也下乡？

吴肇光：他们还要下乡。我大女儿到黑龙江的兵团去了，小女儿1994年到南京去了，我的大儿子到了江西插队，劳动去了。

访问员：他们后来是先回上海，再去了美国吗？

吴肇光：先是1978年大学开放了，他们就考回来了。大女儿考到上海医学院，二女儿考到外语学院（上海外国语学院），大儿子考的是江西医学院，小女儿考到一个专科学校去，小儿子还是小学生。基本上后来他们跟枕流公寓的关系不是那么密切了。

访问员：那等他们都离开之后，您和太太住在里面会觉得冷清吗？

吴肇光：也不见得觉得冷清，因为忙得够呛，也没有时间，回来已经精疲力尽了。反正家里不用吃饭的，这是最好的事情，能够休息就早点睡觉了，基本上天天这样连轴转。

访问员：一般家里也不开火灶吗？

吴肇光：基本上不开，单位里可以吃饭。

访问员：那家里只是一个睡觉的地方了。

吴肇光：家里开火灶也很烦的，又要买，又要弄，那个时候要是弄七个人吃的饭也够呛的，所以能够不开最好了。

凡为医者

访问员：您做外科医生是要动刀子的，会随时处在一种生死博弈的巨大压力下吗？

吴肇光：对，因为你责任更重了。

访问员：有没有一些在岗位上记忆深刻的事情可以回忆起来的呀？

吴肇光：总归天天都是紧张过日子，一个病人怎么样子，尤其是外科做了手术，都希望他不出事情，让他好，要是万一有点什么小波动，就很紧张。

访问员：我昨天看到，您这边创下了很多中国外科手术的纪录，也创造了很多新的技术。

吴肇光：那时候是刚刚回来，把国外的东西带过来，这边也在发展。后来跟别的国家建交了，更多人也派出去了，来来回回，我们的水平都慢慢上来了，所以大家就彼此彼此了。

访问员：您的夫人是几几年过世的？

吴肇光：我的夫人是1986年过世的。她是研究癌症的，自己却得了肠癌。去世前的最后一年，她也没停下来，把实验室搬到家里继续看病理切片，直到躺倒为止。

我觉得，我这个人有点特殊。这不仅表现在我的长相，一张酷肖外国人的脸。许多人以为我是欧美国家的学者，更主要的是我妈妈的那种北美欧洲人的生活方式、气质、习惯、感情和思维方式都深深地影响了我。而我自己，又在年轻的时候离开中国，在美国学习和生活了些年月，受到一套欧美的文化教育。我的性格、气质就与一般的中国知识分子有着很大的不同。但我是中国人，我回到祖国以后，始终按中国人的生活方式生活着、工作着，我热爱自己的祖国。

——摘自涂莲英口述
《不能忘却——纪念爱国教育家涂羽卿博士》

访问员：吴老，今年您已经96岁高龄了，为什么还会坚持每天来医院上班啊？

吴肇光：其实我很多年前已经退休了，但是名义上还作为终身教授在这儿。我觉得既然院方能够给我个办公室，我能够来，跟大家年轻人接触接触是个好事情，省得在家里没事情，天天看天花板。有时候跟他们交流交流，有什么需要帮忙的，我也可以做点力所能及的事情，反正工作量不会大的，他们很照顾的。本来还一直上台手术，做到2007年的时候，因为我的心脏病发了，要装起搏器了。装了起搏器以后，他们就不叫我了，尽量地不叫我。

访问员：您一辈子从事医学工作，对于衰老跟死亡，有怎么样的看法？

吴肇光：我觉得我们的传统观念需要改一改，比如说，人总归要去的，没有办法的，生老病死难免的。一个人要是病得实在到没法救治的时候，痛苦很大的时候，就不要再拼命给他强行地治疗，增加他本人的痛苦，也增加家属的压力。将病人本人作为主导，将疾病作为次要，对病人发自内心尊重，才能实现不断的超越。我们最近就有一个例子，他的孩子在国外，他病重了，不行了，也要等孩子回来见一面。不行了怎么办呢？就用药，不然他是挺不住的。他孩子来了，因为疫情还要隔离两个礼拜才能够放出来，所以到了上海也见不着他，他也等不到，所以最终没有见着。本身这些个强加的治疗，对他没有什么好处，增加他的痛苦。而且他儿子即使还能够见着他，也不一定认得他。过去的概念，就觉得应该要见一面。这个概念很深，看样子改不了的。

访问员：这个观点好像您从美国回来就提出了吧？对生命本身的尊重，要大于对这个疾病的关注。

吴肇光：有的病人很痛苦了，你何必把他硬拽在那儿。

访问员：但这个观念可能是国人根深蒂固的。

吴肇光：根深蒂固。

访问员：您中间有没有想过搬离枕流公寓啊？

吴肇光：没有考虑过，动一动都是伤筋动骨，吃不消。尤其是时间住得久，家里的东西越来越多，搬家实在受不了。

访问员：枕流公寓建于1930年，到现在差不多有90年的历史了。

1983年，吴肇光和夫人涂莲英摄于上海
（图片来源：《不能忘却——纪念爱国教育家涂羽卿博士》）

枕流公寓电梯厅通往大门口的楼梯

吴肇光：很多大名人都在里头住过的，周璇、乔奇、孙道临、傅全香，还有我们的女强人陈铁迪也在里头住过。

访问员：对，其中好几个名人其实和你们搬进来的时间差不多，都是在20世纪50年代陆陆续续搬进来的。

吴肇光：对，后来他们好多都走掉了，搬到别的地方去了。

访问员：是的，不过他们的后代有的还在里面。像乔奇的女儿，像傅全香的女儿，她们现在都还住在里面。

吴肇光：对。

访问员：你们这些老住户跟枕流公寓的缘分都已经超过了半个世纪，那么您觉得这个公寓楼对您个人或者您的家庭来说，它意味着什么？有什么特殊意义吗？

吴肇光：这等于是我的老家，我不是上海人，但是我把它当作我的老家了，因为半个世纪以上都在这儿了，等于是自己的老家了。

访问员：如果要您给枕流公寓带一句话的话，您会跟它说什么呀？它也像一个老人家了是吧？

吴肇光：对，希望它能够管理得更好。现在有楼组长，很关心我们。有时候我下了班回家，晚上还会到我家来看看。最早是范老师，范老师年纪大了换了吴永湄老师，她其实也不小了。不像过去，大家好像都彼此不来往是吧，现在比起过去不一样了。

访问员：好，今天的采访差不多了，谢谢吴老。

吴肇光：好的，不要谢。

12 陈尚方：住在周璇生活过的房子里

Chen Shangfang, Moved in 1959 – Residing in the house where Zhou Xuan once lived.

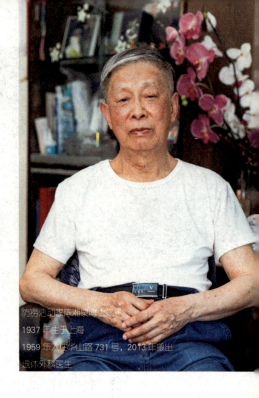

"主卧里面有一盏老式的顶灯，一根链条从天花上挂下来，下面吊着三个灯头。"

访谈日期：2023 年 5 月 29 日
访谈地点：普陀区白玉路家中
访问员：赵令宾
文字编辑：赵令宾、杨晓霞、汤开旸
拍摄：王柱

防痨活动家陈湘泉博士之子
1937 年生于上海
1959 年入住华山路 731 号，2013 年撤出
退休外科医生

这套房子本来是周璇住的

访问员：陈老师，您是几几年出生的？

陈尚方：我是1937年，全面抗战开始的时候。

访问员：嗯，出生在哪里呢？

陈尚方：就在上海，卢湾区（今黄浦区）复兴路祖父造的花园住宅里。

访问员：您能简单介绍下您的家庭情况吗？

陈尚方：我爸爸1933年从震旦大学医学院博士毕业后，带了我妈和大姐到法国，他在巴黎大学医学院进修骨外科。1937年回国后，他们在上海生下了我。1937年7月7日，卢沟桥事变，日本开始大规模侵略中国。不久，上海军民也和侵华日军打得十分激烈，伤兵大批大批撤下，各处医院人满为患。四行仓库八百壮士与日军浴血奋战，就发生在那个时期。我爸爸那时候与各方面协商，尤其是与原来上海一医（上海第一医学院）的颜福庆院长合作，在震旦大学校方的支持下，设立了上海伤兵医院。震旦大学的大礼堂被改为伤兵病房，住进了一百多名抗日伤兵。我爸爸义务担任院长，主持医疗和行政工作。伤兵的伙食也由我们家承担，因为我祖父有酒楼和酱园的产业，可以提供食物。抗战胜利后，我爸爸在上海市卫生局担任一部分行政工作。新中国成立后，鉴于那时候上海结核病很厉害，我爸爸创建了上海防痨协会，担任总干事。在政府和各方的支持下，各区相

应建立了区结防所，全市动员防治结核病。我爸爸还发明了"卡介苗划痕法"，用来代替原有的"卡介苗注射法"，因为更为有效，所以后来在全国推广了，对防治结核病起了很大的作用。他是1990年过世的，当时市卫生局领导特地来悼念致辞，认为他一生为国、为人民的健康，做出了奉献。

访问员：你爸爸很了不起啊。他的家境应该算是不错的吧？

陈尚方：我祖父还做房地产，但是日本人来了以后，我家在闸北（今静安区）的好多房子都被炸掉了。

访问员：你小时候住的房子是什么样子的？

陈尚方：是比较大的别墅，是祖父自己设计，请人建造的。"文革"的时候，这房子被政府使用了，最后落实政策，给了我另外两处小房子，分别在斜土路和蒙自路。

访问员：你们搬到枕流公寓是怎样一个过程呀？

陈尚方：在搬到枕流公寓之前，我们租住在茂名公寓。后来要给中央首长使用了，政府叫房管局解决我们的住房问题，他们就挑了几个地方让我们选。我们看下来觉得华山路比较安静，就选中了。像淮海路的房子，路上车子声音太大了，就没看中。政府人员很客气，搬家都是他们帮忙的。我们在枕流公寓的这套房子本来是周璇住的，她死后，电影局把它封了，一直没用。后来国家需要，电影局启封，直接分配给了我们。所以1959年搬进来的时候，那个房子的房门、橱门上，都贴满了电影局的封条。

周璇在枕流公寓家中阳台，摄于 1948 年（图片来源：中国嘉德）

访问员：您当时有一起去看房子吗？

陈尚方：我没去，姑妈去的。我在大学里上课，跑不出来。

访问员：这套房子算是国家直接分配的咯？你们是在枕流公寓的好几套房子里选了这套吗？

陈尚方：枕流公寓里就给我们看了现在的这一套，都是他们分配的，但是我们要付房租的。

访问员：当时房租是多少啊？

陈尚方：搬来时，房租是每月31块。那时我大学毕业当医生的工资也只有61块，医科工资还算高一点的。即使是复旦大学、同济大学工科毕业，做工程师的，那么也就每

周璇时期的两盏吊灯，
左为卧室内的吊灯，
右为走廊顶灯

走廊顶灯现状

个月五十八九块的样子。

　　访问员：那房租已经占掉当时工资的一半了。你们当时搬进去还需要交顶金吗？

　　陈尚方：不需要。

　　访问员：哦哦，可能是因为国家分配的。你们刚搬进去的时候还有周璇留下来的东西吗？

　　陈尚方：没有，就是一个空房子。

　　访问员：家具有吗？

　　陈尚方：什么东西都没有，就是空房子，都是封条。柜门开开来也都是空的，可能电影局都已经处理掉了。

　　访问员：是不是有她那个时代留下来的两盏灯啊？

　　陈尚方：主卧里面是有一盏老式的顶灯，一根链条从天花上挂下来，下面吊着三个灯头，现在没有了。现在应该就剩下入户门进来的那条走廊里的一盏小灯和客厅里的一个壁炉，是原来的样子。我们搬进来的时候，周璇已经过世了，所以也没见过她本人。

访问员：那有听说周璇的一些事情吗？

陈尚方：开始进去时，只知道这个房子是周璇住过的，其他都不知道。几年以前，周璇的一个侄女，从加拿大回来，知道这里本来是周璇的房子，她就想来看一下，那么我们就让她进来聊了几句。她二十几岁，说自己当时在隔壁上海戏剧学院念书，毕业后好像在中央电视台工作过。

访问员：叫什么名字？

陈尚方：她的名字我记不起来了。当时她还送了我们一本周璇的书。

访问员：您能讲一讲"枕流公寓"这个名字的由来吗？

陈尚方：本来是没有华山路这条路的，是一条弯弯曲曲的河，后来填河造路，所以华山路是弯弯曲曲的，像是河的形状。在还是河的时候，据说河里都是妖怪，他们想要成仙，就不断兴风作浪，所以河里的船时常要出事情。后来要造枕流公寓的时候，就希望把这些妖怪镇住，保得一方平安，就叫了"镇流公寓"。但是"镇"字不太好看，所以换了一个"枕"字。

访问员：这个说法的出处是哪里呢？是听家里人或者邻居说的吗？还是在什么书上看到的呀？

陈尚方：这是听其他房客说的，不知真假。

访问员：您住进去的时候，看得到河的遗迹吗？

陈尚方：河已经没有了，都是一条路了。那时叫海格路，后来叫华山路。我们这边是法租界，马路对面是华界。从731号大门出去，马路对面是个大花园。一直到20世纪八九十年代，大花园变成了一个酒精厂，所以当时开窗都是很浓的酒精味。后来，酒精厂搬掉了，热水瓶厂也搬掉了，造了宾馆、高级住房。所以变迁还是比较大的。

访问员：是的，那你们1959年刚搬进来的时候，您对海格路还有印象吗？是什么样子的？

陈尚方：这条马路基本上都是住宅区，没有什么商店，所以买东西不太方便。但是江苏路那边有小菜场。后来江苏路要拓宽，小贩都赶掉了，我们买菜就要到武康路去。海格路另外一边再过去就是华山医院，当时也是有的。

访问员：枕流公寓旁边的中国福利会儿童艺术剧院当时有吗？

陈尚方：这个有的。

华山路上，由原来的汽车间改成的小商店

访问员：儿童剧院边上应该就是枕流公寓的汽车间，当时是什么样的？

陈尚方：汽车间？好像没有印象。

访问员：以前699号大楼旁边，靠马路的位置，应该有栋两层楼的小房子。

陈尚方：大楼沿马路一侧倒是有几间汽车间，我们来的时候，都拉着铁门，原本应当是给租户用的。租户住在上面，下面有汽车间。现在都租出去开了商店了。

三大间里的六七口人

访问员：从731号大门进来，那个门厅您还有印象吗？刚搬进去的时候是什么样子的？

陈尚方：刚进去的时候，上面是西班牙式的挂灯，每层扶梯上都有一个，后来都拆掉了。七楼顶层的位置有个玻璃顶，面积不大，也是西班牙式的，光可以从上面射下来，照亮整个楼梯。

访问员：原来这样，我们好像没有留意到有玻璃顶。你们有上过七楼出去的那个天台吗？

陈尚方：有的，有个平台。本来比较干净，大家可以走走。731号和699号的天台是通的。假使万一有火警或者出什么意外，比如电梯坏了，大家可以互相联通的。

访问员：是的。那对当时的电梯有印象吗？

陈尚方：电梯是老式的，一扇玻璃门可以往一边拉开来，玻璃是透明的，里面都看得见的。轿厢是实木的，铜的栏杆，里面有一面大镜子。那时候有电梯的公寓不多。后来时间长了，电梯老化了，就换成国产的了。

访问员：那731号以前有电梯工开电梯吗？

陈尚方：有的，那时候电梯是人工开的，不是自动按电钮可以上来的。本来是两个老太太轮着开，她们一直坐在里面，不跑开的。后来老年职工退休了，改为年轻的电梯工。731号户数少，每层只有两户，一般只有二层以上才会乘电梯。

访问员：你们住在楼上的，如果想要下楼要怎么让电梯工知道呀？

陈尚方：揿铃。

访问员：哪里有个铃让你们揿啊？是电梯里的铃吗？

陈尚方：每层电梯旁边的墙上都有一个按钮，揿一下，楼下的电梯工就知道几楼的住户要坐电梯下去。

访问员：那么从电梯出来之后，到自己家门口的这个门厅您还记得吗？是什么样的？

陈尚方：和现在的差不多，就是上面挂的西班牙式吊灯没有了。结构还是一样的，扶梯也没什么变化。

访问员：你们住的这个单位是几大间啊？

陈尚方：三间。

访问员：你们多少人搬进去的？

陈尚方：六七个人，我姑妈比较多。我八个月大的时候，母亲得伤寒症，1937年的时候抗生素还没有发明，她是在广慈医院（现瑞金医院）里去世的。我的几个姑妈都没结婚，就把我当儿子抚养，把我从婴儿照顾到长大成人。一个姑母是音专（现为上海音乐学院）毕业的，教我钢琴，一个姑妈教我英文，还有一个姑妈教我法文。所以人家讲："你是三房合一子。"家里还有个老祖母，她特别喜欢我，因为我是她的长孙。所以姑妈加上老祖母，就有六七个人了，住进去还是很挤的，只有三间房间嘛。

访问员：那三大间怎么分配呢？

陈尚方：当中的一间做Common Room（会客室）。原来的饭厅就变成卧室了，挤得很。我们那个房子，客厅和饭厅当中是没有门的，只有一个门框，实际上就是一个很长的大间。

访问员：你们搬进去之前有装修吗？

陈尚方：没有。我们进去得比较仓促，就稍微油漆了一下，其他东西都没有动。本来有很小的蒸汽水汀，热度非常高，后来听说中央需要上海的水汀，因为那时候中国自己不大会造水汀，就把枕流公寓里的水汀都拆出去了。

访问员：你们用过那个水汀吗？

陈尚方：用过几次。

访问员：它的原理是怎样的？

陈尚方：地下室有锅炉房的，烧了以后整个房子都有暖气，家里只要把开关打开，蒸汽水汀就热了。每家好像是要付一点暖气费的。后来，国家困难了，只有调试的时候能用，一年也就那么几次。

访问员：那您是睡在哪个房间啊？

陈尚方：祖母安排我睡在有卫生间的那个房间里。

访问员：那应该就是原来的卧室吧？枕流公寓的卧室一般都有卫生间的吧。

陈尚方：有的，731号都有的，699号就不一定了。

访问员：你们有几个卫生间？

陈尚方：只有一个卫生间。

访问员：那所有人上厕所就要穿过房间到里面去上了。

陈尚方：是的，所以姑妈们以前很不方便。2003年改造的时候，就再造了一个卫生室，还装了热水器。

访问员：那您的房间是朝南还是朝北的？

陈尚方：朝东南，朝向花园的。

访问员：还有谁跟您一起住这间呀？应该有的吧？

陈尚方：那时候我跟老祖母一起住。

访问员：您跟祖母是睡在同一张大床上还是一人放一张小床啊？

陈尚方：房间里有两张柚木的单人床，都是我祖父时期请人定制的，还有一个床边柜和梳妆台。

访问员：那个卫生间是什么样子的？有印象吗？

陈尚方：卫生间有一个大大的浴缸，因为枕流公寓本来住的大多是外国人，他们身材比较长。一个马桶和一个很小的面盆只能放在两个角落里，所以洗脸、上厕所不太方便，只有很窄的一块地方。

访问员：你们家里住的人多，六七个人早上起来同时用这个洗手间要怎么协调呢？

陈尚方：分开时间洗。要早上班的先洗，洗好了之后，下一个再洗。那时候不像现在有热水器，热水都是事先烧好冲到热水瓶里，需要热水了再倒一点出来使用。

访问员：洗澡怎么洗呢？

陈尚方：烧一锅水，弄一个热水瓶，水也不是太多，没有办法太多。

访问员：那以前洗澡的频率呢？

陈尚方：不高的，热天还可以，冷天比较不方便，每个人都要热水。家里人多，五六个热水瓶，每个人烧一瓶，都不够用，就马马虎虎洗一洗。

访问员：对啊，家里这么多人，洗澡也要排队了。

陈尚方：热水烧好还要捂起来，不要让它冷掉。

访问员：怎么捂啊？

陈尚方：做个棉花的捂窝，把热水壶或者锅子放进去，上面盖个棉花的盖子。洗到一半，再加一点。

访问员：洗个澡，阵仗还蛮大的。

陈尚方：哎，那时候洗个澡不太容易。

访问员：是的。厨房间呢？你们刚进去的时候是什么样子的？

陈尚方：厨房间还是比较大的。煤气灶是我们自己搬进去的，是原本在茂名路家里用的那个，下面是烘箱，上面有四个煤气头，当时是比较少的。

访问员：煤气灶是你们自己搬进去的吗？以前枕流公寓没有自带的啊？

陈尚方：本来的也不知道是什么样子的，我记不得了。反正煤气灶是我们从茂名路搬去的，因为那套房子里的设施都是我们买下来的，所以煤气灶是可以搬走的，假使是租的就不行了。

访问员：那吃饭在哪里吃呢？

陈尚方：饭桌是放在会客室的，挤一下。因为房间里六七张床一放，已经没有地方了。

访问员：当时搬到枕流公寓的时候，您已经有二十几岁了吧？

陈尚方：对。

访问员：在读大学吗？

陈尚方：在读大学，还没毕业。

访问员：那您每天的生活状况是怎样的？

陈尚方：一早起来，踏着自行车到医院去实习临床。那时候在教学改革，本来到四年级才实习，我们三年级就实习了。总共实习两年，所以到做临床时，已经比较熟悉了。

访问员：您读的是哪家大学？

陈尚方：上海第二医科大学，在重庆路上。新中国成立前叫震旦大学医学院，法国人办的。我中学也是在震旦，念好以后参加全国统考，再到它的大学部去。

访问员：做实习医生忙吗？

陈尚方：忙！忙到我退休。我们早上7:30一定要到医院了，和晚班的同事交班。交好班以后要查病房，查好病房要给病人换药。换好药以后，马上去做手术，一天要做好几个手术，做好已经下午三四点钟了。从手术台上下来，要把整个手术的情况记录好，再去看一遍开过刀的病人，有时候还有急诊病人需要处理。假使这一天的情况都正常，那么到五六点钟下班。一般是不能准时下班的，总是很晚的。如果轮到值班，那么早上7:30去，到第二天的下午两三点钟才能出来，晚上基本是没有睡觉了。不断地会有病人来看急诊，有时半夜里还要做手术。

访问员：这样听起来，好像回到枕流公寓的时间也不是很多。

陈尚方：不多的，在医院里的时间更多些吧。

老一辈是这样教我的

访问员：平时和邻居走动吗？您跟731号哪几家比较熟啊？

陈尚方：和吴肇光医生比较熟的。还有的邻居，碰到身体出毛病了，也会来找我。

访问员：吴老一家其实搬入的年份跟你们挺相近的，就比你们晚一点点。您对他们的印象怎么样？他们当时应该从美国刚回来没多久。

陈尚方：他们都是非常正派的人，没什么架子，工作、做人都认认真真地。吴医生是外科医生，他妻子叫涂莲英，是肿瘤医院的。他们在"文革"中受了很大的冲击，但也没什么怨言，还是认真工作。他夫人后来据说是得了肠癌，有时候越是自己人，越容易疏忽。她知道自己不行了，还是非常乐观的，老是为吴医生着想，这种忘我精神是不容易的。我们说舍己为人，她一生都是这样做人的，吴医生也是。

我们老一辈的老师都是这样教我们的，我觉得很荣幸有这么多好老师教过我。比如说给病人看病，要问他们哪里不舒服，等他讲完以后，我们要仔细地检查。需要时再做化验，开的化验单要有的放矢，要真心为病人服务的。有些老师不是直接教我，而是我在接触的过程中发现，他们是这样给人看病的。有的病人开了刀以后没有钱，出不了院，老师在查房的时候，就悄悄地把一个信封放在他的枕头下面。等他出院的时候，发现有一个信封，打开一看，正好是他要付的这么多住院费。他想来想去没有其他人，最近就是这个教授来看过他一次，他就去问教授，但教授也不承认，说："你好了就好了。"所以我们作为学生，也都这样做。

有一次，一个胆囊病人需要开刀，我叫他住院，他一听要几千块钱的住院费，吓死了，不肯住。但是不做手术是要穿孔的，我就建议他到急诊室去挂水，他也不肯，因为没有钱。后来，我终于说服他了，还给他付了钱，把他放在急诊室去，因为急诊室的观察费是很便宜的。每天下班以后，我就到急诊室去看他。三天以后，他好多了，说要回家。我说：还没有痊愈，不能回家，现在回家还要发作的，再用三天的药。他不肯，我知道他主要还是因为经费问题。我又帮他付掉了，让他再巩固几天。我信天主教，我们有一个政府批准的协会，里面有七百多个会员，好多都是医生、护士。我们老是出去巡回医疗、免费治疗、免费检查、免费做B超，有问题的收到各个医院去。我们这个团队，这么多年来，义诊看了几十万人。

访问员：听说您的姑姑是修女，是吗？会受到她们的影响吗？

陈尚方：我有一个最年轻的姑妈是修女。我们一家世世代代都是信奉天主教的，四五百年了，家里出过神父、主教、副主教。佘山有个大教堂，建造的时候需要募捐，我们家捐了一部分。广慈医院里有个外科大楼，造的时候我祖父捐地、捐款。我们不单捐给教会，也捐给解放军。解放战争时，解放军伤兵很多。那时候抗生素很紧张，他们到上海来买，但上海还在国民党的控制中，所以他们要秘密地买。当时买抗生素，又要有钱，又要有渠道。我爸爸是干医务工作的，他在卫生局里面有一定的职务，爸爸捐了十根金条给地下党员，让他们去买。上海解放以后，周总理派人到我们家里来，他说："谢谢你们，你们送的东西收到了，我们买的药品都给伤兵用上了。"那时候要帮地下党是很危险的，如果给国民党知道了是要抓进去的。因为爸爸有好朋友是地下党员，来请他帮个忙，那么他就帮了这个忙。抗美援朝的时候，医疗仪器短缺。我爸爸从国外回来，本来是想开私人诊所的，他从国外带回了X光机、理疗机、开刀手术器材等。后来，医院没开成，去做行政工作了，所以他就把这些设备统统捐到朝鲜的战地医院去了。

我爸爸一生都没有领过工资，都是义务劳动。法国巴黎大学进修好回来以后，抗日战争开始，日本人来了，一定要他出去工作，爸爸坚决不去，出去就变成"汉奸"了。他创立的上海防痨协会，他是里面的领导，下面管了十几个医院，包括肺科医院、胸科医院等。里边的设备、椅子、凳子、沙发，好多都是家里搬去的。1958年，政府说医院要卫生局统一管理，不属于民间组织管。那么我爸爸把医院上交给政府，但是结核病的治疗、业务的指导还是我爸爸负责。我当时工资61块，我爸爸的工资是政府定的，有三百块左右，因为他是市一级的干部。但是，他把工资放在单位的工会里面，从来不拿。哪个职工有困难，工会就把这些钱发给他作为补助。

访问员：很不容易的。

陈尚方：因为爸爸从来不把财物看得很重，他说救人性命更要紧。

访问员：这是相当大的贡献啊。所以这个精神也带到了枕流公寓里面，邻居有需要帮助的时候，您也是义务地去帮忙。在吴肇光夫人涂莲英最后的日子里，您还帮她做过一个坐便器是吗？

陈尚方：因为病人或者年纪大的人坐在有扶手的椅子上会稳一点，单单一个凳子是要倒下来的。那么我家里椅子很多，我就拿了一张，把下面有坐垫的地方拿掉，再找来一块木板，木板中间挖个洞，下面放个面盆，做成一个简易的坐便器，放到她的床边，这样她就不用跑到卫生间去了。这种坐便器现在药房都能买到，那时候上海是买不到的，那么我恰巧能做，就帮她做了一个。她后期只能躺在床上，但她从来不讲痛，不讲自己苦，老是叫我们关心她的老先生。她想的是别人，不是想自己。

访问员：您和傅全香一家熟吗？

陈尚方：比较熟悉，她和她爱人有什么不舒服，或者伤口要换药，到医院去不方便，我就去帮帮忙，反正楼上楼下也方便。有一次，我和她爱人正在聊天，突然他不讲话了。我一搭脉搏，发现不对，再一听心跳，他心跳停止了。我马上给他做人工呼吸、做心脏叩击，把他的心跳恢复过来。恢复了以后，再送他到医院，就明显好转了。后来第二次，他心跳又停止了，等到他女儿发觉了来叫我的时候，已经来不及了。他们家有一只猫，这猫他非常喜欢的，它也认得我，平时在家到处跑，在窗口跳上跳下的。傅全香的爱人过世后，它大概知道老先生不在了，那天一跳，从窗口跳出去，跌下来摔死了。猫是有灵性的，它大概知道家里发生了什么事。

访问员：是的，动物是有灵性的。他那时候在写平反的材料，可能情绪比较波动。

陈尚方："文革"的时候，枕流公寓里的知识分子基本上都是受到冲击的，我也是。因为我生在复兴路上的大房子里，那房子是祖父造的。我八个月的时候，母亲死了。我的祖父特别喜欢我，因为我是长孙，另外也可能因为我从小没妈。在我五岁的时候，祖父临死之前，他怕我长大之后受伤害，就把这个房子直接写成了我的名字。我那时候还小，不懂，也不知道。"文革"的时候，这事就被打听出来了，但这个房子早在1956年就不是我们的了，但单位的造反派还是硬

华山路 731 号东南侧外立面　　　　　　　　　　　　　　　　　华山路 731 号主楼梯

给我扣了一个资本家的帽子。工资从61块扣成了19块，我家里还有六七个人啊，也要过日子。

　　我有一个好朋友，和我一样年龄，住在我家附近。有一次，我姑妈碰到他了，就问："××人啊，你现在几年级啦？"他说："今年初中毕业了。""到什么地方念书啊？"他说不念书了。"为什么不念？你功课好吗？""好的。""第几名啊？""第一名。""那为什么不读？"他说没有钱。因为前面九年是义务制教育，不要钱的。我姑妈说："那你去念吧，学费我来出。"所以我姑妈资助他念到高中毕业。我们那时候读大学是不要钱的，他考试录取了，就能读大学了。"文革"的时候，他分配在四川工作。那个时候，我可以说是身无分文。某天晚上回家，我们还不知道全家人明天早上能吃什么。突然有人敲门，是邮递员，送来了一张银行汇款单。我的这位朋友听说我家里现在非常困难，就把自己一个月的工资寄来了。每次感觉没有办法了，总有人来帮我的忙。

　　访问员：雪中送炭了。

　　陈尚方：当时我爸还在，他们除了找我问情况，还会到我爸那边去问。

　　访问员：你们搬到枕流公寓时，爸爸没有一起搬过来吗？

　　陈尚方：爸爸住在五原路。他本来也是和我们一起住在茂名公寓里的，现在这个地方已经变成锦江饭店的一部分了。"文革"的时候，他搬到原住所对面五原路的阁楼里去了。因为他是单位里所谓的"当权派"，分配到嘉定的农村劳动。等到"四人帮"打倒了，一切都恢复正常了。他一生为国家工作，没有抱怨、也没有计较个人的得失。

访问员：您父亲叫什么名字？

陈尚方：叫陈湘泉。瑞金医院原院长傅培彬医生，他是我爸爸的老朋友，他们一起在国外学医的。他是非常有名的专家，享受国务院津贴的。"文革"的时候，他也被打倒了，不做院长，转做住院医生了，经常到我医院里来，指导我做手术。有的手术我没有做过，他就手把手教我怎么做。

陈尚方："文革"让我体会到了底层的生活，但是我觉得一点不后悔。对我来说，有两个感悟。第一，我知道了什么是穷人，什么叫需要。所以我对我的病人，特别是低保户，没有钱的，我特别同情他们。他们生病，我就要拼命地把他们救活。我要把病人的钱用在刀口上。他们一般不大看病，对抗生素都没什么耐药性，所以有时候很便宜的药，就能把他们治好。救活了一个人，我心里就很高兴，我增加了对他们的同理心和爱心。

访问员：这是一种很乐观的心态啊，刚刚说有两个感悟，一个是让您对穷人的处境感同身受，还有一个感悟是什么呢？

陈尚方：感受到人生的意义。有一次，一个病人肛门旁边长了一个肉瘤，肉瘤有时比癌的恶化度更高。为了尽可能地解决问题，必须大范围地切除，甚至连他的肛门都要切掉，做人工肛门。但是臀部组织大面积切除之后，他就不能坐了，以后的生活就完蛋了。当时全上海只有肿瘤医院有一台对症的进口治疗机器，叫直线加速器，但是病人登记排队已经排到了两年后，我知道这个病人一定要尽快用上这台机器才能活命。我就找了肿瘤医院的一位教授，让他帮这个忙，救治了这位病人。

还有一次，碰到一个小青年，搞买卖的，赚了六七十万，后来老是吸毒，把钱都用光了。用光了以后，老是到我们急诊间打朴冷丁。一开始，医生是给他打的，后来看到他老是来，怀疑他杜冷丁成瘾，就换成了其他药水。他能感觉得出，发现不是杜冷丁，生气了，"砰"一声，把玻璃门都敲碎了。他在内科急诊吃了闭门羹，就转来看我的外科。我问他病史，问到一半，他突然要吐，捂着嘴巴到厕所去了。我跟进去，看到他的呕吐物里有血水。假使是装病，血水是装不出的。但到底是食道有问题，还是胃的问题，就不好说了，我就把他收去住院。人家都劝我，这是个烫手山芋，看不好的。如果帮他开刀，他脾气又大，我们病房是要倒霉的。但我还是决定给他开。开刀一看，是胃癌，已经侵犯到胰腺了，所以他痛得不得了，要靠吸毒止痛。手术后恢复期，他一剂止痛针都没打，他说这点痛一点也不稀奇。我交代他妈妈：癌症晚期，手术不能完全解决，但至少现在胃出血解决了，胃梗阻解决了，痛苦减轻了，再好多活半年吧，我能做的就是这些。他们虽然和我非亲非故，但我只希望他们好，每一个病人都是一样。

访问员：您自己经历的这次苦难，走出来了，就好像凤凰涅槃一样，再为别人创造重生的机会。您觉得这个反而是"文革"给到自己的一个很大的正面启示。

陈尚方：是的。所以人生一世，不是为了物质享受和拥有，而是以心体心，以爱心关怀别人，这才是人生的意义所在。这两年退休后，我和太太去旅游，我们总会习惯随身带一点药，如治感冒、治腹泻、治胃痛的药。路上有人发烧了、尿路感染了、腰痛了，外科我看，内科我太太看，都解决了。后来，我们俩就成为随队的义务医生了，感觉给人看病就是我们的责任，习惯了。

访问员：您跟范瑞娟老师熟吗？

陈尚方：不熟，但是我知道她，因为她很有名嘛。她住699号的，跟傅全香是搭档，都是文艺界的。范瑞娟是人大代表。后来，我也当选了上海市人大代表，我们在市人大分配在同一个小组里。我一连做了三届，直到我退休。那时去开会，我会碰到范瑞娟。我觉得她是一个非常正直的人，令人钦佩。

枕流公寓里的半辈子

访问员：你们住在枕流公寓的这段时期里，有没有做一些改造和翻新啊？

陈尚方：改造是后面几年的事了。"文革"的时候，经济比较困难。到20世纪70年代，好像是1973年，国家要保护文物建筑，房管部门统一来整修了一下。把钢窗都拿下来，重新纠正一下，玻璃坏了的把玻璃配好，大修了几个月，基本上都在室外。

访问员：那么除了国家的修缮，你们自己有没有改造室内啊？

陈尚方：改造过两次。

访问员：怎么改造呢？

陈尚方：大概是2003年，我把大的浴缸拆掉，换了一个小一点的浴缸，洗手间的空间就觉得大了。

访问员：只改造了一个浴缸吗？

陈尚方：其他地方稍微修了一修，墙壁漏水的地方涂了防水层，窗户修理一下。就是什么地方坏了，修理什么地方，房子的结构几十年没有变过。

2003年，家里的饭厅兼书房

2003年，新做的书橱和会客室

访问员：后来，房间的分配有什么变化吗？原来您是和祖母住一间的嘛。

陈尚方：1969年，老祖母病故了，主卧只有我一个人住了。其他的房间差不多恢复了原来的功能。一个做会客室，一个做饭厅，再加放了一张写字台，兼书房的功能。这两个房间本来是通的，我把它一隔二，中间做了一个壁橱。这样，我的几百本书就都能放进去，方便使用。再后来，姑妈一个一个都去世了。当留下最后一个姑妈的时候，我就和她换了一下房间。因为主卧有房门，可以关起来，我就给她装了一个空调，她生着病，能舒服一点。也是因为经济条件的关系，不可能每个房间都装空调嘛，就装了一间。到2001年的时候，最后一位姑妈也年迈过世了。

访问员：饭厅和会客室中间的壁橱是什么时候弄的啊？

陈尚方：也是2003年。因为我的书实在太多了，中文的、外文的，医学的、宗教的，放了几大箱，所以我就到家具厂定做了一个书橱。

访问员：但是总体的格局还是没有变化哈？

陈尚方：总体的格局还是老样子。我们搬出去之后，房子租给一个外国人，他说要稍微改造一下，我就答应了。谁知他来了个大改造，把东西都拆掉了，浴缸也改成淋浴室了，还自说自话做起二房东。我知道了之后，通过法律途径才让他离开的。

访问员：你们是几几年搬走的啊？

陈尚方：2013年吧。

访问员：当时是因为什么呢？

陈尚方：我爱人跌跤把跟腱弄断了，做了跟腱修补连接术，还包了石膏，要坐轮椅。每次出门，从枕流公寓的电梯下来，还有好几级楼梯，轮椅扛上扛下太吃力了。

访问员：搬家那天还有印象吗？

陈尚方：那倒没有什么印象了，枕流公寓的东西我基本上都没怎么搬来。邻居看得上的，就送给他们了，还有的给了收旧货、收家电的。

访问员：现在跟枕流公寓的邻居还有联系吗？

陈尚方：联系得比较少，有时候到枕流公寓会碰到，碰到了就很开心嘛。

访问员：都是731号的吗？

陈尚方：嗯，是的。最近，大门要换成人脸识别系统了，以前都是拉磁卡的。所以居委会就通知我们去拍照，大家排队做认证，那么我们就又碰头了。

访问员：大家又可以叙旧了，邻居们见到你们应该也蛮开心的。到最后一个问题啦，枕流公寓是1930年建的，你们是1959年搬进去，2013年搬出来的，其实在里面住了半个多世纪啦。枕流公寓也快100岁了。您觉得在枕流公寓住的这半个多世纪，对您个人或者是对您的家庭来讲，有什么特殊的意义吗？

陈尚方：我一半的人生都是在那边度过的，很有亲切的感觉。房子面积虽然小一点，开始的时候我们人多，挺挤的，但是大家还是很和睦的。和邻居虽然交往不多，但是和交往着的人家关系都不错，人和人之间基本上都能相互帮助。

访问员：嗯，您搬进去的时候是二十几岁，大学马上要毕业了，搬出来的时候，是不是已经退休了？

陈尚方：是的，已经退休了。我1997年退休的。虽然我在医院待的时间比在家里的多，但我整个生命最重要的这段时间都在这里边。改革开放以后，国家进步了不少，现在看看国内每个地方建设得都好，公路也好、火车也好。最近几年，我到国外去了好多次，也去了好几个国家，还是觉得中国好。谢谢你们今天来访问我。

访问员：也谢谢陈老师，今天和我们分享了这么多！

13　叶新建：父辈们都在这儿生活，又从这儿离开

Ye Xinjian, Moved in 1959 –The elder generations lived and bid their farewells in this place.

"他经常带我们出去玩、看电影。出差回来总不会忘记给我们带点玩具。五个孩子都有份的，谁的都落不下。"

访谈日期：2020 年 11 月 10 日
访谈地点：华山路 699 号家中
访问员：赵今宾
文字编辑：赵今宾、倪蔚青
拍摄：王柱

文艺理论家叶以群次子
1953 年生于上海
1959 年入住华山路 699 号
上海市文联退休职工

1959年的冬天，我们全家都搬过来了

访问员：叶老师，您是在这边出生的吗？是土生土长的上海人吗？

叶新建：是土生土长的上海人，但不是在这儿出生的。

访问员：那是在哪里？

叶新建：我的出生地是在复兴西路的玫瑰别墅。

访问员：您是几几年出生的？

叶新建：1953年。

访问员：后来是几几年搬到这里来的？

叶新建：1959年的冬天。当时这儿的住户是周而复同志，后来因为他奉调到北京去工作了，这个房子就让给我们家了，我们就从玫瑰别墅搬过来了。

访问员：您知道爸妈当时为什么选择搬到这里吗？

叶新建：就是因为周而复邀请他们过来的。

访问员：是邀请的吗？

叶新建：对，周而复走了，这个房子就空出来了。那个时候房子都是上面给的，机管局分配的。那时有个说法，好像是周而复说的，是他自己花钱顶下来的，他走了就可以把这个房子指定给谁，他就给我父亲了。没其他原因的，就因为他们关系特别好，20世纪30年代就在一起工作了。然后我们就这样过来了，一

直到现在。我那时候很小，还没有上学。

访问员：当年搬过来的时候您才五六岁吧？

叶新建：对，五六岁，还没上小学，差一年才上小学。

访问员：有没有给周而复先生买这个房子的钱？

叶新建：没有。

访问员：交租金呢？

叶新建：那个时候租金也便宜，而且大概还有补贴的，二十来块，到后来就三十来块。三十几块的租金一直维持到我母亲去世。

访问员：当时你们家是多少人搬到这里来的？

叶新建：我们全家都搬过来了。

访问员：几口人呢？

叶新建：父母、姨婆，还有我们，那个时候五个孩子都有了，八个人一起搬过来。整个里面这一套都是我们的，这里就是原来的客厅。

访问员：那大家是怎么分配这个空间的呢？

叶新建：这个是客厅，兼我父亲写作、工作的地方。对面那个屋子是餐厅。里边两个是卧室，一个是主卧，是我父母的，另外一个是我们小孩子的。五个小孩分不过来，这里也放了两个孩子。大家分散开来的，其实也不宽裕啊，空间挺紧张的。

访问员：您当时是住在哪个房间？

叶新建：小孩的房间。

访问员：你们是怎么睡的？是上下铺吗？

叶新建：不是，好像是单人床，小铁床。

访问员：刚搬过来的时候，整个房间就是这样的装修吗？

叶新建：对，没动过。那个时候没有搞装修这个概念，原来怎么样就是怎么样。它原来这个墙面都是油漆的，不像现在是这种粉的墙面。

访问员：那是后来你们粉过一下的吗？

叶新建：对，粉过的，也就是1985年以后吧。我们家基本上是没有搞过什么装修。

访问员：那家具呢？

叶新建：新的也没有。

访问员：你们刚搬来的时候，是什么情况？

叶新建：他家具全部搬走了。

访问员：那你们进来应该是一个空的房子。

叶新建：空的，基本上是空的。

访问员：那么家具是后来再添置的？

叶新建：有的添置的，有的是原来有的。现在有些家具都没有了，放不下了。只有这个书橱是原装的，原先我爸爸在的时候就有。这些橱都是老的。

访问员：那么这个房间的格局是一个客厅，一个饭厅，两个睡房，一个洗手间？

叶新建：两个洗手间。两个卧室就是两个洗手间。

访问员：在当时来讲，条件是很不错的了。

叶新建：对，是很不错的了。

一个锅炉房，三台大锅炉

访问员：刚搬来的时候您是在读幼儿园吧？是在这附近的幼儿园吗？

叶新建：在陕西南路延安路路口那儿，就是原先老的儿艺剧场（中国福利会儿童艺术剧场）的地方，在马勒别墅对面，是机关幼儿园。托儿所是在隔壁，福利会幼儿园。这我倒有点印象。

访问员：每天是怎么上下学的？父母去接吗？

叶新建：没有现在那么好的条件，我父母都上班的，有时候外婆送过去。幼儿园的时候一般都是三轮车接送，家里不跑那么远的。

访问员：就包给一个车夫吗？

叶新建：不是单独接送的，附近几个小朋友一起的。那个三轮车都有围栏围起来，上面有顶棚，风吹下雨都不要紧。一车能拉七八个小朋友，一起过去，放学了再一起回来。

访问员：这有点像现在的校车，只是以前是人力骑的，现在变成了电动的。

叶新建：以前这个叫黄鱼车。

访问员：就是一个人在踩踏的那种吧？

叶新建：对，人在踩的。

访问员：那后来小学在哪里读的呢？

叶新建：小学就在隔壁，现在华山美校（华山美术职业学校）那里，那个时候叫华二小学(华山路第二小学)。我搬到这里第二年就去小学了。那个时候小学是五年制的，所以我算起来是早读书一年，我初中是68届，其实要真按时间算的话，我是69届的。

访问员：您还能想起来小时候在这里每天的生活是什么样的吗？比如说早上起来干点什么？

姨婆带着孩子们在花园里

叶新建：如果不上学的话，成天就是跟小朋友们在花园里玩呀，调皮呀！

访问员：玩些什么呢？

叶新建：随便玩。我们好像讲不出到底玩些什么。

访问员：您上次说过会踢足球的是吧？

叶新建：有，踢球。还有……还有对战。有泥嘛，你扔过去，他扔过来。就这么点事。原来花园环境很好的，不像现在这么拥挤，那个时候很开阔的，没那么多东西。而且那个时候，这里很多名人，有的孩子也不出来玩。看情况的，小孩子很随意的，碰到了就在一起玩，没有说一定要在一起玩的。

访问员：会去其他小朋友家里串门吗？

叶新建：有，也有。不过不多。

访问员：一楼就住着你的同学吧？

叶新建：对对，那个经常串门。原先二楼也有一家，现在不在了，他家爸妈都不在了。隔壁731号也有几家比较要好的。

访问员：你们玩的游戏，包括踢球、玩泥巴，还有啥啊？

叶新建：这个具体的我倒是记不起来了，还有在一起锻炼身体。

访问员：你们会一起到地下室的游泳池去玩吗？

叶新建：那个游泳池我们没见过。

访问员：从来没见过？

叶新建：没见过。我只见过锅炉房，就在我们这个楼的地底下，三台大锅炉。原来我们进来的时候，这里都有热水汀的，现在都拆掉了。那是一九五几年的时候，我们还用过热水。

访问员：水龙头一开就是热水吗？

叶新建：对，有热水的，锅炉房在工作嘛，暖气也有。到后期就没有了，时间不长的。搬进来没过多久就没了。

访问员：所以20世纪50年代刚来的时候，还享受着20世纪30年代刚建造时候的这些高档设施哈？

叶新建：对，可能也就是"大跃进"前吧，那个时候还有一点。

访问员：除了刚才说的锅炉房、热水汀，还有没有其他的一些配套呀？比如说电梯啊这种的，也是当时比较先进的吧？

叶新建：当时的电梯比现在的大，就在原来的位置，而且那个门不是封闭的，是那种铁栅栏的门，可以横向折叠拉开来的。开电梯的是里面一个手把，左右两头开的，左边上去，右边下来，手动的，不是自动的，挺有意思的。而且轿厢比现在大，现在太小了，连一部自行车都放不下，以前自行车是很稳地就放进去了。

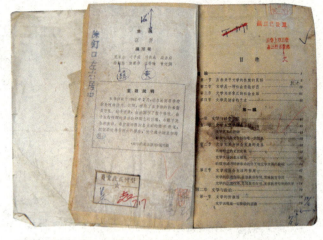

《文学的基本原理》校验版，叶以群主编
该书于 1963 年出版，作为全国高校文科试用教材

我的父亲叶以群

访问员：搬过来的时候，您的父母当时是从事什么工作的？他们在哪里上班？

叶新建：我父亲在作家协会。再早几年，在中苏友协，就是在中苏友好大厦那里。

访问员：是现在的上海展览中心吗？

叶新建：对，他在中苏友协有职务。他干过很多工作，上海刚刚解放的时候，他是上影厂的副厂长，所以他跟电影界挺熟的。后来就到作家协会，到文联，一直到最后。

访问员：正好谈到父亲了，那么我们现在就聊一聊叶以群先生吧。

叶新建：好的。

访问员：看到叶以群先生的生平，他是在东京读的大学啊？

叶新建：对。

访问员：读的是经济学的专业？

叶新建：对，完全不搭界的。

访问员：哈哈，因为我们了解他是一位文艺理论家嘛，写过很多著作，也创办了不少有影响力的刊物。所以看到他的大学专业时还挺惊讶的，就好奇问一问，这个您了解吗？

叶新建：这个详细的不太清楚，他在东京读大学的时候，接触到了不少日本左翼和苏联文艺理论的作品，后来一步步接近并加入了革命团队。

访问员：他有没有跟你们说起过当时他在日本留学的情况呀？

叶新建：这里有个小细节，可能也无法考证了。当时家里不让他到日本留学，其实他是参加革命去的，奔着这个目标去的。家里是经商的嘛，就坚决

1948年，文艺界人士在香港浅水湾萧红墓前合影
前排左起：丁聪、夏衍、白杨、沈宁、叶以群、周而复、阳翰笙
后排左起：张骏祥、吴祖光、张瑞芳、曹禺

上海解放不久，父亲叶以群（右二）和蒋燕（左一）、
周而复（左二）、于伶（右一）的合影

反对。后来他就跟家里发飙了，拿出一把匕首，拍桌子。他那个时候年轻，才十八九岁，后来就这样到日本去了。1930年"左联"刚刚成立的时候，他就已经在东京了，还和一些在日本留学的同学一起组建了"左联"东京支部。"九一八"事变以后，他们组织留学生搞爱国反日运动，结果被日本警方遣返回来了。

访问员：遣返回来是来了上海还是去了其他地方呀？

叶新建：去了很多地方了，他是到处跑的，要联络全国的文化人。上海是基地，他正式参加革命是从"左联"开始的，1932年在上海入的党。后来到重庆去，因为重庆有个八路军办事处，周总理在那里坐镇的。1941年"皖南事变"之后，重庆的形势也开始紧张了，好多文化工作者要被疏散到延安或者香港去。他想去延安，但是周总理叫他去香港。所以他就到香港，和茅盾一起创立了"中国文艺通讯社"，主要负责组织各地进步作家的稿件，创办刊物，同时自己也搞些创作。

访问员：临近开国大典的时候，好多文化工作者要冒着生命危险从香港向内地迁移。"文化大营救"这个事情，您有听父亲提起过吗？

叶新建：没有，他当面没有跟我们讲过，我们都是从事后的资料里面知道的。他不可能跟我们讲的，我们那个时候还那么小，只有我母亲可能知道一点。我们这些晚辈都是后来从资料里面知道的，从老一辈的回忆里面知道的。

访问员：我是从王慕兰老师那里听说的。她说当时这批文化工作者很不容易，乔装成难民，兵分几路，跋山涉水，还要绕开各种敌人的哨站什么的。

叶新建：很艰难的，这里情况不好了，就转移到香港去，香港相对比较安全一点，那是花心思的，所有文化人要找地方隐蔽下来。等到太平洋战争爆发了，日本人占领香港了，贴了布告出来，叫所有知名文化人必须到"大日本军指挥部"报到，否则"格杀勿论"。他们又想方设法赶紧转移回来，所以就乔装打扮，有走陆路的，也有坐船走水路的，分批从香港转移到东江游击队的大后方。后来国共内战到白热化的时候，一大批的文化工作者又陆续转移到香港。我父亲作为地下党成员直到很晚才离开上海的，党组织派他护送郭沫若和茅盾一起撤退到香港。到了临近新中国成立，我父亲得到潘汉年的指示，再协助他们回来，他自己又是最后一批离开香港的。当时这批文化人里有郭沫若、茅盾、沈钧儒、李济深、叶圣陶、郑振铎等，成百上千人了。我现在觉得我父亲的身份好像蛮多的，又是搞写作的，又是搞出版的，又是搞党务工作的，又是搞文化联络的，还有地下党工作，都有。上海有联络点的，所以他经常跑

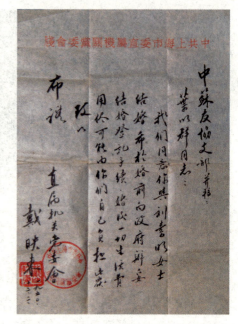

上海市委直属机关党委会
批准叶以群和刘素明结婚
的文件

重庆，跑成都，就是为了跟上面保持联系。上面一有新的精神，他马上就操作起来了。像这种文化人的转移，其中是很复杂的。

访问员：您父亲原名不叫叶以群，叶以群是个笔名吧？

叶新建：对。

访问员：您了解中间的原因吗？

叶新建：就是笔名，没有别的原因的，不是刻意所为的。

访问员：有什么含义吗？

叶新建：没含义。他有好几个笔名，我现在都记不清楚了，什么华蒂，还有元灿。

访问员：他跟茅盾先生的关系好像很好的。

叶新建：很好的。他和茅盾在香港的时候是一起隐蔽的，1942年又是一起打扮成难民回来的，工作上也一直有来往。说起来，我父亲跟我母亲结婚，介绍人是郭沫若。有一张照片，算是当时的婚礼照吧，很简单的，上面有潘汉年，有茅盾，还有一个不知道是谁，五个人的一张照片。

访问员：您父亲和母亲是怎么认识的呢？

叶新建：在香港，我母亲和我们的姨婆是香港居民，住在郭沫若先生的楼下，我父亲一直要去拜访郭沫若，后来就和我母亲认识了，再一起到上海来的。1950年结的婚。很滑稽的，当时结婚还要政府审批，市委直属机关党委会批准他们结合的。

"小家庭教育不好孩子，要到大风大浪里面去"

访问员：您母亲从事的是什么职业呀？

叶新建：原先她在香港读书，那个时候很年轻的。到了上海以后，才正式工作，在医学化验所，就在华山路泰安路路口，搞细菌培养工作的，一直搞到退休。她跟我父亲两个路子，完全不一样。

访问员：他们年纪差得也蛮大的。

叶新建：差十几岁了。

访问员：他们从事的职业挺不同的，年纪也差得蛮大的，那么他们在对子女的教育方面意见还统一吗？

叶新建：在子女的教育上，母亲不发表意见的，都是我父亲一手抓的。

访问员：有五个子女呢。

叶新建：对，他一手抓的。从那些"四清"时候的信件里面就能看出来了，他把每个子女都安排得好好的，对我们要求很严的。

访问员：能举个例子吗？

叶新建：比方说，拿我本人来说，因为我那个时候很调皮，学习成绩不太好，他就要求我在他不在的时候就要跟他汇报。知道我成绩不好了，就经常告诫我要怎么样安排自己的学习，不要贪玩，学习一定要搞好，将来才能有贡献，有作为。他是从正面方面来讲的，这就不像家里面一般的教育那样，他讲的面很大，要求很严格的。我在学校里的时候，尤其是初中的时候，住宿的，在虹桥那边。他经常写信给我，要我怎么样怎么样，一定要做好，做好以后跟他汇报，不行再改。平时还不许玩，少玩点，多读读书，多复习复习功课，把成绩搞上去，因为我成绩不是最好嘛。对所有孩子，他的要求都是一样的。

爸爸写给叶新建的信

新建：

来信收到了。我已于今天到了重庆，这就是《红岩》的故事发生的地方。我们将于明天去渣滓洞和白公馆集中营的旧址参观，那里现在已改作革命历史纪念馆。许多革命烈士们为了中国的革命，牺牲了自己的生命，才建成了今天的中华人民共和国！希望你们要懂得过去革命的艰苦，认真学习，把自己培养成一个革命的青年，承接革命先辈的事业。这才称得上革命接班人。

我十三日离重庆，大约十六日可回到上海。本星期日一定可以见到你们了。祝你努力学习！

爸爸 10.11

新建：

    想到明天就是你的生日，今天特地寄封信给你。从明天开始，你就进入十四岁了！这已是少年时期，希望你从明天起更加努力自觉地做一个有雄心壮志的革命少年，首先从学习和品德方面做起，努力战胜一切怕困难的思想，攻破代数方面的难关，学好语文和英语，克服一切不正常的情绪。千万不要放松，要勇气百倍，要像对付敌人一样对付自己的缺点。我们的工作将延长一个月，要到五月底才能结束。四月底前仍要休假，那时会见到你们。祝努力！

爸爸 四.十三

爸爸写给叶新建的信

    访问员：如果平时没有达到他的期望，会不会挨骂或者挨打？

    叶新建：会。我比较顽皮，挨的打也比较多。那个时候很简单，拿一把尺子，手心摊出来，打一下，意思意思。

    访问员：父亲平时看起来是一个斯斯文文的人，在教育子女的时候还是蛮严厉的嘛。

    叶新建：很严厉的。但是从另外一方面来讲，他对我们也是很关心的，对我们很好的。现在想起来，他这样做是对的。

    访问员：怎么个好法呢？

    叶新建：他经常带我们出去玩，看电影。他出差回来总不会忘记给我们带点玩具什么的，这个他时时刻刻都不会忘记的。五个孩子都有份的，谁的都落不下。

    访问员：那真的很难得啊。他自己对于文艺方面的兴趣爱好是比较浓厚的，会带着你们去看电影。那会指导你们看书，教你们写字吗？

    叶新建：会会会。不过那个时候指导我们看书不能跟现在比，现在各种文艺名著，那个时候没有那么多，我们看革命书籍比较多。这个从哪一方面可以看出来呢？这一下就要跳到父亲去世前了。唉……他去世前，有这么一个细节。那天早上5点多钟，我母亲醒过来，在家里就找不到他人了，隔壁房间的床上没人。她东看看西看看，门口看看，附近看看，也没有。回头到他的写字台上再仔细看，有一份东西，遗书。遗书写好了。问题是现在这个遗书那个时候给他们抄家抄掉拿回去以后，就再也没有返还给我们了。但是我记得遗书当中有对我们子女的几句话，我一直记得。要我们好好地听党的话，听毛主席的话。将来一定要到外边去，小家庭教育不好孩子，要到大风大浪里面去，参加革命去，或者到农村

枕流公寓雪景（叶新建 拍摄）

去。这个我记得很牢的，听进去了。这个遗书我没有看到，只有我母亲看到。事后我们知道的这些，都是根据母亲的回忆听来的。当时就这样，一封遗书写好了，母亲才知道出问题了。

访问员：您当时好像是十三四岁吧？

叶新建：对。最小的妹妹才4岁。

访问员：这对家里人来说太突然了。

叶新建：对，我那篇文章（《怀念我的父亲母亲》，刊于2012年4月12日《文学报》）里也有讲到，就是那个夏天，1966年的8月2日，这真是天打五雷轰。

听父亲的话，到北大荒去

访问员：去黑龙江是在父亲走后没多久吧？

叶新建：没多久，父亲是1966年8月走的，我是1969年3月到黑龙江去的。

访问员：当时是自己要去还是组织上叫你过去的？

叶新建：是上面要求的，当时是一片红。但是具体去什么地方你可以选一下，可以粗粗地选一下，但是到底能不能去还不知道，反正就得到外面去，家里不能留你了，上海的户口也给你撤销了，全部迁走。那么我就选了一个北大荒。

访问员：为什么选北大荒呢？

叶新建：这个有印象的，因为20世纪60年代的时候，父亲带我们看过一个电影，是专门讲北大荒的，叫《老兵新传》。我看了印象特深，所以对我后来选择去向是有帮助的，那我就直接选北大荒吧，我也体会一下。一去就是十年。

访问员：那边应该跟上海非常不一样吧？

叶新建：完全不一样。

访问员：什么感受？

叶新建：很荒凉，很凄惨。正好去的时候是冬天，北大荒还是冰冻期，还没解冻，下着雪，在野外看不到几个屋子，一片白雪茫茫。我们就是这么到了火车站，然后再上卡车。那么冷的天，那卡车都是没篷的，我们就在卡车上面冻着，开到要去的地方，一路上就是那么荒凉。

访问员：你们住在哪儿？是一个集体宿舍还是在其他什么地方？

叶新建：我去的地方原先是劳教农场。因为当时在北大荒劳改的人比较多，这些方面的农场也比较多。一下子去了这么一大批人，他们来不及安排，于是把劳教农场改制为国营农场，这样就能收编我们这些人。但是那一整套管理方式没法扭转，所以我们说奇怪了，把我们当劳教的来管理，全是准军事化的管理。

访问员：每天要干点什么？

叶新建：每天一早上要起床出操，干活就看你分到什么部门了。你如果是连队的话，那就下大田，种地去。那个时候还没有机械化，都是人工的。

访问员：您是被分配去干吗的？

叶新建：我去的部门还算好，在我们那儿有个粮食加工厂，我在那里面干。干什么呢？就是磨面粉。有个面粉厂，这个在当时

20 世纪 60 年代初，叶以群和孩子们在枕流公寓花园中
左起：叶新建、叶新跃（后易名叶周）、叶以群、叶新红

已经算好的职业了，没有下大地。下大地，修地去，很苦很苦的，非常苦的。所以我这个活儿还算幸运的。当然下大地我也去过，这不可能不去的，农忙的时候大家都要去的。总的来说我比那些在连队干活的知青要好得多，吃的苦要少得多。

访问员：每天都在做同样的事情？

叶新建：对，每天都在做同样的事情。

访问员：晚上呢？几点睡觉？有没有一些活动？

叶新建：晚上没有活动的。

访问员：大家在一起聊聊天？

叶新建：对，聊聊天。有的人喝酒。我不会喝酒，就不喝。没有活动的，很枯燥，很单调。打打牌了不起了。

访问员：伙食怎么样？

叶新建：一塌糊涂。以粗粮为主，小米、高粱米、珍珠米。珍珠米烧饭你吃过吗？很难吃的，咬不下去，太硬了。这些是主食，米饭吃不到的。再加点面粉类的，能够吃点面条，吃点馍馍，吃点黑面馒头，已经算不错了。只有过春节才能吃到一次米饭。那个时候，吃的方面不用谈了。我们吃食堂的，晚上两个馒

头或者一碗粗粮，小米饭，一碗汤。那个汤几片大白菜叶子，几颗黄豆，上面漂着那么几丝油水，就这么吃饭了。没有其他东西的，想吃肉吃不到的。十六七岁是成长的时候，饭量特别大，这饿坏了。所以刚回上海的时候，单位里的人看我吃饭吓一跳，这个人怎么一吃饭就吃一斤米饭啊？两大碗了。

访问员：那十年里面跟家里是怎么联系的？

叶新建：信件。

访问员：回来过吗？

叶新建：回来过，有探亲假。探亲有规定的，一年一次，来回路程都算在内27天。已经算不错了，我们比起插队落户的人要好得多了。

访问员：二十几天通常是在哪个季节回来呢？

叶新建：过年，一般都是过年。

访问员：那应该很早之前就开始兴奋了。

叶新建：对，很早就兴奋了，也没什么东西好带的，就买点黄豆，买点豆油，我们自己有加工厂可以生产的，带回来一些生产的农副产品。最惨的一次，我从哈尔滨到上海，春节过来的人多，没座位，一路站回来。等站到上海一看，脚都肿得不行了，已经发紫了。

访问员：多少时间？

叶新建：三天两夜。

访问员：需要换好几种交通工具吗？

叶新建：不，就一部车子。

访问员：是绿皮火车吗？

叶新建：对，绿皮火车。就从我们那个小县城的车站到哈尔滨换一次，然后就直达上海。那个车我们叫"56次"，上海到哈尔滨，哈尔滨到上海，坐了十年。

访问员：回来之后，都是在枕流公寓这里过年吗？

叶新建：对，就在这里。

访问员：每一年都会觉得有一些不同吧？

叶新建：有。

访问员：特别是隔了十年，跟你十年之前出去再回到这里，会有什么不同呢？

叶新建：感觉完全不一样。感觉家里好像小一点了。因为我们那边粗犷得很，很大的地方，农村嘛，回到家里就觉得家里地方小一点了。

访问员：人的方面会有些不一样吗？

叶新建：特亲切。出去那么长时间肯定是想的，想家想得不得了。有些女生晚上都哭鼻子的。我们男生倒还可以。火车从上海走的时候，汽笛一响，好了，"哇！"，全部都是哭声，一直哭过去。第一次去的时候，给我们发了绿棉袄、绿棉裤、皮帽子、大衣，一套就像军装一样。十年里面就发过这么一次，后来都是自己想办法。时间长了，这棉袄里面就一塌糊涂了。比方说上山救火，那里经常有森林火灾，我们去一次回来，身上的棉袄、棉裤都挂花了。现在我们回想起来，苦是很苦的。我这人比较念旧，主要是那段经历，从16岁不懂事的时候开始，就到那儿去了，能不想吗？十年了，最好的时光都在那儿了，每个细节都能想起来。最后全部返城，一个不留。但是回来又是一个问题，上海怎么安排

叶新建（左一）和两位知青朋友在黑龙江省原德都县花园农场

呢？摆地摊啦，做零工啦，扫马路啦，什么都有。那时候有句话：只要让我回上海，我扫垃圾都愿意。只要能回来就好。

访问员：您是哪一年回来的？

叶新建：1979年年底，我是1969年去的，十年嘛。大返城的时候，什么都不要了，背个包就走了。那多开心啊，总算可以回家了。

访问员：回来的时候枕流公寓里面住着几口人？

叶新建：我们家都在，兄弟姐妹都在，还没成家。有的在工厂，有的在读书，上初中的，都有。一个都没出去，都在。

访问员：那么在你们长大了之后，房间是怎么分配的呢？

叶新建："文革"开始，我父亲刚走，房子就被收回两间，一直维持到现在。我1979年回来的，1980年我外婆就走了。还好我回来了，否则要后悔一辈子的。后来，我父亲的问题平反了，组织上帮忙解决了我哥哥和我弟弟的婚姻用房。我妹妹到香港发展去了，老三到美国留学去了。我就一直在这儿，成家也在这儿，我母亲也是在这儿去世的。

访问员：从黑龙江回来了之后就去文联工作了吗？

叶新建：对。当时文联和作协合并了，统一归文化局管理。父亲的问题平反之后，文化局就给我工作的农场发了一个调令，这样我才回来的。回来以后，到文化局去报到，做什么工作呢？当时没念什么书，那就开车吧，这一开就一直开到了退休。

访问员：小的时候你想过以后要干什么吗？

1970 年左右，叶新建第一次回枕流公寓探亲

叶新建：小的时候海阔天空地乱想，也没有具体的目标。不像现在有的孩子，我要当钢琴家，我要当画家。那个时候就是听党的话，听毛主席的话。

访问员：这个也是听父亲的话。

叶新建：是的，那个时候我们家的教育是很正能量的。

把余生留给"枕流"

访问员：后来您和您太太是几几年结婚的呀？你们是怎么认识的？

叶新建：我是1987年结的婚，大概是1984年跟太太认识的，也是黑龙江的同事介绍的。我太太当时在上海奉贤下乡，那里有很多农场。当时介绍给我的时候，她还在那里下乡。人家问我行不行啊，如果她回不来怎么办？我说就给我介绍吧，能行就行吧，不行再说了。我好像没什么要求，那时候很单纯的。

访问员：当时您是不是算大龄男青年啦？

叶新建：大的哦！我回上海那年26岁，结婚的时候都三十四五岁。

访问员：结婚也是在这里吗？

叶新建：对，也是在这里。

访问员：结婚当天是什么样的情景？

叶新建：在美琪电影院对面的一个地下室的饭店安排了两桌饭，自己家的和她家的。很简单的，也没有拍结婚照。1987年结的婚，1991年要的叶音。

访问员：结婚后，你们就住在这里？

叶新建：对，我妈一个人睡在这个房间，我们睡里边的一个房间。孩子大了，再跟我们混在一起，没办法睡了。2003年，在他开始读小学的时候就搭了一个小阁楼，让他上去，有个自己的空间。

访问员：还好这里层高比较高。

叶新建：对，所以还可以搭，在上面能坐得直，站是站不起来的。能坐得直就已经不错了，头上面还有那么一点点空间。

访问员：叶音小时候是一个什么样的小朋友？有没有继承您的顽皮？

叶新建：绝对继承。皮大王。从小学开始一直到初中，他都不被老师看好。一个是因为皮，一个是成绩不好，老师是最不喜欢这样的。但是就在这种不被看好的情况下，来个绝地反击。

访问员：他的顽皮是一种怎么样的表现，是说话特别顽皮？还是会做一点什么破坏性的事情？

叶新建：破坏性倒是没有，就是动作特别多，喜欢动。小学的时候，我到现在还记得，老师要我们带他到医院去看多动症。后来读初中，因为他成绩不好，老师建议我们把他转到特别学校去。特别学校你们能理解意思吗？我们没搭理她，坚持自己的路走下去，我们绝对支持叶音，走对了。

访问员：那你们家长的压力很大，老师要隔三岔五跟你们告状。

叶新建：对，告状啊，告到我都不敢去开家长会了。叶音喜欢画画，从小学的时候就开始画画，一上课就开始在下面画画，画老师。你别说，他还画得很好，很像。小学里别的老师没有一个喜欢他的，只有美术老师喜欢他，还给他开了一个小画展。所以后来我们就开始培养他这一方面，他不用我们多说的，一进入状态，自己会跟上去的。

访问员：他舞蹈方面的天赋你们是什么时候发现的？

叶新建：也是高中。他本来就好动嘛，后来偶然在跳舞机上发现的。那个时候不是有跳舞机嘛，面前有个屏幕，脚下有个踩点的毯子，可以调速度，可以调动作的。他喜欢上了，跳舞机跳上瘾了，问我们能不能给他找一个真正学跳舞的地方。我们就带着他到处找，上海有名的几个舞社我们都去看过，比较之后就选了一个报名进去。

访问员：你们这个教育理念在当时来讲还是很勇敢、很前卫的。

叶新建：对，我们是走偏门的。我们跟叶音说：你把握好自己的方向就行，我们绝对支持你的。

访问员：虽然你们在枕流公寓生活的过程中遭遇了很多坎坷，但是到现在，在你身上、在叶音身上，看到的是许多特别触动人的、特别向上的能量。你们这一代的精神也许继承自你们的父辈和祖辈，然后又慢慢地传到了叶音的身上，从他的笑容、他的舞姿里面传递出来。有网友说，叶音一定是生活在一个非常有爱的家庭里，所以他才成为这样的一个人。

叶新建：他把这份友爱发挥得淋漓尽致。无论是对粉丝也好，还是对自己原本的工作也好，对所有接触的同行也好，都非常友好。他永远是带着笑容的。

访问员：叶老师，作为访谈的结尾，我们给每一个受访者都设置了这样一道问题。因为枕流公寓是建于1930年嘛，到现在差不多90年了，它就好像是一个风雨漂泊中的老人家。你们从20世纪50年代搬进来直到现在，跟这个房子接触了有超过半个世纪的时间了，那么枕流公寓对您或你们家来讲有什么特殊的含义吗？这里是作为一个家，或者是作为一个伤心之地，或者说是你成长的一个见证者

枕流公寓靠华山路一侧

等，假设现在要对枕流公寓说一句话的话，您会给它捎去一句什么样的话？

叶新建：我写的"美篇"里面有一句话，就是"枕石漱流"现在已经是永远不存在了，一去不复返了，没有了。存在的只有对往事的追忆。

访问员：您说的是跟这个"枕石漱流"相关的一种精神，还是说这一批的文化人，他们慢慢离世不在了？

叶新建：从"文革"开始到现在，老的都走得差不多了，剩下的年轻人又不清楚，很多问题无法解释，当然就不存在了。也包括你说的那种文化方面的精神，确实没有了。现在走在这个公寓的每个角落里，我想到的都是那段惨痛的记忆，这是忘不了的。

访问员：那你们有想过离开这里吗？

叶新建：从来没想过。不允许，也没这个条件，就在这儿待下去吧，反正父辈们都在这儿生活，而且又是在这儿离开的，我们怎么能走呢？一直住下去吧，住到我走，我就不管了。

访问员：好的，那我们今天的访问先到这儿吧。

叶新建：好的好的。

访问员：谢谢叶老师。

叶新建：不客气不客气。

14 叶音：阁楼上的舞者

Ye Yin, Born in 1991 – The dancer in the attic.

文艺理论家叶以群之孙，叶新建之子
1991 年生于华山路 699 号
舞者、平面设计师
2021 年《这！就是街舞》第四季全球精英争霸赛总冠军
2019 年《这！就是街舞》第二季总冠军
2015 年 Lock City 世界总冠军

"这里不是家的感觉，就是家！"

访谈日期：2020 年 12 月 9 日
访谈地点：枕流公寓 699 号家中
访问员：赵令宾、汤开旸
文字编辑：赵令宾、汤开旸
拍摄：孙雨航

小阁楼中的童年光影

访问员：叶师傅，您好！

叶音：你好！

访问员：您是哪一年出生的？

叶音：我是1991年出生的。

访问员：是在枕流公寓吗？

叶音：对，我就生在枕流公寓……附近的医院。

访问员：小的时候您对"枕流"家里有什么样的印象吗？

叶音：阳光、明媚、灿烂。因为可能小时候这边梧桐树还没长这么高、这么大，所以在我记忆中，这边就阳光明媚。而且邻居之间门也都是开着互通的，感觉就特别亮。

访问员：你们当时几口人住在这里呀？

叶音：四口，爸爸、妈妈、奶奶和我。

访问员：大家的房间是怎么分配的呢？

叶音：我和爸妈住在这间卧室，奶奶住在走廊对面的房间。

访问员：能描述一下这个房间当时的格局是什么样的吗？你们的床摆在哪里？跟现在应该不一样吧？

窗口　　　　　　　　　　　　　　　　　　　　　　　　卧室一角

叶音：我父母结婚以后就住在这里，当时房间的布局就是当中有一张大床，床后面一整堵墙都是一幅黄果树瀑布的照片，照片两侧还有两个帘子，可以拉起来，就像睡在瀑布前一样。天花板上面还有一排像窗帘盒一样的东西，里面是日光灯。那个时候还没有这个阁楼，是后来我爸搭出来的。

访问员：能说说这个小阁楼吗？

叶音：好像是初中的时候我爸帮我搭出来的，因为家里空间小，他们希望我有一个自己的小天地。有了小阁楼以后，他们在上面给我弄了个茶几，我电脑也搬上去了。睡觉在上面，做作业在上面，做体能也在上面。每次早上起来就在上面做仰卧起坐，做俯卧撑。我爸就在下面喊："地震啦！地震啦！"印象很深的是，我在上面做作业，有时候会偷偷画画。我妈上来看我做作业，我就把画藏在作业本下面。但是那张茶几是玻璃的，我妈一下就看到了，好尴尬。有时候也会带同学回来睡在阁楼上，最多可容纳三个人，最高的一个男生睡在最外面，就有点缩手缩脚的。

访问员：听说你现在回家还睡在小阁楼上，会觉得空间变小，很狭窄吗？

叶音：没有诶，这是我的床嘛。每次睡在上面都觉得特别爽，特别有安全感。

访问员：那在有这个阁楼之前，你是跟爸爸妈妈睡在一张大床上吗？

叶音：最小的时候印象不深了，好像是在大床上的。再到后来，这个沙发是可以翻出来的，就能变成两张床。

访问员：你是睡沙发的？

叶音：好像有睡过，印象已经模糊了。但我印象很深的是，我很喜欢把沙发垫子拿起来搭小房子，在各种角落里面，给自己搭一个小角落。

访问员：好像小朋友都喜欢玩这个游戏。

叶音：对，沙发垫看起来没有变过。

访问员：那厕所的话，跟现在差不多吗？

叶音：浴缸还是当年的浴缸，去年刚把洗手台换了。本来洗手台的龙头都是当年的，后来有些碎了，直到出水有问题了，才把它换了。

访问员：小时候洗澡是怎么洗的呢？

叶音：泡澡啊。

访问员：在浴缸里面？

叶音：对，在浴缸里面，泡在里面玩水，像游泳一样。当然也有在脸盆里面洗澡。因为我爸喜欢录像，会把这些影像都录下来，我长大后都看过，所以对这些画面还是有蛮深的印象的。

访问员：家里吃饭是在哪里吃的呀？

叶音：在这个房间吃的，当时是在床脚放了一个小圆桌。啊！冰箱还是当年的冰箱，完全没变过！这个橱也是！这个桌子也是！

访问员：听你爸爸说，你什么东西都不肯丢，他说叶音说要留着。

叶音：哈哈哈，是我说的吗？当然我也确实不舍得丢。这个镜子也是！这个镜子原本好像是在一个梳妆桌上面的，后来再挂到门上的。门把手也是当时的！这个橱也是当时的，都没变过。饮水机下面的橱也没变过，我小时候贴的唐老鸭到现在还在，都是怀旧的东西。

花园里的冒险家

访问员：在你小的时候，楼下的花园、走廊或者电梯是什么样的呀？

叶音：小时候的电梯很有意思，好像一定要有一个人操控的。所以每次进去，都会和电梯工打招呼，然后说要到几楼。虽然我家住得低，好像不怎么需要乘电梯，但是感觉乘电梯很有意思，所以有时候陪奶奶回家，或者逢年过节跟爸妈去大超市买了很多东西回来，或者拎很多很重要的东西的时候，都会乘电梯。

访问员：当时的电梯是什么样的门？什么样的地面？还有印象吗？

叶音：它是跟冰箱一样的绿，好像也是两个门，"咯哆咯哆"往一边开的。其实跟现在差不多，整个电梯间的空间大小没变，还是这么小。

访问员：花园呢？

叶音：花园印象就很深了，小时候最喜欢去花园玩。在我的印象中，花园有个石板洞，上面长了很多藤蔓，我最喜欢爬在那个洞上面。小时候，我喜欢看"奥特曼"，就把那块地方当成飞机驾驶舱。石板洞里面有很多奇怪的石头，我

单位入户门

小学时候的叶音与父亲叶新建在枕流公寓花园中合影

就把里面一块石头当老虎还是当车子骑，把门洞当驾驶室，坐在里面，拉着藤蔓"嘀嘀……拱休"（假装在开飞机），感觉好像在开飞机一样。有一棵植物对我意义挺大的，它像个蘑菇，树枝从中间出来，向四周打开罩着，形成了一个空间。我最喜欢钻到里面，里面是我的秘密基地。我小时候比较顽皮，喜欢爬树，还特别喜欢探险。

访问员：去过地下室吗？

叶音：枕流公寓的地下室很早以前开过酒吧，等我知道的时候，它已经废弃很久了。地下室通到花园的窗户是开着的，我就钻进去玩，发现里面有很多废弃的东西，我就很好奇，就去探险。这也是小时候最喜欢做的事儿。

访问员：有看到传说中的游泳池吗？

叶音：有游泳池吗？初中快毕业的时候，我几乎打通了整个地下室，后来那些窗户都用水泥封起来了。当时感觉已经有工人搬进去住了，有上下铺，但是没有看到游泳池。枕流公寓是一个长条形的嘛，从这一头下去全都是水，因为有可能下水道不通，雨天的积水没有排掉。所以我每次都是走台子的，在吧台上面匍匐前进，就没有下过地。从公寓的另外一头进去就没有水了，比较干，里面有一个舞池，像是一个开party的地方，有黑板、酒、番茄酱，还有很多百威啤酒的杯垫。虽然表面积了很多灰，但是有那种叠在一起的，所以里面那些都像新的一样。我就拿回来研究、收藏。"哦！这是老东西啊！"很有意思。地下室还有很多面具，当时我在学校里学了做手电筒，就做了个手电筒在里面照，照到面具的时候觉得好可怕啊！还会看到一些蜘蛛，一些壁画，墙上挂着一些老士兵的照片，还有那种半个头盔的装饰。当时见到头盔我就好兴奋，因为很喜欢军队的元素。所以这些可能都是当时酒吧的装饰吧，就觉得很有意思，也很喜欢。还有一个特别喜欢的就是，我在花园里面发现了一些红砖，那个砖头上面有五角星和几个英文字母，具体写的是什么我忘了，但感觉特别洋气。我就喜欢用那些碎砖在花园的水泥地上画画，画出来是红色的。

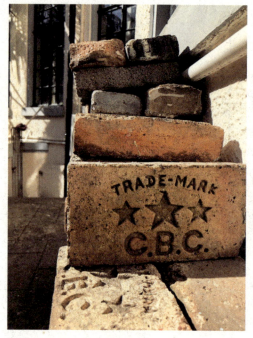

公寓一楼院子里的红砖

访问员：你有去天台上探过险吗？

叶音：去过，哈哈哈。以前类似春节这种节日，大家会一起到天台上去看烟火。还有看天象，比如说流星雨之类的，大家到天台去看。隐约记得爸妈带着我上去看，当时天台上人还挺多的。那个印象挺模糊，但是挺浪漫的。

访问员：你通常是跟一帮小朋友去探险，还是你一个人到处转悠？

叶音：跟楼里的同学。以前七楼住过一个同学，跟我一起读小学的，我们就经常玩在一起。然后还有我妹妹，每周末都会到我家来，可能因为我家就在她家和她的二胡老师家中间。除学习之外的时间就是我们的玩耍时间，我们就在花园里面玩一整天。

访问员：会玩什么游戏呢？

叶音：各种角色扮演。我们两个人戏特别足，一会儿枪战片，一会儿警匪片，一会儿谍战片。还有"奥特曼""还珠格格"什么的，瞎玩。

访问员：有没有去七楼的小朋友家串门？

叶音：经常有串门，但小学之后就没见过了。到了初中，我去得比较多的是四楼的那户人家（桐油大王沈家），住着一对爷爷奶奶。他们家好像是整户，很特别，入户门是封到电梯间边上的，里面整个都是他家，感觉好豪华。我会在那边寻找我们家房间的影子，因为我们住在同一侧。以前初中每次放学就跑去他们家玩儿，陪他们聊聊天什么的。他们有个美国的孙子也会回来，我就跟他一起玩。

访问员：主要是找他孙子玩还是找奶奶爷爷玩呀？

叶音：他孙子很少回来，主要是找他爷爷来玩，我也不知道玩儿些什么，就过去兜一圈。

访问员：你说小时候这边每家每户门都是开着的，对吧？大家串门的机会也会比较多了。

叶音：是的，楼上还有一位画画的奶奶（画家韩安义），我也经常去跟她聊天，她会跟我讲一些画画的事情。然后她也会来我们家聊天，有时候会看我的画。

访问员：你好像很喜欢跟爷爷奶奶一起聊天。

叶音：对，小时候经常跟各种爷爷奶奶聊天。

访问员：除了这些邻居，你童年里有什么印象比较深刻的事情吗？开心的、不开心的、害怕的，有没有？

叶音：以前楼里面会养很多宠物，大家都会串门，会去花园里面遛狗、玩狗。后来宠物这方面管得紧了以后，大家都不敢遛了。以前是跑哪都可以偶遇的。

（窗口救护车开过，摄影师说："我们等一下，等救护车过去。"）

叶音：以前救护车的声音也不是这样子的。因为我住街边嘛，所以马路上很多声音都给我留下特别深的印象。"削刀磨剪刀"（模仿街头小贩），我到现在都不太清楚他讲的是什么，收废品？还是磨剪刀？"削刀磨剪刀""丁零零零""削刀磨剪刀""丁零零零"……有个铃在那边摇，一路过来。到后来变成"空调、旧电视、旧冰箱、旧电脑、回收"，就一路从远到近，再到远。然后还有洒水车，清洁马路的，"噔噔噔"（模仿洒水车音乐），带着特别神奇的音调一路过去。

成长路上的新世界

访问员：你记得那个时候爸爸妈妈忙吗？陪你的时间多不多？

叶音：就上班、下班，我印象中跟他们相处的时间挺长啊。就是每天都能见到，挺多时候在一起玩的，因为我从小就很晚睡。

访问员：很晚睡都在干吗呢？

叶音：玩电脑、画画、看电影之类的。我还喜欢做PPT动画，可以做一个通宵，把什么电影的画面做成动画，把F4（男子偶像组合）的《流星雨》做成动画，把飙车的画面做成动画，把"反恐精英"做成动画，都用PPT做。学校布置作业，要用Word文档写作文，可以配图。我会改字体，改颜色，然后上网找图，找好之后再想想放哪儿。我整天就在这边做 PPT或者画图，我很喜欢用画图软件去画一些宇宙星空，然后用打印机打印出来。

访问员：最初的时候画图是不是都是用手画的？

叶音：对，小时候都是用手画的，我还在地下室的废弃酒吧里捡出个黑板，回来就挂在这里，然后在上面画。"啊！有黑板了！"第一次拥有黑板，好兴奋啊，就用粉笔在上边画。以前都是在白纸上画黑的，能在黑板上画白的就特别兴奋。

访问员：那是几岁的事情啊？

叶音：小学吧，一九九几年。

访问员：那是你第一次发现自己喜欢画画吗？

叶音：没有啊，我从小就喜欢。我妈会带着我、带着画本到下面花园里坐在草地上画画，我也不知道咋画下去的，有画过《灌篮高手》。哦！！阁楼上面有一本画册，我从两岁开始的画都在那上面。

访问员：你能回忆起小学的时候每天上学是什么情景吗？

叶音：每天上学就背着个包，衣服邋邋遢遢的。

访问员：自己走过去？

叶音：对啊，很近啊！就在旁边。好像我爸读的也是这个学校。

访问员：这栋公寓九成的孩子读的都是这所学校吧，哈哈。

叶音：这样哒？当时是在华二小学（华山路第二小学）。那时候小学的食堂和枕流公寓的花园只有一墙之隔，有个窗户，我还从食堂翻进来过。Yes！小时候比较顽皮，喜欢探险。

访问员：感觉你对整个空间都很了解啊，因为上上下下、里里外外都翻过了。

叶音：对。旁边小楼梯上去，怎么到天台，中间怎么到电梯间的天台的入口，我都翻过。

访问员：在学校里，你最喜欢的科目是什么？

叶音：我在小学最喜欢美术兴趣班，它不是一节课，有美术课，但是最喜欢的是美术兴趣班。印象很深！美术老师也很喜欢我，他还让我画他。我画我的美术老师，画我爸，画我自己，还画《名侦探柯南》，画很多东西。我很喜欢画，还经常画黑板报。有一个学期，我以为还是在上兴趣班，就很自然地走进教室里去，老师说这个学期我爸好像没有给我报，我当时就好难过。

访问员：是忘了吗？

叶音：我不记得为什么了，大概就是没报，可能是穷了。哈哈，不知道。其实，我从幼儿园到小学，都是在少年宫里学武术的。所以一直会在小学操场上面一个人表演武术。"嘿！嘿！"（表演踢腿），打一个什么舞步拳，我爸还拍下来了。

访问员：你在家里练吗？

叶音：我在家练啊，就在这个门上（指着房门），到现在还有一块我搁脚用的木头。然后我爸这音响就放什么"当当当当"（模仿唱《男儿当自强》）或者什么"我的中国心"（模仿唱《我的中国心》），我就在这里压腿。我爸特别喜欢在家里放音乐，房间里装着好几对家庭环绕式音响，什么音乐都放，交响乐、流行乐、电影原声大碟、发烧天碟，各种放，从磁带放到CD，这里还有几个大的碟片，是LCD，是可以放视频的，这个机器现在还在。我爸，天才！

访问员：你有问过家里人，自己为什么叫"叶音"吗？

叶音：我妈说我小时候喜欢音乐，节奏感特别强，喜欢敲节奏，听什么唱什么，所以就叫我叶音。

画本中叶音三岁半的作品《蛇》   叶音与画本

访问员：你爸爸做访谈的时候自夸了一下。他说："这个就得夸夸我自己了，从小培养他听音乐，都是大片的音乐。"

叶音：凭良心说，真的是从小就一直放音乐。在我印象中，吃饭听音乐，玩玩具听音乐，干吗都有背景音乐。包括他录的那些视频里面，确实全都有音乐在。

访问员：爸爸妈妈小时候有没有说过希望你长大干什么呀？或者你有没有想过自己长大要干什么？

叶音：我其实一直到现在都没想过将来要干什么，我当前想干什么就一直干什么。我喜欢画画，我就画画。后来喜欢跳舞，我就跳舞。近期想要跳成什么样，或者想要画成什么样，有一个眼前的奋斗目标，但是不太会想未来……啪啪打嘴，完了！我小时候目标特别明确，我长大了想当军官，特种部队的军官。所以各种买枪，买靴子，蓝色的衣服外面套个黑色的棉被心，把黑色的羽绒背心当防弹衣穿。小时候也喜欢画特警。在练习本或者书角上，画长篇漫画。小兵人打枪，脑子里一串故事，可以画很久，作业也不做。以前的教科书最厚的有这么厚（六七厘米），综合教材，我可以把这个书角画成一串动画。以前特别喜欢看一个电影叫《空军一号》，哈里森·福特演的。画一个降落伞从天上降下来，还有透视的，降到一个天台。他把降落伞放掉，伞包"咯吱"慢慢灭掉，一路翻滚前进，然后踹门，门砸到地上，还有灰。灰慢慢散掉，一个人出来，开始开枪，"哒哒哒"那个子弹弹壳飞出来。他在那儿跑，钻下去，像跑酷一样，一连串。这个书角画完，再换到另外一个书角，就开始画别的东西了，几乎所有教科书的书角全是漫画。有一些书每章节开头会有一整页的彩页标码，我好不爽，就用钢笔橡皮把它擦成白的，继续画。

访问员：太有趣了。那又是什么时候发现自己喜欢跳舞的呢？

叶音：我后来回忆起来其实挺小就有苗头了。小学那个时候流行《我为歌狂》，也不知道为什么我就会跟着一个网页音乐在那边乱跳，乱转圈。班上有两个同学，他们是在外面学拉丁舞的，一男一女。后来小学有个演出，班里其他同学在后面合唱，那两个同学在那边跳拉丁舞，老师把我排在另外一边一个人疯狂转圈，我也不知道在转些什么，特别搞笑。

访问员：后来到哪一刻开始正式学舞的啊？

叶音：高中。是这样的，初中毕业以后的暑假比较闲，我爸就放我玩儿，我就去游戏机房玩儿。然后就看到跳舞机了，上面的人跳得很帅。我一开始躲在远处偷看，在那儿边骑"摩托"边偷看。突然一天，没什么人了，上去试了一下，哎呀跳不来、踩不来呀。后来，游戏机房的朋友就教我，应该有滑步，还教了我一些Breaking（霹雳舞，街舞的一种）的动作。接着又认识了很多玩跳舞机的朋友，有一个朋友在外面学跳舞，他跟我说起街舞，街舞又分什么舞种。"嘣"！就打开了一个新世界。那个时候连Hiphop（嘻哈舞，街舞的一种）不会拼。家里有件纯白的T恤，我用丙烯颜料拼了个"Hipop"，还很自信地穿着，然后戴双皮手套，半截的那种，戴个帽子，（摆出耍帅状）拍了一张照片。哎，太羞耻了。

访问员：你是怎么兼顾画画跟跳舞的？刚读高中的时候，画画的课业应该也不是很轻松吧？

叶音：我很喜欢画画，所以我画画的时候就很认真。我还会听音乐，一边画一边跳舞。在画水粉的时候，我跟同学在地上画了一个跳舞机上用来踩的按键，

壁炉柱子上的小兵人

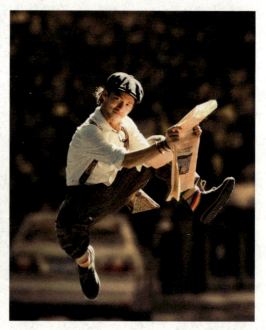

叶音的街拍

跟它编动作，编好以后，放学就去游戏机房把它跳出来。

访问员：跳舞到现在是不是有10来年了？

叶音：对，10年了，其实今年是第10年。

访问员：在这个过程当中有没有碰到过瓶颈期？

叶音：瓶颈一直有的。那个时候我们就说：遇到瓶颈，你隔段时间不跳，再拿起来跳的时候，突然就会这个动作了。高中的时候发现了这个规律，所以说从来都不怕瓶颈。瓶颈期就是跳得很不顺，但突然有一个契机、一个活动，让你开了眼界，看到了什么或者感受到了什么，或者是你遭遇了什么之后，你都会有一个新的启发，然后就会突破瓶颈。就相当于一个瓶子，里面有很多珍珠，你怎么倒都倒不出来，但你把它往上松一下，摇一摇，然后换一个角度再倒，它就全都出来了。不要钻牛角尖，给自己一些放松的空间，当你再尝试的时候，可能很多东西就迎刃而解啦！

访问员：这个生活哲学讲得太好了。家里人一直都很支持你的这份事业吗？

叶音：对。我喜欢画画，他们支持我；我喜欢武术，他们支持我；我喜欢跳舞，他们也支持我。啥都支持我。连我去游戏机房玩儿，他们都支持我，倒是支持出了一个兴趣，对不对？

这里就是家

访问员：你眼中的父母是什么样子的？

叶音：博学！明智！有爱心！这只狗是我朋友捡到的，没人要，我就领回来，养到现在。我妈公司有小野猫生了小猫，也带回来养。而且我妈会看很多书，包括如何正确教育，给孩子空间，还有很多生活日常的、医学上的，都会去看。我读书的时候学英文，她也学英文，然后辅导我英文。数学也是，她都会跟我一起去学习。我爸会一直给我看各种电影，放各种音乐。家里有口风琴，也是他留给我吹的。他会跟我一起画画，一起捏橡皮泥，一起搭乐高。我记得很深，搭过坦克，搭过直升飞机"阿帕奇"，还有警察局。小学做手工活，我爸和我一起用废纸、乒乓球、各种瓶盖，做了一艘军舰。上面有大炮，会转的雷达，是用切一半的乒乓球做的。我爸还教我用电脑、用相机，学校去动物园的时候我拍了很多照，他就帮我洗出来。我妈以前带我去人民广场，我就冲进喷泉里，玩好之后，跑到边上把衣服换一下，放在旁边的柱子上晒好，再继续冲一波，就这样来回跑。像我这种不喜欢读书的差生，他们也会"啪"（做打人状），但还是给了我很多空间，让我往艺术的方向上去发展。我的童年生活特别丰富，他们培养了我很多兴趣，

叶音家的全家福

祖父叶以群画像，叶音绘于 2004 年

让我接触了很多，学习了很多，为后来的美术设计和跳舞都打下了基础。

访问员：你对你的祖父、祖母了解多少呀？

叶音：我没有见过我的爷爷，很多都是听我爸讲的。我爷爷以前在鲁迅边上工作，好像跟巴金也是同事，家里有很多我爷爷的论文集。他是文艺理论家，也是共产党员。在我爸小时候，好像是"文化大革命"的时候，他从这栋楼上跳下来，走了。所以我没有见过，但是听过他很多事情，我还画了一张他的画。

访问员：你当时为什么会想画这么一张画呀？只是突然之间某一天看到了爷爷的照片还是什么？

叶音：我想不起来为什么要画，就是画了。我还没这么好地画过我爸，我画我爸都是画得比较作业感的。我估计画照片我会画得特别认真。

访问员：因为照片里的人不动对吧？

叶音：哈哈哈，而且那张照片挺模糊的，我特别想把他画得清晰些。仔细琢磨了挺久，画好之后就去隔壁的画廊，把它裱起来了。我爷爷是安徽人，我奶奶是广东人。我奶奶平时在家里跟我爸爸几个兄弟姐妹交流全用粤语。我就没学会，我只听懂一个，我奶奶整天叫我爸"老二"（学奶奶用广东话），我就只记得一个"老二"，其他我都听不懂。

访问员：你现在知名度高了，工作很忙，回家是不是慢慢也变少了？回来了之后通常会跟家里人一起做点什么呀？

叶音：会聊聊天。有时候我回来挺晚的，他们已经睡了。不过我妈经常会给我下碗面。每次我回来她都会问："你要吃东西吗？"

访问员：有没有想过在某一年某一天会离开这个地方？

叶音：我其实还挺喜欢这里的（留恋地环顾）。这里有家的感觉，就是家嘛。这里不是家的感觉，就是家！我跟周围一些朋友不太一样，我没有怎么长期去外地待过，一直是住在这里的。最近，才在我们工作室附近租了一个房子，因为工作比较多，那样中间路程会省掉很多，会快一点。但其实那边只是租的，等于就是个睡觉的地方。

访问员：嗯，我们还有最后一个问题哦。枕流公寓建于1930年，到现在已经90年了。你的家庭，是从你爷爷辈，也就是20世纪50年代的时候搬进来的，你是90年代出生的。你觉得这栋楼对你个人或者对你家庭来讲，它意味着什么？此刻有什么感受可以分享一下的吗？

叶音：好有历史感啊！（环顾四周）觉得它对我们家意义重大。其实一路长大，也听我爸妈讲了很多他们年轻时候在这边发生的事情，包括我爷爷奶奶在这边发生的事情。特别是当我看到一些真实的影像记录的时候，我就一直会脑补当年这边的样子。我爷爷当时拍过一张照，是在外面那个房间。我就会想象当时那个房间的布局，仿佛置身于那个环境中一样。几年前，大楼翻新，一楼电梯厅又放出了一些大楼当年的照片，还能看到一些当时大楼周围的样子。我就觉得如果能穿越的话，好想回到当时那个年代，看看当时公寓长什么样。因为我记得小时候，马路对面还是平房，那么50年代这里会是什么样？（看着房门）50年代，就是这个门了吗？

访问员：对，还有这个地板。

叶音：这地板真的是……

访问员：还有你家的浴缸听说也是原装的。

叶音：50年代？

访问员：可能是30年代。

叶音：那已经有90年了！

访问员：所以你住在一个非常有历史感的家里呢！

叶音：我爸竟然扔掉了一个90年的水龙头！我去美国住民宿，在那边的厕所间里看到了跟我家一模一样的水龙头和镜柜，有点年代感，但是它很干净、很新。包括水晶门把手，Bling Bling（闪闪发光）的，一模一样，然后都"炸"了。是不是有点穿越？

访问员：哈哈，确实。你知不知道在全世界范围内，据说也能找出几栋和武康大楼差不多的建筑？

叶音：哦！就是直接把那个设计"啪"扔过来，"你造吧"，也许是这个样子。所以当时看到的时候，我就赶紧拍照给我爸看。喔！这个真是太炸了！

访问员：你爸爸可能会跟你说："回来的时候，记得把那个水龙头带回来！"

叶音：哈哈哈。

访问员：那我们今天的访谈差不多啦，谢谢叶师傅！

叶音：谢谢！

越剧表演艺术家谢之女
1960 年生于华山路 699 号，后搬至 731 号
原上海中远海运物流有限公司中层领导

15 刘丹：我的越剧艺术家母亲

Liu Dan, Born in 1960 – My mother, a Yue Opera artist.

"她这一辈子，就是为越剧而生的，为了越剧呕心沥血。哪怕是病痛的时候，再艰难窘迫的时候，她的精神支柱就是她的越剧艺术。"

访谈日期：2020 年 12 月 2 日
访谈地点：华山路 731 号家中
访问员：赵令宾
文字编辑：赵令宾、罗元文、倪蔚青
拍摄：瑾帅

最快乐的地方

访问员：刘老师，您是几几年出生的？

刘丹：我是1960年。

访问员：是在枕流公寓出生的吗？

刘丹：对，是在枕流公寓出生的，也是在这里成长的。

访问员：您母亲是几几年搬过来的，您知道吗？

刘丹：他们大概是1955年吧。因为是1956年结婚的，所以就搬过来了。

访问员：您母亲当初应该先是一个人搬到枕流公寓，然后才认识了您的父亲吧？

刘丹：她之前是在枕流公寓731号的三楼住的。我父亲第一次上门也是在枕流公寓。跟我父亲认识了以后，在结婚之前，他们就在整个大楼里面找房子。考虑到结婚以后，房子要换得大一点，而且因为她是搞艺术的，有时候日夜颠倒，晚上演出到很晚，白天要睡觉，那么她就选了一个顶楼，699号的七楼，这样就不会受到楼上居民走路声音的影响了。

访问员：那他们当初是跟人家换的吗？

刘丹：以前都是房管所的，要去置换的。听我妈妈说，刚进来的时候这里住的人很少。他们要置换的时候，房管所的人就带着一个个单位看房型，看下来最喜欢那边七楼的单位。我们这个大楼有一个特点，两头的单位稍微大一点，当中几套偏小一点。我妈妈考虑的主要因素是客厅的面积，希望尽量大一点，这样她可以在家里练功、踢腿、舞剑、走圆场。

访问员：那您小时候对699号家里的房间有什么印象吗？

刘丹：印象就是很好玩啊。门多，而且套间一间一间，都是相通的。小朋友或者亲戚来家里，我们就捉迷藏，一会儿躲这个房间，一会儿躲那个房间，觉得很奇妙的。

访问员：通常都会躲在哪里呀？

刘丹：壁橱，小孩子就往壁橱里躲。壁橱很大，有的大概有2平方米，有的是1.5平方米。之前我们家有四个壁橱、三个小房间、两条大的走廊。捉迷藏的时候躲来躲去、逃来逃去的，非常开心。

访问员：听起来那个单位面积蛮大的。您小的时候家里住了几口人呀？

刘丹：我们一家三口和两个阿姨。一个是烧饭阿姨，还有一个是专门照顾我的阿姨。听父母说，在我出生之前，我的姨妈，就是我妈妈的妹妹，他们一家五口也住在这里。后来妈妈生了我以后，姨妈他们就到北京去了。所以三口之家住还是比较宽松的。

访问员：那您当初是住在哪个房间啊？

刘丹：我是一个人住在699号那个单位一个北面的房间，父母睡在南面的房间。

访问员：那阿姨都是住在家里的吗？

刘丹：阿姨有自己的小房间，有六七平方米。如果你在自己的房间要找阿姨，因为中间隔了一条很长的走廊，你叫她是听不见的。所以每个房间都有一个

母亲傅全香和父亲刘健结婚照，摄于1956年，左图左下角为刘健字迹

厨房门上的备餐小翻板

铃，一按这个铃，厨房的铃声就会响。然后厨房有一个盒子，"啪"跳下一个"1"，就说明是1号房间在呼唤。那阿姨就会到1号房间去。有时候，"啪"跳下"3"，那就是3号房间在呼唤，她就到3号房间。哪个房间按铃，它都有对应的数字的。

访问员：现在这个铃还看得到吗？

刘丹：没有了啊，在的话这真的是文物呢。

访问员：是啊，之前一个居民有提到过这套设备，但是我们没有看到过。

刘丹：应该都没有了。"文革"以后，我们搬来731号现在这个单位，这些设备就都没了。还有就是，厨房进饭厅的这扇门上都有一个小窗的，小窗底下有个小台面。厨房间阿姨烧好饭菜之后，就把东西放到小窗的台面上，然后饭厅里的阿姨再把饭菜拿到桌上去，是这样的。

访问员：哦哦，这个台面现在好像都也不用了吧？家里边还有什么其他的设备可以介绍一下的吗？包括火炉啊、热水汀啊这种。

刘丹：有的，但是等我懂事的时候这些就几乎不用了。之前我听妈妈讲，房管所会烧水的，后来就没有了。

访问员：那您对公共的地方还有什么印象吗？比如说电梯呀，花园呀这些地方？

刘丹：这些是我们童年最快乐的地方。我们小时候的玩伴，既是邻居又是同学。这里的电梯走廊比较长，我们会在走廊上跳橡皮筋、踢毽子。而且走廊的地砖是一块一块方的，我们就弄个石头在上面"造房子"，以前的娱乐就是这么简单。还有的时候，我们会躺在花园的草地上看天上的云："这朵云啊像一匹马，那朵云啊像一朵花。"

访问员：这也太浪漫了。您对楼上的天台有印象吗？有没有上去过？

刘丹：天台也上去啊。天台很别致，很漂亮的，它是比较欧式的，跟别人家的天台不一样。上面还有一个水箱，我们会顺着旁边的楼梯爬到上面去看水箱。小孩子觉得这个楼很神秘，还有地下室。地下室里面住着专门看管这栋大楼的工作人员。下面黑漆漆的，他们会在下面种蘑菇的。我们总归是几个人讲好，躲躲闪闪地跑到地下室去看看。

访问员：你们有没有看到过游泳池呀？

刘丹：那个时候倒没看到，没敢走进去。就是在外面看到有人住在里面，还种了蘑菇。因为年纪小嘛，不敢往里面去。有时候里面看房子的人出来，讲一句"谁啊？"，我们就赶快逃走了。

最寂寞的时候

访问员：以前有什么节日是印象比较深刻的？会过什么特别的节日吗？中秋节啊？过年啊？

刘丹：说句实话，逢年过节是我最寂寞的时候。因为每次节日，我的妈妈就要出去演出了，晚上一两点钟才回来。以前的戏时间长，经常下午还要演。她一到家，几乎就是睡觉了。所以好像不太能见到她的。唯一是大年初一，既是节日又是我爸爸生日，妈妈休息在家，我姑妈一家和我姨妈一家也会到家里来一起庆贺，那天是最热闹的。大家的娱乐节目是什么呢？就是唱我妈妈的戏啊。家里有各种道具，绸带啊，翎子啊，长矛啊，大家就在客厅里面扮演各种角色。他们像大孩子一样，非常活跃，唱唱跳跳、捉捉迷藏什么的。

访问员：那个时候爸爸的工作忙吗？

刘丹：他也非常忙。他们两个人不是这个不在家，就是那个不在家。因为我妈妈还经常要到外地去演出的，我爸爸也时常要到外地去，所以很少有三个人在一起的时候。那么我呢，基本上就是阿姨带。后来稍微大一点了，他们就索性送我去全托幼儿园了。

访问员：所以您小时候对父母的印象可能相对模糊一些哈？

刘丹：对，在一起的时间非常少。对妈妈的印象，就是她时常不在家。有时候半夜回来，她会把我从床上抱起来亲亲。

访问员：这个您有印象？

刘丹：这个有印象，睡着了嘛，被她抱起来。看到她回来就很开心的。

访问员：您母亲在越剧界是一个举足轻重的人物，她是怎样走上这条道路的呢？

刘丹：苦啊，穷啊。我母亲出生在浙江嵊县（今嵊州市）的一个农村，村里的女孩子通常有三种选择：一是去做童养媳，二是到外乡做童工，最后是唱戏。我的外公以前是在……他们叫"滴兜班"，就是小歌班、小剧团里面打鼓的。那个小剧团叫四季春科班。我妈妈稍微长大一点之后，外公就把她带到那个剧团里，这样至少不会饿肚子。那我妈妈呢，她有一个先天条件，就是嗓子特别好。她像男孩子，小时候捉泥鳅、挑蛇洞、爬树，样样精通。爬在树上"哇哇哇"地叫，声音从一个山头传到另一个山头。当时进四季春科班要考试的，她

刘丹和母亲傅全香

跑上去一唱，嗓子非常响亮。评审的师傅说："哎哟，这个孩子不错，有前途的。"就把她招到剧团里去了。就这样，她9岁就进了四季春科班，专攻花旦，开始了自己的演艺生涯。

访问员：好像说她第一次上台是被师傅一脚踢上去的？

刘丹：对啊，她那个时候年纪小嘛。那出戏她最后出场，前面要等好长时间，等着等着睡着了，睡在那个装服装的箱子里面。快轮到她了，大家找啊找，终于在箱子里找到她了，把她一把拎出来。她迷迷糊糊的，师傅叫她到台上去唱。她跑到台旁边一看，黑压压的一片观众，吓死了，不敢出去。不出去不是要冷场了吗？师傅着急了，一脚把她踢了出去。她一惊，到了台上马上反应过来了，一段戏就唱下去了。她小时候聪明伶俐，一唱出口，嗓子又好，一出场就得了一个满堂彩。那么小的孩子第一次上台就给观众留下了很深的印象，师傅就开始培养她了。后来没多久，我外公、外婆先后去世，家里上有老、下有小，我妈妈只有唱戏养家一条路。14岁的时候，她跟着科班来了上海，一路在剧场演戏，又在电台里唱戏，一有时间就想尽办法去看戏，去吸收不同的唱腔。

访问员：傅老师一直和范瑞娟老师搭档唱戏，范老师也是住在这里的吧？

刘丹：对，她以前住在五楼，我们住七楼。

访问员：你们走动得多吗？

刘丹：记忆中不算很多。但是凡是范阿姨有事情要出去了，他们的孩子就到我们家来。我妈妈要出去了，就会把我放到他们家去，互相照顾。

访问员：除了舞台上的搭档，看来生活中也是。

1951年国庆，傅全香（右）和范瑞娟在北京怀仁堂上演《梁山伯与祝英台》

刘丹：生活中也是搭档啊。她们舞台上是花旦、小生，生活中也有点像的。每次到外地演出，我妈妈都会帮范瑞娟阿姨整理行装。她说："哎呀，你这个箱子乱七八糟，东西乱放，到时候找不到。"我妈妈收拾得很整齐，每一个东西怎么放，她会帮她打理好的。那么范阿姨也会照顾我妈妈：这个东西你不能吃，对身体不好；那个地方不能去，会有什么问题。她处处很关心我妈妈。她们生活中也是互相配合的好搭档。

访问员：她们做了多少年邻居啊？

刘丹：没有几年。"文革"之前范阿姨就搬走了。

访问员：你对范阿姨家里还有印象吗？

刘丹：嗯，她们家很大的，而且是整个大楼沿华山路一侧唯一有阳台的一家，这个印象很深。

访问员：那你们两家小孩子通常在一起玩点什么呢？

刘丹：玩游戏啊什么的。有一次，范阿姨的儿子到我们家里来，我们就玩我妈妈的拖鞋。那双拖鞋上有许多漂亮的珠子。我们一人拿一只拖鞋，把上面的珠子全部都拆掉了。我妈妈回来吓一跳，一双拖鞋变光板了。

父母的美丽人生

访问员：您母亲是什么时候跟您父亲有联系的呀？

刘丹：跟我父亲联系是20世纪50年代的时候。50年代初正好是我妈妈很红的时候，好多观众给她写信。她看到当中有一封信的字写得特别好看，就被吸引了。拆开一看，字里行间都不是说你怎么漂亮，唱得怎么好。他说：你这个角色，真声太真，假声太尖。哪些地方表现得好，哪些地方还不够，最好再怎么样改进。她觉得这封信很有启发，就开始注意这个人了。我爸爸五年间写了好多信，被调去波兰工作的时候也写，每次写完都还放一个回信的信封，上面用英文把自己的收信地址写好。但我妈妈没有给他回信，都是一封一封认真地看，在不断地了解这个人。巧的是，我的姑妈和"越剧十姐妹"中的吴小楼是战友，就想撮合他们认识。结果，我的爸爸妈妈1955年第一次见面就在枕流公寓731号三楼——我母亲最早的家中。我父亲上门的时候，带了一个花瓶作为定情物。当时他刚从国外回来，穿西装、风衣，打个领带，在50年代这种打扮是很新奇的。我

刘健与傅全香初次见面时赠予的定情信物

1956年8月，父母结婚当天，于五斗柜前和伴娘戚雅仙（右）合影

听妈妈的同事和家里的亲戚讲，我爸爸特别绅士，凡是要出门的时候呢，先帮女士拿大衣，给她们穿好，然后往后退一步，Lady First（女士优先），都是很西化的那一套。那我妈妈呢，可以说对他是一见钟情的。

访问员：您父亲年轻的时候是很英俊潇洒啊，很少有小姑娘不动心吧？

刘丹：嘿嘿嘿，还是比较帅的。以现在的标准来看，应该也还是帅的。

访问员：是啊。当时好像说您父亲在五年里写了1000封信给您母亲对吧？你妈妈都没有回他。

刘丹：这个不一定，1000封倒也不至于，反正写了好多信。我妈妈倒是没有回他，都是一封一封认真地看，在不断地了解这个人。

访问员：她心里是怎么想的？有跟你说过吗？

刘丹：她觉得他们两个人在文化上相差比较悬殊，我爸爸是浙江大学毕业的，后来考取了公费名额留学英国的，我妈妈当时说起来是一个唱戏的。另外，我妈妈觉得自己身体不太好，因为那时候演出很多，很辛苦，她得了肺结核，每天吃药，身体很虚弱。再就是她觉得自己家里的生活负担比较重，所以她是很有顾虑的。而且他们两个当时都三十好几了，在那个年代说起来年纪都很大了，也不要去耽误人家，所以就迟迟不肯答应。但是我父亲在知道母亲的这些顾虑之后，写了一封很长的信，把这些问题一一化解掉了。大概就是说他可以在生活上照顾她，也可以在文化艺术上帮助她，从那时候起我妈妈的心才开始慢慢"化冻"。

访问员：守得云开见月明。于是他们就在"枕流"见上了第一面，后来结婚是不是也在这里结的呀？

刘丹：是的，结婚前不是搬到枕流公寓699号的七楼嘛，在那里搞了一个

1948年，刘健投奔解放区——华中军区三分区所在地
刊载于2015年1月25日的《新民晚报》

party（聚会），听说很简单，只花了50块钱。因为他们所有的心思、所有的时间都在工作上，所以就稍微请了几个朋友过来，弄点茶点吃吃，非常简单。伴娘是戚雅仙，也是唱越剧的。

访问员：那天好像正好是你妈妈的生日哦。

刘丹：对，8月份嘛，她是夏天生的，正好是她34岁的生日。

访问员：您父母结婚之后，他们的婚姻道路因为历史问题可谓一波三折。这些应该都发生在您出生前后不久的时间里吧？

刘丹：50年代末，他们结婚没多少时间，"反右"就开始了。我父亲是浙大（浙江大学）雷达电讯专业毕业的，后来被国民政府公费派到英国皇家海军大学念书。1944年6月6日，盟军在诺曼底登陆的前夜，我父亲在"伏波号"上航海实习，每个人都做出要牺牲的准备，写好遗书。好在后来没事，他也学成回国了。英国人送给国民党两艘船，其中一艘就是"伏波号"。但是到了国民党手上以后，外行领导内行，"伏波号"在福建外海被招商局的一艘商用轮船撞沉了。我父亲当时回来在青岛的一个海军学院做教官，知道这个事情之后感觉很失望。而且国民党里面非常混乱，钩心斗角得厉害。他的一些同学被抓、被诬陷，他就越来越看不惯。我的姑妈是在上海圣约翰大学读书的，参加了地下党组织，后来被国民党发现了，她就赶快逃到自己老家。这样一来，有些信息就没办法通知出去了，于是我爸爸就帮我姑妈联络送信，秘密转移中共地下党。再后来，他也加入了共产党，新中国成立后还被派去波兰大使馆工作过一段时间。

但是这段历史，在1958年"反右"的时候是很难讲清楚的，他就被当成右派机会主义分子，一直要接受审查，被开除党籍，还免去了外轮公司的职位。我妈妈那个时候事业当红，入党申请递上去了，但是单位把她的党员观察期延长了一年。同时，也有人跟她讲，你老公有那么多的历史问题，你要想好好发展，就得跟他离婚。那我妈妈就说：我相信他，他是个党员，我相信他是爱党、爱国的。所以，她是非常坚定的，就一直陪伴我爸爸走过来了。

他们的感情，不是你爱我、我照顾你这么简单的。他们是患难之间的一种真情。到了"文革"，倒是我妈妈被冲击得比较厉害。我爸爸就拼命鼓励她，给了她许多动力，她就坚持下来了。他们夫妻两个就是这样互相鼓励，经历了许多坎坎坷坷走过来的。

访问员："文革"的时候，他们无奈之下还把你送到北京去了对吗？

刘丹：对呀。因为他们特别不忍心我去看这种情景。我们一楼有一个何老师，是卢湾区（今黄浦区）小学的特级教师。她对我们家庭特别了解，相信我爸爸妈妈是很善良的人，知道红卫兵要来抄家了，就赶快把我带到他们家去，有时候还让我睡在他们家。后来，我父母觉得也不能老这样，就把我送到北京姨妈家去了。

访问员：您当时的感受是什么样的啊？

刘丹：我父母永远给我一个非常坚强、乐观、充满信心的印象。他们一直跟我说：你的爸爸妈妈是热爱共产党、热爱国家的，是好人。相信党、相信群众会给我们一个正确的结论的。因为我当时小，不知道发生了什么事情，他们就一直这样跟我说。记得有一次，红卫兵来抄家，我爸爸就把我放在阿姨的小房间里。因为阿姨是劳动人民，红卫兵是不会去抄她房间的。然后隔一段时间，稍微抽个空，我爸爸就跑过来把门开开，对着我笑笑："马上好了哦。"过一会儿，又来塞一块巧克力给我。等到结束了以后，红卫兵不知道怎么要把我爸爸带走。走的那一刻，给我印象特别深，他还回过头来对我笑了一下，就好像没事一样。后来我看一部电影叫《美丽人生》对吧，那个父亲被带走的时候，还跟儿子说这只是一个游戏。当然我爸爸那个时候没说是游戏，他只是回过头对着我笑笑，但也给了我无限的安慰。

访问员：你的父母是很伟大的。

刘丹：嗯，很坚强的。我妈妈一直说：我们是从小苦出来的。各种各样的苦都吃过，所以什么都能经受。

访问员：您还记得去北京的那一天吗？是坐什么交通工具从上海出发的？

刘丹：坐火车啊，是我北京的表姐来带我去的。走的那天中午，我爸爸去买了一个西瓜，进家门的时候，整个人跟跟跄跄的。他的表情非常沉重，我估计他的心里是非常难受的。西瓜吃好了以后，我就跟表姐去坐火车了。到北京去也很开心，有表姐、表哥嘛。走的时候，我觉得很快就会回来的，没想到一去就是一年。这个一年，对一个六七岁的孩子来说是非常漫长的。

访问员：那后来在北京待了多久回来的？

刘丹：待了一年回来的。那个时候刚好是1968年、1969年吧，工宣队进驻文艺单位，这样的话整个情况就好转起来了。

访问员：在北京待了一年，回来的时候发现家里有什么变化吗？

刘丹：回来的时候变化大了。家里只剩了一间最小的房间是给我们的，里面只有一张小床，还剩一个五斗橱。这个大橱我现在还保留着，是要跟我一辈子的。这个也是我们家的一个历史嘛。

访问员：为什么会想保留这个大橱呢？

刘丹：哎，这是我父母他们的生命啊。他们结婚的时候买的这套家具，我就觉得这个里面有他们的呼吸，有他们的温度。如果父母还在的话，他们就会在事业、在生活上给我很多的鼓励与支持。但是现在他们不在了，他们留下的物件也算是一个精神支柱吧。所以我要把它传承下去，把我们家的历史一代一代地传承下去。

成长路上的守护者

访问员：从北京回来就开始读小学了吧？

刘丹：对呀，读小学，一年级都已经过半了。我连拼音、加减乘除都不懂，一上课真的就像听天书一样。这个又要讲到一楼的何老师了，她就天天来给我补课，所以没多久我就跟上去了。因为我父母经常不在家，要隔离审查，何老师就帮我准备了一套文具、一个书包，还有一个铅笔盒，里面的铅笔全部都是削好的。她真的就和我的父母一样，我和她的女儿到现在还是非常好的闺蜜。因为再早的时候，何老师夫妻两个都要工作，小孩没人管，我爸爸妈妈有时候就会把他们的女儿接到楼上，邻居之间互相照顾嘛。

访问员：何老师一家现在还住在一楼吗？

刘丹：搬走了，何老师得了阿尔茨海默病，住在护理院里面。

访问员：哦，看来你们两家到现在都还是联系得很紧密的。

刘丹：真的是至亲好友、患难之交。

访问员：除了何老师之外，父母在对你的教育上有没有一些令你难忘的事情呀？严格吗？

刘丹：严格！对我非常严格。我妈妈说：因为你是傅全香的女儿，所以什么都不能搞特殊化，不能有什么优越感，一定要和劳动人民打成一片。我穿的衣服都是我妈妈的旧衣服改的，衣服裤子都做得比较大。等人长高了，我妈会找差不多颜色的布给我的裤腿下面接一段。而且他们对我的要求就是："我们培养你要有才。这个'才'才是无价之宝，火烧不了，水冲不掉，你才可以不断地创造财富。"

访问员：他们会有意识地培养你哪一方面的才能啊？

刘丹：我小时候很喜欢音乐，日思夜想的，但因为当时家里的特殊环境买不起钢琴。后来等我爸爸平反以后，他用还过来的第一笔钱帮我买了一架钢琴。我非常激动，把它看成宝贝一样，就开始学琴了。他们说不是要培养我走什么专业道路，就是多一些艺术修养，培养协调能力，也锻炼逆商。因为在学习弹琴的时候，会碰到许多困难，有的是指法，有的是音乐节奏，碰到了各种困难，就要想办法去克服。

访问员：他们平时会很严厉地盯着你练琴吗？

刘丹：会啊，声音没有了就要讲了。他们不像现在的父母，会站在旁边看着小孩练。当时都是我自己练，他们就听着，看你是不是停下来了，比较严格的。穿衣服也是，不是你觉得这件衣服好看想买就买的，要等父母觉得你需要了，才给你买一件衣服。我妈妈常说：我们培养你是让你和人家比学习比进步的，不是比吃比穿的。不然妈妈会非常失望的啊。

20 世纪 60 年代，刘丹和母亲在枕流公寓 699 号家中客厅

访问员：平时做功课，他们会不会监督的呀？

刘丹：监督的，学习是我爸爸管的。他会根据学习的内容给我出卷子，特别是英语。小学的时候，我是英语课代表。英语老师有几次请病假，后面要上什么课都跟我讲，叫我回去跟我爸爸讲。爸爸先辅导我，我再到教室里去教同学。没想到一节课40分钟，大家都听得很认真。

访问员：你爸爸在国外留学了好几年，英文功底肯定很扎实。那妈妈会教你唱戏吗？

刘丹：没有，她觉得我们家有一个唱戏的就够了。不过她会帮我做小戏服、灯笼裤，腰里面弄个红绸带。她天天在大厅里面练碎步，我就跟在她后面转转转，挺好玩的。

访问员：作为小朋友，应该对那些唱戏的行头很感兴趣吧？你有去翻翻看看吗？

刘丹：有啊，她不在的时候，我就把她的化妆箱拿出来化妆，把她的衣服穿好，头套弄好，对着镜子唱啊跳啊，开始表演。有的时候和何老师的女儿一起，两个人衣服穿好，脸都涂得乱七八糟的，就在镜子前面表演，很喜欢的。

访问员：有去看妈妈唱戏吗？

刘丹：看的啊。很小的时候，当时还在幼儿园，我爸爸带我去看《江姐》。戏刚开始还没什么，到后面不对头了，江姐不是被抓进渣滓洞要上刑法了嘛？手铐铐好，身上一摊一摊的血，又坐老虎凳。我一看不对了，就在台下喊起来了："妈妈要死啦！"哇一下哭开了。哎哟，我爸爸一想不对，抱着我就逃出去了。后来，他就觉得小孩太小，不能到剧场里面去。但是我妈妈演戏又很晚回家，有时候好几天都见不到。怎么办呢？我爸爸就带我坐着三轮车在剧场外面兜圈子。他说：妈妈就在里面演出，现在几点钟刚好是演到哪一场。这样呢，我感觉妈妈就在身边啊。

送君千里终须别

访问员：这样听下来，好像童年时期，父亲给你的陪伴反而更多一点啊。

刘丹：对，到"文革"的时候，两个人都不在身边了，在这之前是父亲陪伴得多一点。后来1975年落实政策，我们搬到了731号现在的这套房子里。没多久，我父亲就走了，他是1978年走的。因为那时候他在写许多平反的材料，每次写，情绪都非常激动。那天叫他吃饭，门一开，看到他趴在写字桌上，脸都是青的，赶快跑去叫医生。我们六楼有一个卢湾区（现黄浦区）中心医院的医生，三楼是中山医院心内科蔡主任。我爸爸发心脏病走的那天，他们刚好下班，冲上来就开始抢救。一个压胸，一个口对口地做人工呼吸，抢救了一段时间，已经回不过来了。这个也真的是邻居第一时间照顾到我们，帮助到我们，邻居之间的感情一直都深深地印在我心里面的。

访问员：你们当时在家吗？

刘丹：我妈妈没回来，我在家里。我爸爸写材料的时候，心脏病就发作了，药盒子到手边了，但没来得及把药吃下去，一点声音都没有，就过去了。

访问员：爸爸走得这么突然，你们没有任何思想准备，这个打击肯定是很大的。

刘丹：对呀。爸爸一下子走掉了，我妈妈是非常痛苦的，她真的就说好像天塌下来的感觉。因为为了配合妈妈的工作，家里很多事情都是爸爸负责的，包括水电煤，包括饮食方面，都是爸爸来的。除了生活上的打击，还有精神上的打击，这个更厉害，更痛苦。因为他们是生活中的伴侣，也是事业中的伙伴。后面的路很长，平反以后，我妈妈还有好多戏要演呢。

访问员：爸爸为了妈妈的事业发展，应该也放下了很多他自己的事情吧。

刘丹：嗯嗯，是的。

访问员：他当时从外国回到上海，很大程度上也是为了你妈妈。他觉得你妈妈在国内有那么多的演出，是不可能跟他一起出国去的。

刘丹：是的。就是为了我妈妈，他放弃了在国外的工作，回到了上海。他是1953年到波兰大使馆工作的，1956年初先调回天津，在中波轮船公司（中华人民共和国与波兰共和国于1951年合资创办的一家远洋运输企业，也是新中国第一家

20 世纪 50 年代，刘健（左一）在波兰　　　　　傅全香《情探》剧照

中外合资企业）任职。1956年年底再调到上海外轮代理公司，任副总经理。

访问员：每次妈妈演出结束回来，你爸爸都会去车站接的是吧？

刘丹：嗯，怕她一个人嘛。我爸爸先是在家准备好点心，因为我妈妈他们演出完通常都要吃点宵夜的。准备好了以后，他就会到48路车站去接我妈妈。我那个时候也心疼我爸爸，我说你心脏病，睡眠是很重要的，你就睡吧。他不肯，还是要陪陪我妈。那么我妈妈演好戏回来特别兴奋，会跟他讲今天演出的情况，观众的反应，两个人会聊一会儿的。

访问员：他们在一起二十几年，你爸爸都是这样的吗？我以为在前期刚谈朋友刚结婚的时候是这样，原来一路都是这样的啊？

刘丹：只要是我妈妈上台演出，他都会关注。有时候他到现场去看戏，就把自己当作一个观众，关注我妈妈的表演，还会听左右观众的反应，演出结束后再跟我妈妈反馈。后来我也是这样。

访问员：这真的是几十年如一日的陪伴啊，太不容易了。

刘丹：所以爸爸一下子走掉了，妈妈是非常痛苦的。后来一个是因为我还小，18岁，所以她一定要咬紧牙关把女儿好好培养成人。另一个是她的事业给了她许多安慰和动力。我爸爸走了以后没多久，她马上就上台演出了。她把所有的痛苦都化在了剧中的人物，你分不清楚那个眼泪到底是杜十娘的还是她的。

访问员：那爸爸的离开，对你来说，生活又发生了怎样的变化呢？

刘丹：很孤单，因为妈妈出去演出了，我就一个人在家，是阿姨陪着的。

父亲没有了，就像一棵大树倒下了。有时候听到电梯响，我就幻想最好是爸爸走进来。还有碰到什么困难的时候，就会想到如果爸爸在就好了。因为以前家里碰到什么困难，爸爸都会跑到前面，第一时间去处理，去跟人家交涉。包括那个时候，我们学校选拔共青团员，老师把我放在很后面。我爸爸就到学校去找老师："平时一直听你们说她怎么好怎么认真，参加什么活动，这种情况下为什么没有入团？无非就是我们家的成分问题啊。"他说："毛主席也讲了，可以有教育得好的子女，难道我的女儿就不能教育好吗？"就这样一次一次地去了解，去问老师，后来学校终于让我入团了。

访问员：慈父如山，但是后面的路就只能靠你自己再走下去了。

刘丹：是的。妈妈每次出去演出，我都会给她写信。我说：妈妈你好不好？我今天特别想哭。其实就是想她嘛。因为父亲刚走，妈妈又要出去演出。我说：最好你演不好，身体也吃不消，就可以赶快回来了。现在看看以前写的信，觉得很幼稚的。有时候也会跟她汇报这次的成绩怎么样，今天看了什么书，今天过得怎么样，都会跟她说的。

我的越剧艺术家母亲

访问员：那后来你是怎么走出来，又找到了自己的方向的？

刘丹：慢慢随着时间吧，一点一点地。我觉得人的修复力是非常强的，都会一点一点修复的。然后，妈妈的许多精神，她的人格魅力，也在不断地影响我。后来，我也走上工作岗位了。

访问员：走上工作岗位之后，你们每天的日常还有印象吗？妈妈还是不常在这个家里出现吗？

刘丹：这个时候她在家里比较多，舞台剧少了，拍影视作品变多了，《杜十娘》《梁山伯与祝英台》《人比黄花瘦》等。她还写了好几本书，总结她的唱腔，梳理她的人生经历。就是在这个房间里面，有她许多的身影。

访问员：您和您的先生是怎么认识的？

刘丹：在这里认识的。是我妈妈的一个朋友、晚报的一个记者介绍的。说是副总编的儿子，在海关工作。我先生是上海海关监管处一级关务督察，他们家五个兄弟全部都考上大学的。我妈妈第一次见面，觉得挺满意的。后来又见了第二次。她先见了两次面，第三次才让我跟他见面的。妈妈很早前就跟我约法三章：你首先要认真工作，业务要提高，不要想着怎么追求漂亮。谈朋友一定要妈妈来帮你选，一定要我看中了你才可以考虑的。刚进公司的时候，里面有不少老师想

20 世纪 90 年代初，傅全香拍《人比黄花瘦》时，刘丹去苏州探班

1992 年上映的《人比黄花瘦》，傅全香饰李清照
该剧获得了全国电视剧"飞天奖"荣誉奖

帮我介绍，因为我们是涉外单位，有船长啊什么的。我说：哎哟不行的，我妈妈讲一定要她看中的人。那后来人家也就不介绍了。

访问员：哈哈，你妈妈把关严格的呀，要经过一面、二面的。

刘丹：第三面才是我。

访问员：对，第三面你才出场。那你们的婚礼是在哪里举行的？

刘丹：婚礼是在外面，我们就摆了两桌，很简单的。因为谈朋友的时候，我妈妈就说了，你们思想上要提高，学习业务上要提高，要追求知识，讲吃讲穿的我是不喜欢的。所以我们谈朋友就去美术馆啊，电影院啊，看好了就回来，不能跟人家去吃饭的，不能让别人花钱，也不能要人家东西。所以我先生谈了我这样的朋友，他很开心的。我妈妈不单这样教我，我儿子要出国读大学的时候，她交代了两件差不多的事。第一，有困难的时候要找大使馆。第二，要多学习，不要随便交女朋友。

访问员：哈哈，祖传家训。在你眼中，母亲是怎么样的一个人啊？

刘丹：她的性格非常活泼，会被各种新生事物吸引，喜欢与时俱进。在生活上大大咧咧，但是在艺术上精益求精。她这一辈子，就是为越剧而生的，为了越剧呕心沥血。哪怕是病痛的时候，再艰难窘迫的时候，她的精神支柱就是她的越剧艺术。包括她中风，躺在床上什么都记不住，家里的门牌号记不住，电话号码也记不住，唯一能够记住的就是她的唱词，她都能很清楚地背出来。所以说她的生命是为艺术而燃烧的。崇拜别人比较远，崇拜我的妈妈呢，她就在我的身边。

访问员：您妈妈中风的时候是几几年啊？当时多少岁？

刘丹：84岁，2007年。

访问员：她七十几岁演《人比黄花瘦》中的李清照，当时好像也是带病拍摄的哦？

刘丹：那时候她就觉得气不够，老是冒虚汗，人容易累。后来小便的时候大出血，到医院一查，是很严重的子宫肌瘤，马上要开刀。她说不行啊，这个戏刚拍了一半，整个剧组在那里等着，还有费用的问题，就坚持要把这个戏拍完。她又当导演，又当场记，又当策划，又当主演。她在整个剧组里面算是一个中心人物，所以非常辛苦。

访问员：前后拍了多长时间啊？

刘丹：拍是拍了几个月，但是她筹备了很长一段时间。她一个人拖了一个拉杆箱去李清照的家乡，又沿着李清照在战乱时走过的地方一路走过来，都是一个人去的。我劝不住她，我真的是不舍得，很心疼她。我说：你年纪这么大，跑到那些人生地不熟的地方去。她说：没关系的，我一去，当地都会招待我的。你让我到一个人生地不熟的地方，要开展那么多的工作，了解那么多的历史，我觉得是很难想象的。

访问员：尤其是七十多岁高龄。

刘丹：七十多岁啊，要去写剧本、筹集资金、找演员、找编剧，还有谱曲呀，都是她在统筹的，大部分的创作工作她都是在家里完成的。

访问员：傅老师在一次采访中说，她这一生最爱三个女性角色：祝英台、刘兰芝和李清照。其中，李清照这个角色是她在晚年阶段投入大量心血塑造出的。为什么她会对这个角色这么情有独钟？您了解其中的原因吗？

刘丹：一个是因为我父亲比较喜欢李清照这个中国女词人。他跟我妈妈说过，根据她的年龄，可以尝试演这么一个古代的知识分子形象，可以把她搬上舞台。另外一个原因是我妈妈出于对我父亲的感情，而且她自己也很喜欢这个不屈不挠的女性形象，所以她就一定要把李清照的这个戏给演出来。

访问员：那在拍戏的过程中，由于身体的原因，傅老师有没有发生过一些比较危急的情况？

刘丹：拍这个戏没有，拍《杜十娘》的时候有过。晚上别人都休息了，她还在考虑明天的事情，走台的时候摔了一跤，整条腿都不能动了，半夜里是人家把她抬回家的。结果第二天，她说好多了，撑了一根拐杖就走了。拖不住她，真的没办法，她就是爱这个舞台，爱越剧艺术，也爱观众。

访问员：好像说1983年一次去香港演出，是刚刚做完乳腺癌的手术对吧？

刘丹：嗯，做完两周就去了。以前开刀不像现在，有微创或者做大手术能够保留许多组织。她那个时候已经到了中期，整个全部开掉。一个刀疤，有30厘米左右长。因为怕扩散，拿掉了几根肋骨和整个淋巴，非常大的一个手术。她就带着个引流管，管子还在抽里面的血水，就去演出了。当时我很担心，坚决拖住她，不让她去。她说：你妈妈是粉碎"四人帮"以后第一次到海外去演出，这个影响是很大的。香港的公交车上都贴出了大幅的广告。轮到我就换演员了，那观众会很失望的，还以为我在国内发生了什么事情。我一定要让他们知道国家是非常爱护和重视我们这些老艺术家的。因为当时信息还比较闭塞，所以她就一定要去，坐飞机怕伤口崩线，最后是坐船到深圳罗湖那边再转去香港的。

访问员：水路的时间很长啊。

刘丹：比较长。

访问员：做傅老师的女儿也挺不容易的，天天担惊受怕。

刘丹：真的哦。她在外面演戏，我这个心就悬着，不知道她会出什么事情。因为她几点钟该演哪一段了，我都是知道的。以前是爸爸跟我讲，后来我自己也就熟了。这个时间段她要动手甩水袖了，我就很担心。演好以后，她打了个电话回来报平安，这下我心里的一块石头才算落地了。所以艺术就是她的精神支柱，是非常神圣的，这个神圣的殿堂在她脑子里是不可替代的。

访问员：傅老师不但自己有着极高的艺术造诣，而且教起学生来也是毫无保留的，会全心全意地帮她们去排戏啊什么的，是这样吗？

刘丹：嗯，也是在这里排戏的。她说她要把自己的傅派艺术全部传授给学生，让她们能够在艺术的道路上继续走下去。而且她是一个很创新的人，她跟学生讲：你们不要刻意地模仿我，那不是你，不是艺术，那是模仿。

访问员：因为她自己就是博采众长，跟了很多师傅学习，去了不同的地方求艺。

20世纪80年代，由上海电视台拍摄的越剧电视剧《孔雀东南飞》
傅全香饰刘兰芝，刘丹因剧组需要临时客串一角

刘丹：是的，川剧、京剧，什么都学。包括她喜欢看翻译小说、译制片。我说：你是唱传统剧的，看这些干吗？她说：一个演员的眼神是很重要的，我能从这些故事情节里、从好莱坞明星的表演里找到灵感，来丰富我的舞台形象。她说这个是演员要吸收的宝贵财富，都能学到东西的。

访问员：她还去看《魂断蓝桥》，每上一场都要去看。

刘丹：对，哈哈。

访问员：您母亲最后的日子是在医院里度过的吗？

刘丹：最后十年都是在医院里面，中风了十年，基本上连话都不太能说。我结婚之后就不住在这里了，几乎下了班就到医院去看她。后来看到我妈妈的情况一天不如一天，所以退休之后，就干脆又回到这里来了，这样到医院比较方便。

访问员：说明您和枕流公寓的缘分还没结束，还要继续下去。那么最后一个问题来啦，枕流公寓建于1930年，到现在大约90年的历史了。您妈妈作为新中国成立后较早一批搬进来的老文化人，她人生的大半历程是在这里度过的。您父亲在这里和她初次见面，共同孕育了你，又从这里离开。你们的家庭跟这栋楼有着非常密切的关联。那么枕流公寓对您个人或者对您的家庭意味着什么呢？它有什么特殊的意义吗？

刘丹：我是在枕流公寓出生长大的，这个意义就在于它是有生命的，它见证了许多风风雨雨。在父母都过世之后的一段时间里，我想过搬家，不想再住在枕流公寓了，因为这里有太多太多的回忆，还有父母的影子。母亲在客厅里踢腿、走圆场、写剧本，父亲又是在家里走掉的。想到这些就很伤心，那我以后是不是就不要再在这个环境里待下去了呢？但是想想还是不舍得，不舍得这个地方，因为好像我父母的生命还存在。我妈妈的房间，我还一直保留着原样，他们结婚时候的家具都留着。有时候，我跟先生外出旅游，我就会把父母的照片放在桌子上，点三根香，跟他们说："我马上就回来的啊，你们别着急。"所以还是不舍得，那就住下来吧。我想把这个家庭的一些精神传承下去，传给我的后代。我们有责任保护好枕流公寓这个文化遗产，也有义务传承好这段历史。

16 王群：黄金地段的黄金岁月

Wang Qun, Moved in 1966 – The golden years in the golden location.

1948 年生于苏州
1966 年入住华山路 699 号，2000 年搬出
华东师范大学传播学院教授、博导
上海广播电视台播音主持业务指导委员会委员
上海市演讲与口语传播研究会名誉会长

"2003年，台里叫曹可凡做一期谈话节目，他就问我：叫什么名字？我说：其实会谈话的人首先得会听话，再说你的名字——可凡，又好听，咱们就叫《可凡倾听》。"

访谈日期：2023 年 5 月 30 日
访谈地点：枕流公寓 7 楼走廊
访问员：赵令宾
文字编辑：赵令宾、王南游
拍摄：王柱

两小间，一大间

访问员：王群老师好。

王群：你好。

访问员：您是几几年出生的？

王群：1948年，我算是民国人了。

访问员：出生在哪儿？

王群：苏州。

访问员：是什么时候来上海的呢？

王群：具体时间我搞不清楚了，应该是新中国成立前后一段时间吧。

访问员：你们是几几年搬到这里来的？

王群：20世纪60年代，"文革"前后。

访问员：几口人一起搬过来的啊？

王群：搬过来的时候，应该是四口人。我和妈妈、小姐姐，还有一个侄女，因为我哥哥当时从部队转业在外地，我的侄女是和我们一起生活的。后来我哥哥又生了一儿一女，也都轮着在这儿居住过。

访问员：这个房子的内部格局是怎么样的？

王群：这个房子原先应该是一家的。刚住进来的时候，就我们一家。没多久，前后又搬进来两家。

访问员：你们分到的是几个房间呢？

王群：我们有三个房间，两小一大。

访问员：这个单位总共有几大间呀？

王群：四大间，两小间。

访问员：你们的房间是怎么分配的？

王群：我们不是号称三间吗？大间是我妈妈住的，又作为客厅，又作为饭厅。另外的两个小间，我小姐姐住一间，我住一间。侄女、侄儿在的话，是跟我妈妈住的。后来我小姐姐也在这儿结的婚，又生了女儿。再后来等女儿长大了，他们又举家去了我小姐夫的广东老家，随我们一起搬过来的大侄女也结婚搬走了，侄子和小侄女也搬走了。

访问员：你们刚进来的时候，这个单位里的另外几个房间是空着吗？

王群：这个单元另外还有三大间，最早的时候没有人住，但房间都是敞开的，我们虽然不能随便住，但一直可以在里面活动。后来，搬进来一家住了两大间，再后来另一家也搬了进来。一直到最后，出国的出国，搬走的搬走，这个单元的人越来越少了。

访问员：嗯，好像20世纪60年代往后，混住一个单元的比较多。

王群：也是。

访问员：据说枕流公寓有热水汀，你们用到过吗？

王群：热水汀有的，但是已经不供热了，后来就是个摆设了。

访问员：厨房间共用吗？

王群：共用啊。我们的厨房间按从前标准还算比较大，每户人家一块地方，划分得清清楚楚。

访问员：你们是"文革"前后搬进来的，那有受到冲击吗？

王群：我们家里还好，虽然我爸的历史比较复杂，但已经去世了。据说当时曾经有人来调查过我爸的事，我妈对他们说人已经走了，具体的事她也记不清了，这以后也就没人来纠缠过了。我只知道当时这里大家都很恐慌，但是我没看到过有大批的红卫兵冲进来，大概已经过了这个点。

访问员：刚搬进来的时候，枕流公寓给您留下怎样的印象啊？

王群：当时我就觉得这个地方很适合我。我们且不说这栋大楼的历史，也不说这些文化名人吧，单说整个大楼的气场，是充满文化的氛围的。大家不会乱跑、乱吵、乱闹的。邻里之间虽然来往不多，但长辈们善良对善良，真诚对真诚，大家的关系还是不错的。另外，再加上这里周围的环境，对面是戏剧学院，隔壁是儿童艺术剧院，所以里外环境贴合"枕流"的本义，名副其实的确是一个世外桃源。

"九层楼"里的王老师

访问员：今天重返枕流公寓，您觉得整个大楼有什么变化吗？

王群：你要说最大的变化，第一个是从天台上看出去的视野变化。这里周围的环境，那变化是很大的。以前上海大厦都没有，都是平的，现在高层建筑越来越多。我们这个楼，外边的人不叫枕流公寓，而叫"九层楼"的。九层，我不知道他们是怎么叫出来的，恐怕是因为上边有天台、下边有地下室，加在一起了？第二个是马路，以前非常安静，上戏（上海戏剧学院）和儿艺（儿童艺术剧院）的围墙都是竹篱笆，也没有这么多店和车，更没有那么亮的灯光。那个时候大楼没有物业，我记得楼里跟我妈妈年纪差不多的老伯伯、老太太很积极的，到了晚上就戴个红袖章到马路上去治安巡逻了。以前路灯很暗，枕流公寓一侧的路上堆满了厂家晒煤饼的高高的木架子，年轻人总是躲在这些阴暗角落里谈恋爱，当时这是不允许的。记得我和我妈有一段有趣的对话，我问我妈："你们怎么去劝走这些约会的年轻人呢？"我妈回答我说："很简单哪，我们看见有人谈恋爱，拿着手电筒往黑暗处一照就说：'年轻人请到光明的地方去！'"哈哈。

大楼里边我叫得出的这些老人有蔡公公、包伯伯、范老师、三公公。蔡公公就是住在楼下的画家蔡上国，他们一家住在原来乔奇住的那个单元。三公公是个女的，是胡河清的姨婆。以前陈铁迪他们家也住在这里，她的母亲跟我妈妈关系也挺好的。这一波老伯伯、老太太，我们叫起来都很有意思，要不就叫公公、伯伯、阿姨。比如说乔奇老师，我们也不叫乔奇老师的，我们叫什么呢？叫"东东爸爸"。后来我有了女儿，他们管我叫"芊芊爸爸"。大楼里气氛非常好。我还记得这里开电梯的金伯伯、梁阿姨，我们都很熟的。以前的电梯比现在的好，手动的，比这个大，放两辆28寸的自行车没有问题。

我们这个大楼里边，女孩子多，男孩子少，特别是像我这个年龄的男孩子就更少了。跟我年龄相仿、专业比较相近的，是谁呢？二楼的胡河清，他是我们华师大（华东师范大学）的，搞文学的，年龄比我小一点。带他的两个老人跟我母亲的关系不错。还有一个是叶新跃，叶以群老师家的老三，现在在国外。他是上师大（上海师范大学）学中文的。他的妹妹跟我的侄女是同学，关系也不错。还有金通澍、徐东丁、张金玲姐妹俩。我20岁左右，她们10岁出头点，都叫我叔叔的。后来，等她们再大点，也就改口了。记得后来大楼里有停电停水什么事的，

华山路 699 号大门　　　　　　　　在延安中学当老师时的王群，摄于家中的"大间"

我跟乔奇老师的女儿徐东丁比较积极，打个电话联系房管所、电力公司什么的。后来，我俩开玩笑互称"王伯伯""徐阿姨"。

访问员：是的。其实跟您年纪差不多的男孩子是有的，只是他们可能不太爱出门或者到外地去了。因为您搬进来也20多岁了嘛，所以大家应该不会像小朋友一样疯玩在一起了。

王群：可能都是关在家里比较多。我基本上也是关在家里边看看书什么的。

访问员：您做学问多数在哪个房间啊？

王群：谈不上做学问了，也就备备课，写点东西吧，那就在自己的小房间，当时我妈妈还在，我是肯定住小间的，小间就更安静了。

访问员：刚搬来的时候，您20岁出头；是在大学里读书吗？

王群：开始的时候，是在延安中学做语文老师。

访问员：每天上班怎么过去？

王群：走过去，很近的，10分钟就到了。来不及了就骑个自行车。

访问员：您跟当时那些中学生的年纪是不是差得也不多呀？

王群：对的，那个时候年纪轻，最早的一两届他们也就小我七八岁。以前老师怎么教我的，我就怎么教他们，教得还可以吧，最后在延安中学还做到了高三语文备课组组长咧。这些学生到现在都跟我保持着密切联系。

访问员：您考大学是怎样的一个过程啊？比如当时恢复高考的时候，您是怎么得知这个消息？怎么准备？怎么去上大学的？

王群：我跟其他人不太一样，是属于专升本这一类，当然也是要统考择优录取的。当时上海教委（上海市教育委员会）有一个任务，要在各个中学的语文老师里边挑一些骨干，培养出一批本科生，因为以前好多老师都是大专学历。我就是在这个时候考进上师大的中师班的，班上的学生都是中学要重点培养的老师。这也是一个运气吧。

访问员：1977年恢复高考，您是哪年毕业的？

王群：1982年。

访问员：读大学是全职读的吗？

王群：全职。因为我们这个班的同学都是做过老师的，都非常认真。到现在我们跟老师还保持着联系，老师还夸我们这个班比高中上来的接受能力要强一些呢。后来，我又读了华东师范大学中文系的研究生班，专门进修古汉语专业。两年毕业之后，我一直在高校教古汉语。

生活在"三转一响"的年代里

访问员：您跟徐幸老师的婚礼也是在枕流公寓办的？

王群：是的。当时也没什么婚礼，不像现在这么讲究，非要在酒店举办隆重的仪式，就在家里摆了一两桌，就两家人在家里一起吃个饭。

访问员：房间里有什么布置吗？

王群：怎么布置的我都忘了，反正是换了几件新家具吧。当时结婚只要有"三转一响"就行啦。

访问员：什么是"三转一响"啊？

王群：电风扇、缝纫机，还有个自行车，"三转"。"一响"就是收音机。"三转一响"当时算是标配吧。然后好像再有36个抽屉，大橱、五斗橱什么的。不像现在，时代不一样。

访问员：房间有重新装修吗？

王群：没有，这个房子的地板、墙壁都很好，又是钢窗，用不着像现在动不动就装修的。

访问员：那个时候讲究多少床被子吗？

王群：那就更不讲了，好像大家都没有这个概念。我们家从我妈妈这儿开始，从来不过生日的。过年过节也不讲究，我跟徐幸都是过小年夜生日，过完小

20 世纪 80 年代，妻子徐幸和女儿王芊蒨在家中　　　　　　　　　　　　20 世纪 80 年代，王群一家三口在家中书房

年夜就算过了生日了。这到底是叫现代呢？还是叫马虎呢？我也搞不清楚。

访问员：比较简约吧，大概是把精力都放在工作上了。那么在枕流公寓的婚后生活跟婚前相比，有什么变化吗？

王群：一人世界成了二人世界，后来又发展成三人世界，整个生活丰富了，节奏也不一样了。

访问员：空间格局有随着生活变化吗？

王群：还好。

访问员：房间的分配呢？

王群：我结婚后妈妈就到我广东小姐姐那儿去了，这里主要是我们三个还有一个住家保姆，觉得挺宽敞的了。我们从小间搬到了大间，孩子小的时候跟着我们住大间，大了以后住小间。另外一个小间就是我的书房。

访问员：你们洗澡要烧水吗？刚搬来的时候应该是放不出热水了吧？

王群：哎哟，我都忘掉咧。好像是有这么个阶段，要烧水的，后来有热水器了。我记得那时候如果要取暖，是用煤气的。橡皮管子接到各个房间，然后煤气上面火红的火上来，这个很不安全，但取暖效果很好。当时还不是一般家庭都有的，要高级职称的家庭才可以申请的。徐幸的高级职称评得比我早，这是沾了她的光的。

访问员：孩子长大后，生活在这儿会觉得局促吗？她娑与作业咧。

王群：也还可以，因为不管怎么说，我们号称三间嘛，分得开的。女儿幼儿园在中福会（中国福利会），小学读的是华山路第二小学，就在隔壁，自己走过去，我们不送的。初中的时候，她在我曾经工作的延安中学就读，我们还住在枕流公寓。高中在市三女中（上海市第三女子中学），我们就搬到胶州路了，大学就读上海大学美术学院。

访问员：女儿童年的时候有什么趣事吗？

王群：哈哈，她的趣事多着呢。她刚刚会说话的时候，我抱在怀里，去看她妈妈演小话剧。剧场是沉浸式的，舞台跟观众很近。当时跟她妈妈演对手戏的角色有一句台词，骂她母亲："他妈的！"她妈还没接词，我女儿就在下面很有节奏地来了一句："你他妈的！"全场观众傻掉了，回头一看，一个小孩子，知道肯定是家属，全场哄堂大笑。她当时还好不会走路，要不然她说不定会冲上台就热闹了。还好徐幸也没笑场，继续演下去了。

访问员：哈哈，这个表现出文艺家庭对小家属的熏陶啊。我看徐幸老师在20世纪八九十年代演了不少话剧，也拍了好几部电视剧。

王群：那个时候电视剧没有现在这么多，就是那么几部，基本上演一部火一部。现在，她主要凭自己的兴趣，合适的她就去，不合适的她就还是演话剧。

访问员：你们平时都很忙，有时间带孩子吗？

王群：我前面说了小时候有住家保姆。我女儿一直说她没有童年，为什么呢？她4岁不到就开始弹钢琴，小学没毕业就拿到了十级。这全靠着她母亲管着她，每天练两三个小时。所以她们一练钢琴，我就"离家出走"，因为必定要吵的。考级证书拿到以后，她就再也不弹钢琴了。那个时候学的东西也不少，除了钢琴、画图、围棋和舞蹈也都尝试过，后来就一门心思学美术了，最后她如愿以偿地获得世界著名的日本多摩美术大学平面设计硕士学位。

访问员：那时候，大楼里的孩子们会来你们家串门吗？

王群：都来的，我们也会去他们家。我女儿跟徐东丁的女儿差不多大，又是一个楼层的。陈铁迪的两个女儿，跟我侄女她们又差不多大，当时她们玩得也不错。

访问员：那大人之间呢？你们会互相串门吗？

王群：串门！我经常夏天坐在徐东丁家门口跟他们聊天。崔杰也经常到我们家搓麻将，他老说我招呼完他们以后，自己就躲起来看书了。我记得楼下还有一位画家，韩安义韩老师。我和她的女儿、女婿也还熟，她的女婿是新华医院的大夫。他们有个很可爱的女儿，后来念复旦大学了。记得三楼还有个胖墩小男孩，我老带他去对面上戏游泳池去游泳的。

访问员：你们之前的娱乐活动有哪些啊？听收音机吗？

王群：收音机，这倒是。还有电视机，9寸的，黑白的，凭票的。我们家有电视机还是比较早的，好像跟我结婚的时间差不了多少。我记得以前是可以放在走道上大家看的。

访问员：也没几个电视台吧？

20世纪80年代，王群和妻子徐幸在枕流公寓天台　　　　　　　　王群的岳母和女儿在枕流公寓花园里

王群：也没几个台，收音机也就那么几个频道，后来不大听收音机了，手里边拿个半导体之类的东西。对面邻居范家男孩还买了当时很时髦的手提录音机，大家放放音乐什么的。

访问员：你们的电视机会拿到走廊上放吗？

王群：好像有过。具体是我拿的还是谁拿的，想不起来了。那个时候有一届什么乒乓比赛的。还有电视剧《渴望》，每天晚上准时开播，就一群人在那儿看。夏天的时候，没有空调，好几家人家门都开着，南北通透，风比较大嘛，大家基本上就都在走道里乘凉、聊天。

访问员：会到楼下花园里兜兜吗？

王群：兜的，以前这个花园也是个集聚地。那个时候很多保姆，还有家里的老一辈、小孩子就待在那里。

访问员：您对以前的一些节日或者这边的重大活动有没有一些印象？

王群：好像没有，这里好像没有什么重大的活动。

访问员：过年过节呢？

王群：过年过节的好像也不是很有气氛，不像有的新式里弄或者工人新村，气氛很浓厚。而且有可能我们过年过节都在嘉定，因为徐幸家人都居住在嘉定，所以这里的情况不太知道，我印象不深。

要说重大的事件呢，我倒是记得一个。20世纪80年代，上海发生过一次大地震，那时候我们都在家，吓坏了。跟我们合住的隔壁范家有电话，以前电话的号码盘都是带洞洞眼的，范家的小女儿要拨电话出去告知情况，手指怎么都对不准，插不进去，可见紧张到了什么程度。后来大楼所有人都跑到楼下去，结果发现我们同楼层的一个邻居没下来。事后问她，她说吓得腿都软了，根本跑不动，后来就躲在了床底下。我跑下去的时候，其他都没带，就背了个军用挎包，挎包鼓鼓的，里头装着什么呢？是我和上戏赵兵教授写的朗诵艺术的书稿。那时候没电脑，都是手写的，我们叫"爬格子"。乔奇老师看见了，他后来就跟人家开玩笑说："王群什么都没带，就把要结婚的钱给带上了，这挎包里都是的"。

倾听，蜕变的声音

访问员：您本来是教古汉语的，后来是怎么跟主持艺术挂上钩的？

王群：我早先是教古代汉语的，后来有两大转折，第一个转折是认识了徐幸的台词老师赵兵教授，电台约他弄一个朗诵艺术讲座，他就找到了我，于是我们后来一起出版了一本《朗诵艺术》，后来又改版了《朗诵艺术创造》，最近了又改版了《朗诵艺术教程》。从最早的一版书出版以后，我就开始有点转向了，但是我还是在教授古代汉语课。一直到了20世纪90年代徐幸和曹可凡搭档主持节目认识了之后，我们也就相识了。而后我们一起研究主持人的语言艺术。1997年，我们出了第一本书——《节目主持语言艺术》。那个时候，国内正好开始开设主持人艺术的专业，上海戏剧学院是第一家，我们两个还去上过课。这之后，我就转向了主持人的语言艺术的研究，这一转，要比朗诵艺术转得大了。《可凡倾听》栏目20年之间，我们两个人合作了好几本书，以至于我最后彻底地从古汉语转型，专门在华东师范大学成立了播音主持专业，又帮上海视觉艺术学院建立了一个播音主持专业。那个时候正好迎合社会应用的需要。所以我的主要精力就都投入播音主持语言艺术的教育工作上，然后又延伸到口才、人际沟通方面等。

访问员：《可凡倾听》是2003年开始筹办的吧？最开始的时候，是可凡老师带着这个想法过来找您的吗？

王群：对啊！最早就在这儿。昨天我和曹可凡通电话，说到今天的访谈，他说："你其实可以说，我们这一期一期的《可凡倾听》和这一本本的书，就是在你这儿弄出来的。"90年代，我们合作了一本《谈话节目主持艺术》，并拿到了国家社科研究课题项目。2003年，他们台里叫他做一期谈话节目，他就问我叫什么名字。我说：名字我们不能重了，现在什么"会客厅""高端访谈""××有约""××直播室"，我们要改一个叫法。他说你想想看。我说：其实会谈话的人首先得会听话，再说你的名字——可凡，又好听，咱们就叫《可凡倾听》。他一听就定了下来，于是便一发而不可收，每周一期，做到现在20年，已经播出了1000多期。除了节目，我跟他还出了五六本书，包括《节目主持语言艺术》（上海人民

2020 年，王群在《可凡倾听——
时光里的月牙笑脸 薛佳凝和华山
路》中露面，并介绍枕流公寓

出版社）、《谈话节目主持艺术》（上海社会科学院出版社）、《广播电视主持艺
术》（上海外语教育出版社）、《谈话节目主持概论》（中国传媒大学出版社）、
《节目主持语言智略》（复旦大学出版社）等，大都是出自枕流公寓。

　　访问员：参与这个节目的过程当中，对您来说，会不会有一些可品可想的地
方呢？

　　王群：当然了。我除了帮曹可凡策划《可凡倾听》以外，还会配合节目每年
出一本书。采访的嘉宾都是各种机缘之下邀请的，是没有规律的。我联系你，你
来，我联系他，他来。但如果要出一本书，除了一个书名之外，需要顶层设计，
还要分层规划。一年当中的五六十个嘉宾要分成几组，取合适的标题。而且每个
层次之间还得有关系，要一脉相承、一以贯之。我从来不到幕前的，也就那一
次，因为枕流公寓要找个引路人。曹可凡想了半天，他说你就露个脸吧，我说那
我就露一次吧。

　　访问员：您作为枕流公寓的老住户，也是义不容辞啊。我听电视台的朋友
说，《可凡倾听》从2003年开播到现在，一直都是一个超高品质的节目。

　　王群：这是一档文化类的访谈节目，收视率算是相当高的了。我们也在不
断地调整。一开始，我们就想采访一些文化老人，但文化老人没那么多，我们也
是做文化的抢救工作啊，有的采访完没多久就去世了。后来，我们商量下来，觉
得文化人要做，流行领域的明星也要做。具体的策略就是"雅人俗做，俗人雅
做"：比较高雅的人物，我们就通过他的一些日常故事，把他尽量做得人性化一
点；而流行领域里的受访者，我们就尽量做得精致一些，不要做得太"八卦"。
后来，我们还尝试做不同的系列，比如院士系列、红二代系列等，效果也非常

王群和曹可凡

好。拍摄的形式一开始是座谈，后来也尝试做走谈。你看，像枕流公寓，我们就走进去了。

访问员：感觉你们就是《可凡倾听》节目的智囊团，您作为策划者，提供了大量的策略和理论支持。

王群：其实主要还是因为曹可凡信任我，我就给他出点主意而已。

访问员：而且您这边是不是也带着华师大（华东师范大学）的团队一起在参与研究啊？

王群：是的，我跟曹可凡配合得很好。我是学校里搞学术的，参与了一线。他在一线工作，也参与了我们的教学，相互借力、相互依托。我们成立了一个名主持人工作室，我请他做了我们播音主持专业的校外教授，他经常来授课，我们也经常带学生到节目组实习。除此之外，我们还在上海视觉艺术学院播音主持专业制定了一套拜师计划，每一个学生都拜一个著名的主持人为师，跟着学。毕业演出的时候，师徒共同完成一台节目，这个当时还上了中央电视台的。

访问员：这样听下来，你们是产学研紧密结合啊。

王群：对对，你说得一点都不错，就是产学研的结合。

访问员：因为很多时候，学术跟实践容易脱节。

王群：这个专业跟其他专业不一样，业界和学界必须紧密结合。

访问员：是的，所以枕流公寓的这个家，还见证着你们不断引领播音主持行业和专业的整个历程。

王群：对，至少枕流公寓的气场，促使我对自己是有要求的。一方水土养一方人，我是从这儿成长起来的，耳濡目染也好，潜移默化也罢，我下意识地会在学习上比较用心，逐渐可以踏足艺术和学术之间。

访问员：王群老师，你们是几几年搬出的？

王群：我们是1999年买的房子，2000年在那里迎接新的世纪。

访问员：当时是怎么样一个情况下，决定搬出枕流公寓的呀？

王群：1989年我母亲去世后，我就成了户主。后来我哥哥退休全家回到了上海，当时在住房上有了问题。正好那个时候也流行买房子，我们就到处看。有这么个算是风水的说法：庙前穷、庙后富，庙的两旁是寡妇。我们就找了个好的地方，正好在静安寺的后边——胶州路有一处房子，离这儿也不远，很果断地就买了。

访问员：您记得从这边搬出去的情景吗？

王群：这个也不记得了。好像除了书和要穿的衣服以外，其他的大件都没搬去。

访问员：当时搬出去的感受是怎么样的，还记得吗？

王群：其实，如果没有我哥哥的这一个情况，我们估计会一直住下去。即便发现它和现在的新房子相比，不够宽敞，电梯、走道都比较逼仄，但是我对这里还是很有感情的，我女儿至今都非常喜欢这儿。每次经过这个地方，我都会抬头张望，拍点照片。昨天我还发了个朋友圈，拍的是枕流公寓。不知道怎么的，这几天跟这儿较上劲儿了。前天到中国福利会儿童艺术剧院去开会，今天来这儿做访谈，明天戏剧学院下午有个博士论文的答辩。

访问员：哈哈，那到最后一个问题了，枕流公寓建于1930年，到现在已经有90多年的历史了，它就像一个耄耋老人。你们在这儿住了30多年，虽然2000年搬出去了，但曾经的住所现在也还是在的。如果要让您对着这栋大楼说几句话，您会说什么呢？

王群：搬进来的时候，我20岁刚出头，搬出去的时候，我50岁出点头。这里是黄金地段，也是我人生的黄金阶段，我在这里成了家、立了业，我的一步一步都是从这儿开始的，所以我很怀念这个地方，也很感激这个地方。我希望曾经在这儿住过的，在这儿住着的人：枕，高枕无忧；流，你们的无忧、平静、平安、幸福的生活能够细水长流。这是最重要的。如果说有神灵，希望它能够保佑这片风水宝地，祝大家幸福安康！

17 蔡居：艺术道路是漫长的

Cai Ju, Moved in 1973 – Engaging in the arts is a long journey.

教育家、油画家、收藏家蔡上国之子，知画家蔡亮之婿
1941 年生于重庆
1973 年入住华山路 699 号
抽象艺术家
中外文化艺术交流协会理事

"父亲说：要成为真正的艺术家，就要立志献身，愿意终生穷困和寂寞。"

访谈日期：2023 年 6 月 10 日
访谈地点：华山路 699 号家中
访问员：赵令宾
文字编辑：赵令宾、王南游
拍摄：王柱

从校长楼到枕流公寓

访问员：蔡老师好，我是小赵。

蔡居：您好！

访问员：哈哈，想问一下您是几几年出生的呀？

蔡居：1941年。

访问员：出生在哪里？

蔡居：我生在重庆，7岁经南京到上海，一到上海就住在交通大学。那时候交大（交通大学）有个校长楼，我们就住在校长楼，每天在里面跑来跑去地玩。

访问员：您父亲是在交大里面教书是吧？

蔡居：我父亲是交大的教授，教企业管理。我父亲这个人挺有意思的，很严谨，记忆力特别好。他上的都是大课，在梯形教室。上课的时候，教室门都是开着的，许许多多的学生和教师都涌进来。他就在那儿讲，不用讲稿。一块大大的黑板写满了，"呜"地推上去，又下来一块空的黑板，接着写。他不像有的教授夸夸其谈，他是有根有据，能够讲出出典的。

新中国快成立的时候，我们从交大搬到巨鹿路884号。巨鹿路的房子是一栋花园洋房，楼上是父亲的书房，下面是一个客厅。那时候很多艺术界的、文学界

蔡居的父亲蔡上国在巨鹿路房子里的书房，摄于1959年　　　　　　　　　　　　　　　　　蔡居在巨鹿路房子里的书房，摄于1959年

的朋友，礼拜六、礼拜天都会到我家来。有两个原因：第一个原因就是我父亲能讲很多东西，他们可以谈天说地。第二个原因就是，我母亲她到英国留学的时候学的是家政，面包、甜点什么的做得特别好。当时上海没有什么面包店，所以就吸引了很多朋友来。我父亲和朋友聊着聊着，他会叫我："三，你到楼上去，哪个书柜里边，拿一本什么书出来。你去看，大概是第几页，那句话是不是就是这句话？如果是对的，你就把书放回去，如果不对，你就把这本书拿下来。"他就给我个纸条，我跑上去抽出来一看，对的。他的记忆力可以好到这种程度，而且不止一次。

访问员：您是不是还做过父亲的助教啊？

蔡居：是的。20世纪60年代，我父亲在美专（上海美术专科学校）教色彩和西洋美术史，我做他的助教，就是拿着书房里的这些画册去学校给学生们看的，学生里就有后来鼎鼎大名的陈逸飞。陈逸飞一直叫我"小蔡老师"。我们在巨鹿路住了16年，"文革"中的7年，搬了4次家。1973年落实政策，从富民路搬到这里来。

访问员：落实政策是怎样的一个过程啊？

蔡居：当时上海市里边有个文件，要帮20个专家级别的人改善居住条件。因为我们在巨鹿路的房子好像变成了军产，没有办法返还，他们就给了两个地方让我父亲去选，我父母就选中了这里，能够到枕流公寓已经很好了。在富民路372弄的时候，我们五代同堂，住在一间50来平方米的房子里。我结婚也是在那儿，因为房子层高比较高，我们就在上面搭了个阁楼当婚房的。

访问员：当时总共多少人一起搬过来的？

蔡居：五个人，我父母、我和我太太，还有我弟弟。大哥和二哥都到外面去了，一个在北京，一个在长春。在巨鹿路的时候，家里还有一个老祖宗，她是我

蔡居父亲蔡上国，母亲江泽萱

蔡家四兄弟，1946 年摄于南京。
左起：四弟蔡士、二哥蔡崙、大哥蔡亮和蔡居

父亲的乳母。她年轻的时候在几个大军阀家里当过管家，人非常好。1957年的时候，我在向明中学读书，还写过一篇关于她的作文，老师觉得挺好，就把稿子投给了《少年文艺》。这篇文章发表之后，我拿到了一笔稿费，给自己买了双鞋，又给老祖宗买了些点心。她是信佛的，"文革"期间，我爸和哥哥都不在，她不吃不喝地每天打坐，就这样圆寂了。我和弟弟弄了部黄鱼车，弄了条军用毯，自己送她去火葬场。火化之后，烧出四粒舍利子。我们兄弟四人，正好一人拿了一粒，我的一粒至今还在。

访问员：搬到这里之后，房间是怎么分配的？

蔡居：这个单位有四大间，但当时我们能住的好像只有三间房，加上两个卫生间。这个单位本来是乔奇住的，后来他们搬上楼了，这里就空出来了。怎么分配的，我搞不清了。

访问员：那么你对这个单位的前一家住户有什么印象吗？

蔡居：有，我跟乔奇关系挺好。我在印尼的时候，想把中国的电影带过去，就去找乔奇，叫他帮忙。虽然后来没成，但是跟他一直有来往。我父亲跟乔奇也很好，和沈柔坚、桐油大王，都是经常往来的。搬到这里来以后，我父亲的那些朋友也常来，斯琴高娃、陈冲等，都到这里来，都欢喜听他讲。他教了很多学生，包括陈逸飞、陈丹青，也都到这里来过。因为他谈戏剧谈得出东西，谈古典音乐也谈得出东西。1975年的一天，周谷城教授来，他带了一幅字，写的是毛主席的诗词，落款是：上国教授，周谷城书。他书写在一张毛边纸上，我父亲就说了："您的大作怎么能写在毛边纸上呢？"周谷城笑着回答："你是要我的字，还是要我的纸？"

20 世纪 70 年代初，伍修权夫妇（中）到枕流公寓家中探访

20 世纪 70 年代，父亲蔡上国在枕流公寓客厅中看学生们的画，墙上挂着周谷城教授书写的毛主席诗词《沁园春》

1975 年，父亲蔡上国挚友林风眠（左）去香港前，最后一次到家中拜访

吴作人（右二）是父亲蔡上国的表弟，也是蔡亮（右一）的导师，他们 20 世纪 70 年代后期来家中修补《北国风光骆驼图》左一为蔡居

蔡居珍藏的《陈丹青音乐笔记》（2002）中，陈丹青回忆了到蔡上国家中的情景，并附有枕流公寓旧时的照片

个城市。仅就画圈子说，我没有荣幸拜见过刘海粟、林风眠、丰子恺、吴大羽、关良，但直接或间接请教过的老先生有颜文樑、张充仁、俞云阶、蔡上国、陶冷月。他们每一位身边都偷偷聚拢着一伙人，散布着一种类似前朝遗老的气息（虽然很微弱），一种关起门来的生活方式（当然很隐蔽），他们的熟人或弟子常常是骄傲的，谨慎的，神经质的。老教授蔡上国，留法留英，是名画家蔡亮先生的父亲，他为我解说塞尚或毕加索，用巴黎带来的玻璃咖啡壶煮咖啡给我喝，我对片刻之间凉水会自行沸腾而百思不解。俞云阶先生送给我颜料，但一再关照叫我不要对别人说，以免传出他厚待一位右派的儿子，而他自己也是一位右派分子，他还说千万不要将自行车在他们口停得太密集，否则"里弄居委会认为里面在秘密开会"，那在当时是危险的，犯忌的，但这些老先生的家门口总会停着我们的自行车。

我的画家父亲和画家哥哥

访问员：您父亲是怎么样的一个人啊？

蔡居：他很开朗，但有的时候对着我们又很有威严，我们都怕他，但是他讲的事情又不是没有道理。父亲说：要成为真正的艺术家，就要立志献身，愿意终生穷困和寂寞。你如果能坚持画你心中想画的世界，你会成功的。但是，道路是漫长的。

访问员：那么母亲呢？您的母亲是怎么样的？

蔡居：我的母亲做过上海交通大学图书馆的副馆长，她也是蛮有文化的。但是在家里，她是不出声的，都听我父亲的。父亲的朋友来，她就做些点心。我的祖父和外祖父都是清末的英国留学生，学的是化学和土木工程。

访问员：您父亲是教企业管理的，上次说画画只是他的一个业余爱好是吧？

蔡居：业余爱好画画，但是他在国外学过，有一个德国的老师。这幅《油煎鱼》就是他在枕流公寓画的。

访问员：我看到你们父子三人有一本画册。哥哥蔡亮也是一位有名的画家。

蔡居：是的。新中国刚成立那会儿，我哥哥十七八岁，瞒着爸爸妈妈跑到北京想去报考中央美术学院。因为吴作人是我爸爸的表弟，所以哥哥就拿着自己的素描去找他。吴作人一下也很为难，就找到当时中央美院的院长徐悲鸿。徐悲鸿一看："很可以啊！"就把他收下来了。上课的时候，蔡亮在画画，徐悲鸿一定要来看的。徐悲鸿后期有一张画叫《鲁迅与瞿秋白》，他当时身体不好，就让我哥哥周末到家里帮他放大画稿，画到画布上去。后来，徐悲鸿突发脑溢血就过世了，这张画没有完成。到20世纪90年代初，他的太太廖静文再三权衡之后，决定找蔡亮完成这幅画，因为她知道蔡亮业务很出色，也很受徐悲鸿赏识。我哥哥虽然有过纠结，但还是答应了，说退休之后到北京去完成。没想到，第二年，他自己因为心脏病去世了。他比我大10岁，如果现在还在，也92岁了。

因为他学习成绩特别好，他的毕业创作画的是《延安火炬》，中央一台报道称：这是革命历史画当中的佼佼者。原中国美术学院的院长许江也说：蔡亮的《延安火炬》是艺坛的火炬。

吴祖光也是个大才子，20世纪50年代的时候成了"大右派"，像我哥哥这些与他往来密切的人就被打成"小家族反动集团"。我哥哥就被发配到西安，待了整整26年。所以他后期的很多油画都是表现黄土高原的民俗风情的，别人叫他"农民画家"。他1981年被调到浙江美术学院当教授，也是中国美术家协

父亲蔡上国在枕流公寓家中画《油煎鱼》　　20 世纪 70 年代，父亲蔡上国在枕流公寓的生活照

20 世纪 70 年代，父亲蔡上国和他的孙女蔡芒，摄于枕流公寓家中阳台　　　　　　　　徐悲鸿笔下的蔡亮，绘于 1950 年

《延安火炬》之一，哥哥蔡亮绘于 1959—1960 年

会的会员。

访问员：他在浙江美院（现中国美术学院）做教授的时候，您在20世纪80年代后期也去了是吧？

蔡居：我去进修，跟着自己的哥哥进修。因为我从小学美术，也没有上过什么学校。

我的绘画之路

访问员：画画是不是您从小就喜欢的呀？

蔡居：是的，在巨鹿路的时候，差不多每个礼拜都有好多画家来玩，他们现在都是大师了，包括应野平、朱屺瞻、林风眠、丰子恺、刘海粟、颜文樑、周碧初、吴大羽、张充仁等。有画中国画的，有画西洋画的，他们一路讲话或者画画，我就在旁边端茶倒水，久而久之，也就喜欢画画了。我是从14岁开始学画的。

我记得有一次应野平来我家，他是画山水的，那次带了一幅四尺整张的画，画的是一个仕女，线条拉得很好。人家说张大千的线条拉得好，他这个拉得也很好。在场的人都很惊讶，我就不知趣，说："爸爸，这张东西留下来，给我四天时间来临摹，好吗？"我爸爸就说："你小子怎么搞的？胡说八道啊？"应野平没多说，就给我留下来了。我花了四天，真的临了一张出来。应野平看完，主动收我做他的徒弟。

朱屺瞻一直到我们家来画画，因为他也住在巨鹿路，就在景华新村，走过来只有100米。有一天，我一看，他们画的东西都丢在那里，没当回事。我记得朱屺瞻当时画的是水仙花，我就照着画了。画好以后，自己很得意："不是一样的嘛！"我就拿着自己的画，冲到他家去，我说："朱伯伯，你图章没敲嘛。"他一看，就看出是我画的，但是他也蛮给我面子的，就在旁边提笔写"×月×日，在巨鹿画室"，然后敲了个章："跟你爸说，到城隍庙老饭店摆酒，我收你做徒弟了！"我回家还不敢讲，后来是他碰到我爸爸说的。爸爸回家又数落我一顿。

访问员：有意思的，这两位都是画中国画的，是不是后来还跟过刘海粟老师学油画？

蔡居：拜刘海粟为师是有一点戏剧化的。1964年，上海中苏友好大厦里在举办德国画家门采尔的素描画展。临近关门的时候，我还在看一幅只有信纸大小的素描速写，画的是一支蜡烛，火被吹灭了，上面冒了一缕白烟。刘海粟大概看到

《命运交响曲》，蔡居绘于 2013 年　　　　　　　　　　　　2019 年，蔡居在枕流公寓花园中作画

我的样子很专注，走近问了一句："小年轻，侬看到啥？"我当时还不认识刘海粟，头也没回地说："我感到了蜡烛熄灭的焦味。"那么我们就围绕这幅画聊起来了，相谈甚欢，刘海粟就决定收我为弟子了。

刘海粟总共上过九次黄山。20世纪60年代中的一次，我陪他去黄山休养，他在天都峰作画，我看他用褐红色去勾勒山峰，于是也拿着小画板照着这个意思画起来。画好之后拿给他看，他把我的小画放在他的大画上，看了很久，跟我说："野是野了点，感觉还是有的。你不能整幅满天地跑马，要张弛有度。颜色不用学我，要画出自己的感觉。真正的好老师只有一个，就是大自然。只有从大自然中萃取了感觉的人，才能够称为画家。其他的人画得再熟练，只能叫作工匠。"下山的时候，他还在我的速写本上写道："意在技之上，神从自然来。"

访问员：那是什么时候开始接触抽象画的呀？

蔡居：20世纪60年代的时候，吴大羽到我家来。那天，他带了一幅抽象油画，当时国内很少有画抽象画的。我就趁机拿了一组自己画的抽象画出来请教。吴大羽看了半天说不出话，走上来把三幅画倒过来，说了一句："这样就好了。侬有天分，可以做我的徒弟了。"从这之后，我就开始乱涂乱画了。

访问员：这是集众家所长啊，都是不同门派的名师大家。

蔡居：我哥哥也好，还有这些我小时候教我的老师也好，现在他们的画都不得了，几十、几百、上千万一张。那时候，他们的画都是拿出来送给你的：请侬指教。我们楼上以前住着桐油大王的儿子沈祖域，沈柔坚就把一沓一沓的画拿来让他选的。

访问员：是的是的，其实枕流公寓里也住了不少画家。

蔡居：是的，我知道，但是我接触得少。

1983 年，蔡亮（右）、蔡居在上海宾馆大堂壁画前　　　　　1983 年，蔡居和父母在枕流公寓家中

访问员：1973年刚搬进来的时候，您应该是32岁吧？都会在枕流公寓的什么地方画画呢？

蔡居：在家或者花园里画，我爸爸画画，我也画画。大概是1982年，我在花园里画了一张苍兰花，颜色不是按规矩来的，变成了我自己想象的颜色。那天，沈柔坚正好在这里跟我爸爸聊天，一看我进来了，就说："哎哟，拿过来看看，拿过来看看。"我就给他们看了。看了以后，我爸爸不说话，沈柔坚倒说："你跟你哥哥一样，有才气的。"

访问员：1982年的时候，你跟哥哥还一起创作了一幅《水乡》，这是怎么样的一个过程啊？

蔡居：我哥哥正好要给上海宾馆画一幅大型的壁画，他就叫着我一起去帮忙。鲁迅有一个作品叫《社戏》，就是大家划着船去看戏，就画这么一个水乡的场景。上海宾馆是上海市第一个宾馆，这幅画是上海的第一幅壁画。当然现在是没有了。

我们父子三个人画的画都不太一样，我爸爸画的画都是很小的，我喜欢画大画。我有很多大的画作都是在花园里画的。当然这些都是我爸爸过世后的事了，1986年以前我还没开始画这么大的东西。

访问员：父母都是在这里过世的吗？

蔡居：是的。我爸爸1986年突然间去世了，我哥哥从杭州赶过来，家里没有一张合适的照片可以拿出来供放的。他就拿了纸、炭条和粉块，"嚓嚓嚓"在那儿画。这幅画我一直放在这里，留一个纪念。

访问员：父亲的这幅画是哥哥照着父亲的遗容画的，还是凭印象画出来的啊？

蔡居：当时有一张很小的两寸照片，他说他一下就能画出来，而且画得那么

哥哥蔡亮在 1986 年 3 月给父亲画的肖像，至今还挂在客厅墙上

挂在电梯厅里的蔡居画作《枕流公寓》

客厅一角

好，不多不少，就这么几笔。父亲的神情、风采呼之欲出，真是有本事的。

访问员：艺术世家，名不虚传。那大概是父亲的过世太突然，大家一下子都没有什么准备吧。

蔡居：也不是突然，他老了以后，就走不动了，从这里走到静安寺都不行，跌跌撞撞的。后来差不多在床上躺了两年，瘦得一塌糊涂，本来是个大块头。还记得我们从南京刚过来的时候，我父亲有一部奥斯汀小汽车，每次他上来，那个车都要晃动两下的。

一个画家的家

访问员：这边的格局看起来应该跟20世纪70年代刚搬进来的时候差不多吧？装修你们有动过吗？

蔡居：枕流公寓的装修是不允许轻易动的，但是上面吊顶装饰条这个绿的黄的，是我跟我的弟弟画的。

访问员：是几几年画的呀？

蔡居：我也搞不清了，但我们喜欢这个样子，想画就搭了凳子上去画了。

访问员：还记得刚搬过来的时候，公共区域比如说像电梯厅或者走道，是什么样的吗？

蔡居：本来电梯是拉铁门的，现在都改造过了。花园也改了，老早没有这些树的。

访问员：去过天台吗？

蔡居：去过。

访问员：以前的天台是什么样的？

蔡居：记不大清了，本来上面没有人家的，现在有人住了。

蔡居自画像，2012 年 5 月绘于厦门

访问员：当时有没有去地下室看看？

蔡居：有，我还把画摆在地下室，因为大的画我没办法拿到家里，走廊太小了。

访问员：画家的储存的空间确实蛮重要的。

访问员：我看从1992年开始，您去了印尼、新加坡、马来西亚，后来又到美国，在外面旅居了很长一段时间，是什么时候又回来的呢？

蔡居：我基本上每年过年都回来，但是前前后后在外面待了超过20年。

访问员：那是几几年正式回来定居了？

蔡居：大概是2006年回来的，后来就难得出去一下了。2008年，我在国内开了第一次画展。

访问员：那么2006年再回来的时候，你觉得整个大楼有什么变化吗？

蔡居：树都长大了，本来坐在客厅里看出去可以看得很远的。

访问员：我看到大楼的大堂里挂了一幅您画的《枕流公寓》，这幅画是在什么样的情况下创作的？

蔡居：这幅画其实创作得蛮早的，用了半印象派的画法。我还画过好几张《枕流公寓》，但是就留下了这张。有一天，居委会叫我一起去开会，谈谈怎么装饰大堂，我说："我画过一张枕流公寓大门的样子，如果你们要，就拿去吧。"他们都觉得蛮好，就把这幅画挂在那儿，下面还贴了张说明。

访问员：现在和邻居的走动有变化吗？

蔡居：也就是疫情防控时期，和大家有了更多的交流。有一天，我在花园

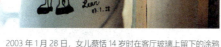
2003 年 1 月 28 日，女儿蔡恬 14 岁时在客厅玻璃上留下的涂鸦　　　　　　2023 年，孙子悠悠在客厅地板上留下的涂鸦

里坐着，崔杰也在。我们之前不太熟，但我知道他是乔奇的女婿，又是有名的主持人和演员，就找他聊天了。他很健谈，而且肢体语言非常丰富。后来一次再碰到，我就问他："我给你画张画好不好？""好的好的。"他说。我说："你就接着讲话，不用光坐着。"然后我拿手机拍了几张照片。过了一个星期，画完成了，我在微信上叫他下来。他一看，开心得不得了。

访问员：蔡老，最后还有一个总结性的问题哦。枕流公寓建于1930年，距今已经90多年了，20世纪30年代到40年代的居民已经无从问起了，我们能够联系到的是从50年代开始搬进来的住户，蔡家是1973年搬进来的，也算是70年代的代表吧。从1973年算起到现在，正好半个世纪了。那么这样的一个空间，对您个人或者这个家庭来讲，它有什么特殊的意味？如果要对枕流公寓这个老人说几句话，你会跟他说什么？

蔡居：我有很多朋友搬进了新的大楼，新的房子，那里有很大的开间，但是我总觉得不够"有文化"。而枕流公寓是一个文化产物，那么多文化名人在这里居住过，印证了他是有文化的，一整楼的文化历史都在这里面传承着呢。人家走过这个地方的时候，都会说：一栋老公寓。这个"老"，不是贬义的，是赞扬的。所以我始终对枕流公寓很有感情，人一辈子沧海桑田的都在变，但他没有变，他还洋溢着他的青春。你看看他有100年也好，多少年也好，他还是蛮挺阔的。现在要是给我一个地方，让我搬过去，我都不去考虑。

访问员：所以从来没考虑过搬走对吧？

蔡居：不可能。

18 张先慧：是这里改变了我的人生

Zhang Xianhui, Moved in 1975 – This is where my life changed.

"1975年我们搬进枕流公寓，当时我应该是28岁。1976年29岁结婚。1977年30岁有了我的儿子，1977年的下半年恢复高考进大学，出来就到研究所了。"

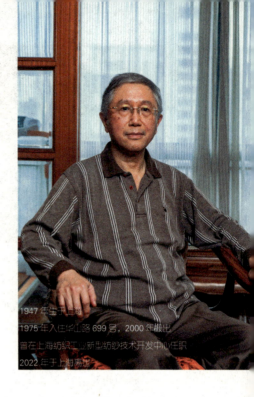

1947 年生于上海
1975 年入住华山路 699 号，2000 年搬出
曾在上海纺织工业新型纺纱技术开发中心任职
2022 年于上海离世

访谈日期：2020 年 11 月 18 日
访谈地点：武宁南路家中
访问员：赵令宾
文字编辑：赵令宾、倪蔚青
拍摄：王柱

静安之处是我家

访问员：张先生，您是在哪里出生的呀？

张先慧：我出生在石门一路，那时候叫同孚路，一个蛮大的石库门房子，整栋楼都是我们一家住的。楼下有一个大的客堂，二十几平方米，左右有两个厢房，每个厢房有前中后三个部分，分别有大概50平方米，这叫"三下"。楼上也是这样，叫"三上"，上海人叫"三上三下"。我爷爷曾经在短时期内做过南洋公学（现上海交通大学）的校长。我爷爷家的字辈排行叫"世承先泽，家道欣荣"，我是"先"字辈，我儿子是"泽"字辈。我奶奶的父亲是北洋的海军总长，就是海军司令员。我小时候没有看到过他的照片，一直到"文化大革命"，红卫兵把家里的东西都弄出来，我才看到我奶奶的父亲的照片。他戴着顶帽子，肩膀上别着肩章。

说来巧了，我这一辈子搬了三个家，石门一路是静安区的，但是再往北一点就到延安路了，和那时候的卢湾区只差一条马路。后来搬到枕流公寓，枕流公寓其实也到静安区的边了，过了长乐路，就是长宁区。现在住在武宁南路，还是静安区，再往北过长寿路，又不是静安区了。我始终是在老静安区里打转。除了中间为了迎接我的小孙女出生，到美国待了5年多，其他的时间就在静安区。

访问员：你们是几几年搬到枕流公寓的呢？

张先慧：我们是1975年搬到枕流公寓的。为什么会从石门一路搬到枕流公寓呢？说来话长了。新中国成立前，我们是一大家子住在石门一路这个大房子里的。那个石库门房子如果是一家人住的话是很舒服的，朝南朝北都有晒台，冬暖夏凉的。从新中国成立以后陆续到"文革"，我们能住的面积越来越小，有很多户人家搬进来，相互之间总归有影响的。1975年的时候，我已经认识我的爱人了，两个人相处了三年多。

　　访问员：你们是怎么认识的啊？

　　张先慧：我们是父母之命，不是媒妁之言哦。因为我父亲是上海香料研究所的所长，我太太的父亲是一家大型香料厂的厂长（私方经理），名字叫鑑臣香料厂。那么他们在工作上面有交集，原来就是朋友。我爱人出生在南京西路泰兴路口的泰兴公寓，那时候顶层一层都是他们家的。

　　但是到了"文革"，我们家受到了很大的影响，他们家也受到了冲击，大家都灰头土脸的。偶然一次，我的父亲和我未来的岳父在路上相遇了，大家聊起了各自的经历，顺路讲到了家里的情况。我父亲说："我家里还有一个小儿子，脾气很不好。"因为我有一个哥哥、一个姐姐，他们在"文革"以前就是大学的研究生，"文革"以后就分配到外地去了。那么她的爸爸就说："我家里有个小女儿，脾气很好。"我爱人家里有六个孩子，她是最小的女儿。那么他们就商量着约个时间，我爸爸带着我到他们家里去。当时他们也已经从泰兴公寓里搬出来了，搬到巨鹿路的景华新村。一栋三层楼的新式里弄房子里也住了好几家人家。

　　就这样，经过两个爸爸的介绍，我们开始交朋友。一直到1975年，准备谈婚论嫁了，那时候我岳父看中了枕流公寓的房子。于是我拿了石门一路的一间房，他们家拿了景华新村的一部分房子，再加上一个远亲，三户合起来换到了枕流公寓四楼的一个单位。那个单位当时是谁住的呢？是一个作家，叫峻青。和我们一起换过去的远亲又是谁呢？新中国成立的时候有个组织叫归国华侨联合会，简称侨联，当时侨联主席叫庄希泉，我们的远亲是他的外孙。庄家原本住在乌鲁木齐路静安区文化馆对面一栋沿街的房子里，但是房子没有枕流公寓大。他就把那边的房子拿出来给峻青去住。他跟我岳父还有我，三户一起换到了枕流公寓的四楼。

　　访问员：四楼这个单位当时的格局是怎么样的呀？

　　张先慧：那时候这套公寓蛮大的，可以讲是五间房，也可以讲是七间房。它是怎么个格局呢？枕流公寓的户号编排很特别，我们现在说401、402什么的，枕流公寓就是41、42、43。有的楼层有五家人家，是"小套"。四楼跟五楼就只有三家人家，是"大套"。因为据说我们搬进去的这个单位，原来是房东自己住

的，但不是李鸿章的儿子李经迈。单位大门打开以后，是一条比较长的走廊。左边是凹进去的，像一个衣帽间一样的地方，但是没有门的。右面先是两个壁橱，然后是浴室。走廊走到底就是两个比较大的卧室，每个卧室都有二三十平方米，而且每个卧室都分别带一个浴室。向南的卧室里带一个好一点的主浴室，里面有四件套。原来上海人讲三件套就是浴缸、洗脸池和坐便器。它是四件套，还有一个冲洗器，是比较考究的。

访问员：冲洗器是电动的吗？

张先慧：不是电动的，是用水龙头开关的。原来这房子有暖气，水龙头里就有冷水和暖水。冲洗器是比较低的，有条水柱往上冲，尤其是妇女，一拧开就可以冲洗了。这两间卧室出来是一个很大的客厅，大概三十来个平方米，我们搬进去的时候还是打通的。里面还有这种很漂亮的古铜色的吊灯什么的都装着的。客厅的对面是一个很大的餐厅，餐厅天花上面那一圈，都是雕塑做好的灯，是一个一个用石膏还是什么东西做好的。灯是往上打的。餐室的门既可以往里开，又可以往外开，方便进出送餐。紧挨着餐厅的就是厨房。厨房很考究，有备餐室，还有做好的橱柜，很多很多白色的橱柜从天花板做到地面，当中是一排操作台。因为公寓的层高很高，拿东西要架梯子上去的。那时候上海很少家庭有像这样的厨房。

沿着走廊再往大门口走，在餐室的对面，就是一个书房，有二十平方米左右，后来就是我们结婚用的房子。靠走廊外面还有一个浴室。在厨房旁边还有两个六七平方米的用人间。搬进去的时候，我看到用人间旁边的墙上有一个长方形的装置，很新奇的。上面有一块块小的、活络的板，还有一个蜂鸣器。这是派什么用场的呢？原来主人房间都有按钮的，一按下去，这个铃就响了，翻板翻下来，用人就看到Number One、Number Two……（1号房、2号房）在叫我。当时这套东西还在，但是已经不能用了。

我们搬进去的时候，就是这样一套房子。因为那时候经过"文化大革命"，我们是拿不到那么大面积的，所以最里边那两间正规的卧室，是庄希泉的外孙拿的，他家保留了一间浴室，把另外一间浴室做成了厨房。我们拿了外面三间大房间、一个大厨房和用人间。单位的内走廊上有一道腰门，可以把我们两家隔开来。但是有一个问题，就是他家的大门一开，进出都要经过我们家的走廊，旁边都是我们的房间。

20世纪70年代的古董电梯和蜡板钢窗

访问员：你们1975年搬进枕流公寓的时候，整栋楼给您留下了什么印象呢？

张先慧：1975年搬过去的时候，这幢房子其实已经蛮破旧了。699号的大门外面有一个小的空间，不能停车的，已经很破败了。现在的大门上面有一个弧形的棚，这是后来造的，以前是用链条一条一条斜拉的，有一个像门廊一样的构造。进门以后，两道通向电梯厅的小楼梯，有一边是拦住的，全部停着自行车，电梯厅里边也都是自行车。因为那个时候上海还是自行车王国。电梯是一个老式电梯，电梯门的下面是金属的，上面是玻璃的，玻璃里面有金属网，只能看见人影，看不清具体的人。玻璃门拉开以后，里面是一层像窗帘布一样带铰链的折叠的门。这两道门必须由开电梯的人从电梯里面拉才行。进到电梯里面就是一面落地的大镜子，旁边的面板也比较考究，都是木制的。开电梯是用一个弧形的扳手，一个方向往下，一个方向往上，完全靠人手动开的。这个电梯可能很多年没有修了，开起来声音蛮响的，就是"轰轰轰"这种声音。一直到我们搬出来以后，才换了自动电梯。

我问我儿子对院子有什么印象，他说记得小时候有棵广玉兰树。为什么记得这棵树呢？因为他的外婆说，玉兰片洗干净以后，用面粉裹一下，炸了可以吃的。外婆弄给他吃，他说很难吃很难吃。我记得院子里面有夹竹桃，还有石榴树，会结石榴的。小孩要去摘，管理员会阻止的。到了一定的时候，他们会统一去摘下来，然后每家都能分到几个。搬进去的时候，花园当中那个喷水池还有水的，但是已经不喷水了。后来大修，就把这个池子完全填了土种花了。

打蜡当天，居民一早就将家里的东西搬到了走廊　　　　　　　　　　　房间里的地板

访问员：你们搬进去的时候，离房子建造的年份已经过去了四十几年了，所以20世纪70年代的时候，给你的观感可能就比较破旧了。

张先慧：蛮旧的。

访问员：那么进入你们单位之后，刚刚您有说到，内部装修好像还是比较豪华的是吧？

张先慧：对，房子的格局是放在这里的。所有单位的入户门全部统一的，都是那种暗红色的、很厚的木门。然后门上面有个小窗，小窗还可以开开来，看看外面是什么人。门边还有门铃。但是墙已经斑斑驳驳的，因为门很重，"梆梆梆"地开关，门旁边的墙就容易裂开来。单位里边的地板全部是柚木地板，除了厨房、浴室是用"磨石子"铺以外，其他区域全部是柚木地板。那个时候的房子都是交房租的，没有自己买下来的，所以房管所来打蜡的，每一个季度来一次。下面的电梯间有一个小黑板，他们会写好"×月×号打蜡"，那家里都要留个人。打蜡的那天，房管所的人一早就会来，你要把家里的东西都翻起来，尽量把地方空出来。他先用一个很重的铁丝拖把拉一拉，把地板表面的脏污弄掉，再扫一扫。然后另外上来两个人，带上一个大铁桶，里面都是胶状的地板蜡，拿一个大勺子舀一勺，"扑通"一下倒在地板上，每间房间一勺。再有个人来，拿拖把把蜡涂开。你要把所有窗都开着，让它干一干。这是上午的工作，到了下午两三点，又会有人带着电拖把进来，每间房"嗞嗞"磨一下。打好以后，地板就亮了。如果当天你家里没人，可以放一个容器在家门口，他们就给你舀两勺地板蜡在里面。我们家里有铁拖把，就自己磨一磨、拖一拖，保养地板。

访问员：打蜡是20世纪70年代的事？

张先慧：对，我们刚搬进去时候是这样的，一直到我们走还是这样的。

访问员：就是到2000年也是这样的？

张先慧：对，也是这样的。因为那时候枕流公寓都是房管所管的嘛。2000年以后，有些房子可以买卖了，卖了以后还是不是房管所管理、还打蜡不打蜡我就不知道了。上海人叫"蜡板钢窗"，打蜡的地板钢的窗，打蜡的公寓还蛮少的。

访问员：你们当时搬进去以后，有没有重新再装修啊？

张先慧：装修的，是我的小舅子——太太的弟弟帮忙弄的。那时候大家还不知道乳胶漆，但他知道有这个东西，就把我们房间都刷了一遍，都是他自己弄的。家具是我父母留给我的，我找石门路上老的家具店上清漆、打蜡，全部弄过一遍。

访问员：那么除了刷一刷之外……

张先慧：地板没弄，开关的芯子换了换，面板还是用老式的面板，插座还是用老式的插座，那个插座是在踢脚板下面的。另外自己再装几盏灯，还弄了个音响。

访问员：厨房、卫生间呢？

张先慧：没有重新装修，那个铸铁的浴缸很大很大，没有换。洗脸槽也没有弄。厨房很大，水磨石地板，四面都是高柜，我岳父做了一点点改造，装了个脱排，没有大改动。

访问员：20世纪70年代已经有脱排油烟机了？

张先慧：有了，搬进去的时候没有，但是不多久就有了，我们就装了。灶头是太太家搬过来的，是最好的方形老式灶头。下面是一个用煤气的烤箱，上面是四个灶头，当中还有两个可以喷火，烤东西的。

访问员：那时候是有煤气的对吧？

张先慧：煤气是一直用的。这个房子原来每家每户都还有壁炉，砖石砌好的烟道，一直通到楼顶，顶上面有一个结构，有一两个人高，四面有百叶窗，就是通气的。顶楼一般是不能上去的，电梯到了七楼出来，再往上走的那扇门是锁住的，就是有时候放烟花、看灯什么的，会带着小孩到屋顶上头走一走。

访问员：什么时候能看到烟花？

张先慧：20世纪70年代，大多数国庆节还是放烟花的。

访问员：是到顶楼上面看吗？

张先慧：对啊，顶楼往人民广场这个方向看，完全能看见。上海那时候其实有不少地方，比如徐家汇、外滩啊，都会放烟花的。每逢国庆节，我们在屋顶上能够看到上海市几个地方都在放烟花。因为上海那时候还没有什么高房子，上海宾馆什么都还没有造，枕流公寓是附近最高的一栋。

回望，人生的转折点

访问员：您和太太当时结婚的情景还记得吗？

张先慧：当然记得咯，我们原来准备在1976年9月18号结婚的。9月9号毛主席逝世了，上海这种活动都停止了，不能举行。隔了一个月，10月6号，是所谓"一举粉碎'四人帮'"，我们是在10月18号结婚的。在哪里结婚呢？在南京路一条大弄堂里面的梅陇镇酒家。那时候结婚办酒水也很难很难，最多给你两桌。我是托了一个朋友，最后办了六七桌，但是其实也没什么东西吃。

结完婚以后，大家都跑到枕流公寓来闹一闹新房，灯开得很亮，整个走廊的灯都开着，这个记忆蛮深的。那时候这套房子算很好的了，上海乘电梯上上下下的房子是比较少的。

访问员：房间里有什么样的装饰吗？

张先慧：好像也没有。什么贴喜字啊都没有的。那时候叫什么？叫多少床被子，绸缎的被面子，做多少床叠起来，上面放个羊毛毯。家里有张梳妆台，算是不容易的了。我父亲是香料研究所的所长，就在梳妆台上面放点化妆品之类的。那时候还没有西装，穿的都是中山装。转眼第二年就是1977年，我儿子出生了。

访问员：家里多了一个孩子，生活有什么变化吗？

张先慧：儿子小的时候，你们是不知道那个时候上海人的辛苦啊。我和太太睡一张大床，房间里全套家什放满，大橱、大衣柜、五斗橱、梳妆台，还有一个缝纫机。缝纫机是规定要买的嘛，买到缝纫机也不容易的。那么儿子睡哪里呢？用个矮棕绷装着，棕绷下面装四个脚。白天推到我们床底下，晚上再拉出来。那时候在上海算是好得不得了了。等他长大一点，就睡到厨房旁边那个六七平方米的小间里去了。

访问员：儿子小的时候谁带的？

张先慧：18个月之前都是太太带的。我那时候在纺织厂做，三班倒的。我太太上班在汶水路的厂里，那时候讲起来偏僻得不得了。她要带着儿子去上班，抱不动，怎么办？就做了一个肚兜一样的东西，四根带子系着，把儿子抱在前面，因为要吃奶嘛。我记得她每天48路换46路，很挤很挤。上车的时候是硬推推上去的，比现在的地铁还要挤。每天带着孩子上下班，上班的时候就把他放在工厂的托儿所里面。18个月以后，我们就找了一个保姆。儿子小时候很皮，我管教得很严。电梯工有时候还会告状，说："张先生，你儿子看到你很乖。你没有回来的时候，他在电梯里满地打滚，地上都给他擦干净了。"因为从学校里接回来一般都是保姆带，不知不觉孩子也就长大了。他读书很方便，699号出来，走过731号的一条弄堂，也不用过马路，去华山路第二小学，那时候是个很好的小学。在枕流公寓上面就能看得到他们的校舍。后来小学毕业上中学，然后考了大学，就到美国去了，转眼就是这样。

访问员：1977年除了儿子出生，您还考了大学是吗？

张先慧：是的，我是1966届高中毕业的，原来准备考中国医科大学去读医的，但那年"文革"开始，正好不能考了。我的哥哥姐姐都是"文革"前的研究生，都分到外地去了，所以我能够进上海的工厂工作。我母亲是1966年走的，所以上海就剩下我和父亲。1977年，刚刚恢复高考的时候，哥哥、姐姐就很担心，因为考大学要迁户口的，迁到学校里面之后，在全国范围内统一分配。万一我去了外地，他们担心父亲就没人照顾了，所以我就就近在系统里面读了个大学。那时候考大学都要单位统一报名的，早几年我在厂里去报名，因为我的出身，他们是从来没有答应过的。一直到恢复高考以后，我听到系统里面有招生，其实人家早就知道了，等我知道这个消息，离考试只有20天了，而且我还在倒三班。那我就利用下班回来的时间，在缝纫机上面赶快看书复习，后来考的分数还可以，进学校以后的成绩都也不错。所以等到要毕业分配的时候，研究所来挑人，校长推荐了几个成绩比较好的学生，他们就把我挑去了。我就从基层科研做起，后来做课题组长、社主任、办公室主任，一直做到副主任，61岁退的休。

访问员：这样听下来，1977年在您的人生当中算是一个重大的转折点，有了儿子，又考上了大学。

张先慧：对，人生的转折点。1975年之前，也有几个转折点。从1947年出生，到1966年之前的这个阶段，我是无忧无虑的，因为从小读书很好，在学校或

张先慧和太太戴婉君互为对方拍的结婚照，身后是为结婚准备的被子

者单位，朋友关系也处得很好。1966年对我来讲，是一个大转折。1968年进工厂，我哥哥、姐姐到外地了。1975年我们搬进枕流公寓，当时我应该是28岁。1976年29岁结婚。1977年30岁有了我的儿子，1977年的下半年恢复高考进大学，出来就到研究所了。在研究所期间也有一个转折，就是在2000年左右，上海大量的纺织厂关厂，把纺织机器都敲掉了。我们是研究所，原来是直属中央纺织部的。那时候朱镕基做总理，提出"转制"，就是说这种应用型的研究单位从中央下放到地方，从事业单位改为企业，给的国家经费也越来越少了。不像中国科学院，纯研究的，那是国家拨款的。对我来说是一个转折，但是也坚持下来了，我们把研究所还维持着。

25年的遇见与告别

访问员：那您对大楼里的邻居有什么印象吗？

张先慧：我们隔壁是一户姓沈的人家，桐油大王。桐油是什么呢？你们可能不知道。我们小时候的浴盆都是用木头做的，外头都要涂桐油的，他们家就是做这个生意的。我跟沈家有点交往，因为我儿子小时候很顽皮，我们平时都上班去了，就交给家里的保姆看着。公寓房间的窗户比较低，而且那时候房间里堆了各种东西。有一次，他大概从床上爬到缝纫机或者什么东西上，然后爬到了窗口，在窗口旁边往外看，半个人已经在外面了。隔壁沈家姆妈看见了，叫起来了，不然儿子就要从楼上掉下去了。沈家姆妈还蛮喜欢我家儿子的，所以两家稍微有点交往，但也是客来客去的。

四楼另一个单位那个时候是空着的，后来有了两个主人。在一九八几年的时候，原来同济大学的校长李国豪，他做上海市政协主席的时候，就跟太太两个人搬到这个单位去了。但我和他们交往比较少，因为他们比我们年长很多，大家的工作时间也不一样。只是我一个舅舅是致公党的，有时候有事情了要来找找他。我感觉他的太太很和气的，见到了会点头笑一笑，打打招呼。李国豪做政协主席做了不知道一届还是两届，届满不做了之后，再过了一年左右就搬走了。

我搬进去的时候，乔奇还是住在一楼的，若干年以后就搬上去了。我跟乔奇其实也不认识，因为我们是普通老百姓嘛。就是有一次，我的一位舅舅过金婚，举办了一个party（聚会），亲朋好友一起来，乔奇也来了。开好party要回家的时候，我就打车把他一起带回来，坐电梯送他到家里。那时候他的太太孙景路还在，女儿徐东丁和女婿崔杰都出来打了一个招呼。乔奇就说："哦，是这位张先生把我送回来的，四楼的。"因为我们平时也很少有交往的。

访问员：嗯嗯，可能楼层离得也比较远吧。对其他邻居还有印象吗？

张先慧：七楼王家有一个儿子叫王群，是上海戏剧学院的老师，王群的太太叫徐幸，是个演员，也是戏剧学院的。那时候电视剧里她有出现过的，我跟他们也没有打过交道。但是王家姆妈的女儿从二军大（第二军医大学）毕业，是我们纺织厂里的医生。王医生的先生，是我们纺织研究院的科研人员，我们在工作上有一些交集，所以这个世界有时候也很小的。还有谁呢？余红仙，唱评弹的，就是唱"我失骄阳君失柳"的，也是出名的。照理说，余红仙应该跟我们也没有交集的，对不对？"文化大革命"后期，我的姐姐到德国去了，我的姐夫到美国去了，他们的女儿读小学，没人照顾，就住在我家里了。我的这个外甥女和余红仙的女儿是华二小学（华山路第二小学）的同学。华二小学就在枕流公寓旁边，长乐路的路口。那么放学之后，余红仙的女儿就会跑到我们家里来做功课。但是我跟余红仙也没有什么直接的接触。

上海原来有一个市纪委书记叫杨晓渡，现在是中纪委（中央纪律检查委员会）和国家监察委员会的负责人，他的父母就住在我们这栋楼里的，是老干部。你一看就知道，一听他们讲话就知道，尤其是他的妈妈，就是老干部的样子。他的父亲很和气的。这栋楼在新中国成立前住了很多文艺界的人，新中国成立后没有多少时间其实就有不少"南下干部"进来了，上海有很多房子都是这样。所谓"南下干部"，就是打完仗了以后，要在南方留下来的那种级别比较高的干部。杨家应该是这个情况，因为杨晓渡的爸爸妈妈都是离休干部。杨晓渡那个时候到西藏待了很长时间，因为干部专门要到那里去锻炼的嘛。等到他做市纪委书记了，我们在电视里看到，才知道这个人看见过，但是他自己好像不住在这里的。

访问员：你们是2000年搬出来的吧？

张先慧：是的，2000年的时候，我儿子已经到美国读书去了，太太的妈妈、哥哥、弟弟也都到美国去了，岳父早些年是在枕流公寓去世的，所以只剩下我和太太两个人。那时候的房子都是问房管所租赁的，只有使用权，不是产权。租赁的前提是租户在这里要有户口的。那么他们都到美国去，户口注销了，从理论上讲，就不能拥有这房子了。但当初住着的三间房，其实只有一间是我们家用石门路的房子换的，其他几间都是我太太他们戴家的。所以我们希望把资产划分清楚，不然心里也过不去。这是一个理由。第二个理由就是我刚才讲的，那个房子虽然很好，但是我们和里面那家人家共用一条内走廊，走廊走到底是他们家，走廊的两边都是我们的房间，总归不是很方便。而且时间长了，走廊地板也磨损了。正好在这个时候，我太太一个同学介绍说这里有房子。

访问员：从枕流公寓搬出来的时候有没有一点不舍得呀？还是想赶快搬到一个新的地方？

张先慧：那倒也没有。枕流公寓里边那一家后来也换人了，换成了上海市老干部局的一个办公室主任，他们也是一对夫妻。外边只有我跟我太太了，那么我们也不急着搬。等这里装修好了，我跟太太两个人每天晚上只要有时间，就拉两个拉杆箱搬东西。这里的家具都是定做的，以前的家具没有搬过来，所以也没有请搬家公司。

访问员：你们是2000年搬过来的，您是2008年退休的，退休之后的生活怎么样呀？

1980 年，张先慧与儿子张泽轩在枕流花园中

张先慧：退休之后到美国去生活了一段时间，后来回来了。现在最开心的就是和小孙女视频通话。儿子怎么带大的，我脑子里面糊里糊涂的，因为那时候还在上班，所有精力都在工作上。而孙女从生出来到五六岁，我是看着她长大的，这也是我最开心的时候。所以她现在也记得我，视频里面叫我"爷爷，爷爷"，一会儿跟我讲英文，一会儿跟我讲中文，这是我现在最开心的时间。

访问员：可能也是隔代亲，您那时候对儿子那么严厉。

张先慧：是的，是的。

访问员：那我们进入最后一个问题了，枕流公寓建于1930年，现在已经90年了。你们有25年的人生时光是在那个房子里面度过的。这25年对您来讲，或者对您的家庭来说意味着什么？

张先慧：这25年呢，对我人生来讲，让我从"文化大革命"的阴影里面开始走出来。因为我跟我太太是在枕流公寓里面结婚的，这对我来说是一个很大的转折。对我儿子来讲呢，他感觉很愉快，因为那时候小朋友住这样的房子还是比较少的。从整个上海来说，那时候是以旧式里弄、石库门、新式里弄房子为主，新式里弄房子已经不错了，公寓更加少一点。我儿子跟我讲他小的时候住在这样的家里感觉蛮开心的，没有受到什么委屈，物质条件也挺好的，因为只有一个孩子嘛。他的几个表兄妹来了，他们就在楼下大花园里面玩。所以总的来说，我在枕流公寓结婚、生子、读书，是这里改变了我的人生。

19 马明华：两室一厅里的三代人

Ma Minghua, Moved in 1976 – 3 generations
in a 2-bedroom, 1-living-room home.

"三间房，我们要住十口人。他哥哥家
四个人一间，我们家四个人一间，他父亲和
他一个外甥女就住在客厅里边。"

访谈日期：2020 年 12 月 2 日
访谈地点：华山路 699 号家中
访问员：倪蔚青、赵令宾
文字编辑：赵令宾、倪蔚青
拍摄：瑾帅

1940 年生于上海
1976 年入住华山路 699 号
原上海番禺中学英语教师
枕流公寓楼组长

三间房，十口人

访问员：马老师，您的出生地是在哪里？

马明华：我出生在上海，出生地的具体门牌号倒是记不得了，就是泰康路思南路那一带吧，属于卢湾区（现黄浦区）的。

访问员：是弄堂还是？

马明华：那种老式的石库门房子，就是有三层楼面的，那个时候一到三层全部是我们家住的。思南路走到底有个监狱，我们家离它不远。现在好像变成了很有名的电子街，我上次去过一次，觉得有点像原来的地方，但是面目全变了。

访问员：那您是怎么搬到枕流公寓来的？

马明华：搬到枕流公寓是"文化大革命"以后了。因为当时我爱人他们家是住在五原路的一幢新式里弄房子里，也是一楼到三楼。那么他的哥哥住在淮海别墅，也是一幢房子。因为"文化大革命"，他们家受到冲击了，住房面积就缩小了。嫂子看着那些后搬进来的住户心里不舒服，每次走过人家家门口，都要去敲两下门。那么住在里面的邻居肯定也不高兴，就发生了口角。当时嫂子身体不太好，因为这个，晚上觉也睡不着，没办法再在原来的地方生活了。

后来我先生的哥哥跟他们父亲商量了，说看中了枕流公寓。枕流公寓这个单位我们来的时候是贴封条的房子，通过一些关系，就搬到这里来了。但是搬进来的时候房管所就说哥哥一家的住房面积不够，还需要增加入住人口来增加面积。那么他跟他父亲商量，是不是让他弟弟——我先生一块儿搬过来。所以就这样，弟弟和哥哥两家都搬到这儿来了。当初搬来的时候，我们是很艰苦的。这一百多个平方米，三间房，我们要住十口人。他哥哥家四个人一间，我们家四个人一间，他父亲和他一个外甥女就住在客厅里边，就这么住的。

访问员：那个时候大概是一个怎么样的格局啊？比如说厅是什么样子的？你们自己房间是怎么样的？

马明华：他哥哥住在隔壁朝南的这间，我们住在朝北的那间，他父亲和外甥女住在这一间客厅。客厅的中间放一张吃饭的桌子，靠近门口放了一张大床，靠近窗口摆了一张小床是外甥女睡的。那时候也不讲究，反正能住下就可以了。我公公的一个儿子在外地，寒暑假的时候，他们家的两个小孩要来看公公，来了以后也住在这儿。所以当时家里备了好多折叠的钢丝床，来一个人，拉一个钢丝床，来一个拉一个。没有床就打地铺，反正大家都很艰苦，也不计较的。

访问员：吃饭都在厅里？

马明华：吃饭都在厅里。

访问员：那你们的房间大概是一个什么样的格局呢？

马明华：我们的房间好在都是套间，两个房间就有两个卫生间，所以兄弟各家互不影响。就是公公不方便，他年纪大了，晚上用一个痰盂，早上再倒一倒，就这样的。

访问员：那你们房间就放一张床吗？

马明华：两张床。一张床，一张沙发床。沙发床白天撑起来，晚上拉出来。那时候条件很艰苦的，上海的住房是很紧张的，三代人住一间是很多很多的。

访问员：搬进来的时候，这里整套都是你们家的吗？

马明华：没有，原来这个单位住了两户人家。我们家就住了三间，封条贴好的三个房间。外面两间是另一家，也是一家兄弟俩。现在他们家哥哥、弟弟分开了，房子分别卖掉了。所以现在这个单位，就变成三家了。

访问员：搬到枕流公寓的当天，您还有印象吗？

马明华：我当时在北京教书，没在。他们是1976年1月8号搬来的。等我来的时候，都整理好了。

访问员：嗯，您当时在北京当老师吗？您好像是北京外国语学院毕业的。

马明华：是的。

访问员：读的是什么专业呀？

马明华：俄语。原本进去是读英语的，但是因为家庭成分不好，就被调去了

客厅一角

华山路 699 号电梯厅

俄语系。原专业的一些同学毕业后在外交部工作的也挺多的。

访问员：能考上北外的，都很厉害了。您和您先生是怎么认识的呢？

马明华：我们是高中同学。

访问员：嗯，那再说回来，您第一次来枕流公寓是什么时候呀？

马明华：我通常寒暑假回来，1976年1月8号搬来嘛，就快接近春节了。春节以后，我就过来了。

访问员：那寒假第一次回家，刚进枕流公寓的时候，您是什么印象啊？

马明华：我觉得人蛮多的，蛮热闹的，很挤。吃饭我们家跟哥哥家是分开的。他爸爸跟我们家一块儿生活的，吃饭也是我们带着的。

访问员：那当时对花园、走廊、电梯什么的，还有印象吗？

马明华：原来我来的时候这个电梯是一个很大的电梯，铁门的，人工拉的，电梯里边可以放两辆28寸的自行车。后来改造完就变自动的了，轿厢就缩小了，自行车也不让上来了。原来我们规定自行车要进楼道的，就是你住在三楼，就推到三楼楼道里边，你住在四楼就上四楼，不能在底楼放的。两个开电梯的师傅，现在真找不出这样的人了，工作很敬业、很认真。他们每天那个站姿，都是毕恭毕敬的，站在电梯旁边，两个手就这么垂直放着。不来回走的，不是说没人了我就到处走走，晃晃坐坐，没有的。他们都是那么站着的。一个叫老金伯伯，我印象特别深，还有一个师傅姓什么我倒一下子记不得了。老金伯伯的个子矮一点，另外那个师傅人高一点。然后陌生人进来了以后，因为当时没有门卫的，他必须要问你：你找哪家？几楼？甚至要问到你找谁。都问清楚了，他才开你上去。如果你回答不清，他就不让你上。

访问员：那就等于还要兼门卫的工作了啊？

马明华：对，还要兼门卫的工作。这两个师傅真的工作态度十分好，十分认真，大家都很钦佩他们。后来换电梯了，变成自动电梯了，来了一些开电梯的工人，都是女的。她们都是弄个板凳坐在电梯门口，有织毛衣的，有聊天的，和那两个师傅的工作态度完全不能比的。大家都很留恋那两个师傅，还在想着他们呢。

花园当时进来的时候也不是现在的模样。现在不是一进花园有个"枕流园"嘛，一块碑一样的石头立着，挡住了你的视线。原来进来是一个大的圆的水池，圆池旁边还可以坐人的，就大家欣赏啊，休息啊，都可以的。花园里边鲜花很多的，月季花什么的，都是四季开放的。现在进去就是绿的，没有花，所以这个差别也挺大的。而且原来的花园比较开阔，一下楼梯就能够看到整个花园的景色，靠右边还有一棵红枫树，很漂亮。现在那棵红枫树也不见了。

访问员：楼下好像说有一个游泳池，您去过吗？

马明华：在楼底下，地下室。

访问员：您见过吗？

马明华：我来的时候已经没有了。

厨房间里的"劳动模范"

访问员：您是什么时候从北京回上海的呀？

马明华：我是1978年借调到上海的，回来就进了长宁区的番禺中学教外语。

访问员：那个时候每一天的日常大概是什么样子的呀？比如早上起来做点什么？

马明华：上班，回来就忙家务。家里那么多人吃饭呢，我们家四个，加上公公、外甥女，要六个人吃饭了。所以那时候上班不知道周边的情况，邻居都不认识的，回家就忙着做饭、管小孩。

访问员：小孩在哪里上学？

马明华：隔壁华二小学（华山路第二小学），原来叫改进小学。

访问员：你们刚搬过来的时候，小孩多大呀？

马明华：大儿子4岁，小儿子2岁。

访问员：那是在上幼儿园啦？

马明华：是的，华山路镇宁路路口有个幼儿园的。

访问员：谁来接送呢？

马明华：都是我们上班顺路去送的。

访问员：您当老师的，应该和孩子的作息比较同步吧？比如像寒暑假，会怎么给两个儿子安排生活呢？

马明华：那时候有公公在，总归要多照顾老人。所以大儿子通常在我妈妈那边放着，小儿子留在我们这儿。因为我们是大家庭，还有一个外甥女在这儿，我先生哥哥的孩子如果中午回来的话，吃饭都在我这儿搭伙。

访问员：您先生的哥哥家里也是两个孩子是吧？

马明华：哥哥家两个小孩，我们家也是俩孩子。因为我公公这个人的思想是很开明的，他规定他的五个子女，一家只能生两个，不允许有三个。他说一个孩子太孤独，不好，两个最好，也算是支持国家政策吧。我先生的大姐两个儿子生好了以后，想要一个女儿，结果有了。但是他父亲有这个规定，他大姐很听话的，就把那个孩子给做掉了。大姐现在已经快90了，她那个年龄完全可以生三个的。而且我公公还定了一个家庭内部的规矩，无论是媳妇还是女婿，进他们家门，必须是大学生。

访问员：这么多家规都是您公公定的，方便跟我们稍微介绍一下您公公吗？

马明华：我公公家是崇明一个挺大的家族，姓瞿。瞿氏家族出了很多留学生，抗日的时候还在小西门一带办过一家瞿直甫医院，后来搬到华山路360号来的，在这一带也算小有名气。我公公是银行界的，也是一个大学生，那时候大学生不是很多的。他的父母过世得比较早，他还培养他的弟弟到日本留学，他弟弟是学医的。搬到枕流公寓以后，他就跟着小儿子——我先生生活了。他每天有一个习惯，就是要到襄阳公园去和他的老朋友们碰头，他们都是从银行界退休的。他步行去步行回来，一直走到80岁，才不走了。后来得了白内障，基本上天天就是坐在这个客厅里边，拿着一个收音机听着。

他们家不是有家谱的嘛，我儿子这一代是"德"字辈，十个孩子的名字都是公公起的。我小儿子是他们孙辈当中最小的，排行第十。我公公就认为他的任务完成了，给我小儿子起了个名字叫"全德"。他自己的生活也很自立，很有计划。手头这点资金，他准备用十年，他就都合理安排好。

访问员：他会帮你们安排好吗？

马明华：不会的，这方面他不管我们的。

访问员：那刚搬进来那会儿，您对枕流公寓的邻居有印象吗？

马明华：大家都不太打招呼的，就知道你住在"枕流"，但是大家也不来往。

访问员：只是知道谁谁谁住在哪一层楼吗？

马明华：知道的，但是具体情况不是很了解。像乔奇、孙景路夫妇，因为他们经常拍戏，蛮有名的。孙景路老师很平易近人的，没有架子，在路上看到我们都会笑一笑打个招呼。还有一个演员叫徐幸，她的丈夫叫王群，华师大（华东师范大学）的教授，也是《可凡倾听》的栏目策划，都有看到的。画家沈柔坚有时候画画画得累了，就在花园里边踱方步，我们在窗口也会看到的。但是和他们碰

马明华家的厨房一角　　　20世纪70年代末的一个暑假，马明华（右一）和丈夫、公公以及两个儿子在枕流花园里面拍的全家福

到的机会不多。

访问员：那住在同一个单位里的邻居呢？

马明华：打招呼的。两个老夫妻，年纪比较大了，像我公公一样的年纪，那个老爷爷老是跟我开玩笑。我做饭的时候不是在厨房吗？他进出自家那个小房间要走过我厨房的，每次看到我在忙，就给我起了个外号，叫我"劳动模范"。

访问员：哈哈，说明你一直在干活。

马明华：是啊，可想而知，我当时的家务活儿是比较重的。

访问员：这栋楼里好多小朋友都在附近上学，他们之间会串门吗？

马明华：小朋友就在花园里边玩呀。

访问员：过年过节有什么印象比较深刻的事情吗？

马明华：我公公是一个思想很开明的人。他定的家规都是比较特殊的，还有一个不成文的规定。春节不是要拜年嘛，他住在这儿，我先生的几个兄弟姐妹初一都要来的。他们兄弟姐妹之间也要互相拜年，初二到大哥家，初三到大姐家，一天一家。我公公规定，随便谁来都空着手，不许带东西，小孩也没有压岁钱。所以当时人家都有压岁钱，我们小孩没有的。那么我们过年也很轻松，没有压力，到哥哥家去吃饭空着手，到姐姐家吃饭也是空着手，不要考虑买什么带什么，大家都是空着手去的。否则你到他家，他到你家，不也一样嘛？你俩孩子，他也俩孩子，互相给压岁钱，也没有必要了。当时我不太理解，现在回忆起来我这个公公，思想实在是太开明了，真是好。

访问员：大年初一大家都到这里来的话，你们这边是怎么安排的呢？

马明华：因为他们家是崇明人，崇明人的规矩年三十是不吃年夜饭的，吃春卷、馄饨，所以比较方便。到初一呢，我是最忙的。为什么？初一全部到我们家给公公拜年，小孩都长大了，所以一来就是两桌，我提前一个礼拜就要准备了。

不像现在，隔夜菜不能吃都扔掉。那时候我们都是提前准备，烧一砂锅一砂锅的。春节是很热闹的，也很忙。今天晚上吃完晚饭，马上要包春卷了。明天吃完晚饭，要做猪油汤圆，芯子不是买的，都是自己手工做的。那时候也不知道力量怎么会这么充沛，好像有使不完的劲一样的。吃完晚饭了，赶紧准备东西，每天晚上都是很辛苦的。所以没有可能到外边去了解周边邻居的情况，不可能的，忙自己家都来不及了。

访问员：春节的时候这边会有什么活动吗？

马明华：没有。

访问员：邻居之间会走动吗？

马明华：没有，不走动的。

访问员：花园里会有什么装饰吗？

马明华：没有没有。

访问员：那个时候上海市区好像还是可以放烟花的吧？晚上会放吗？

马明华：嗯，会放的。每次到12点，我儿子喜欢放鞭炮，他就领着孩子，到下面，不在花园里面，在马路上放。花园嘛，人家在休息，影响人家，并且有草地，也不安全，所以都在马路上。

花园里的一家人

访问员：你们在同一个单位住了这么久，后来这些住户有什么变化吗？比如孩子长大了，您的公公年纪也大了。

马明华：后面随着年龄增大，老的都一个个过世了，像隔壁老夫妻俩也过世了。我公公活到90岁，没有病的，在家里睡了一夜，第二天早上就走掉了。我当时到派出所注销户口，户口注销以后才可以安排火化的，对方就一定要医院证明。我说是在家里边过世的，突然之间就过世了，对方就是不肯开死亡证明，一定要拿医院的证明。那么我们就到医院，医生拿着病历卡拼命翻，翻了半天，总算翻到原来的资料里边有一个"心力衰竭"，就把这个拿出来算他死亡的原因。

访问员：那你老公的哥哥家有两个孩子，他俩长大后是怎么住的呢？

马明华：对，我侄子大约1980年到美国去了。他的姐姐是前进农场的，在上海郊区插队，两三个月回来一次。都不住在家里，所以他们家也就两口子。

访问员：你们家两个儿子长大后是怎么样住的呀？

马明华：大儿子是在2000年左右搬出去的。小儿子和儿媳上海、美国两头跑。

访问员：您是怎么成为枕流公寓的楼组长的？

马明华：原来的楼组长是范老师，范老师之后是罗琳。罗琳后来搬家了，又是一个空缺，也不知道怎么居委会就让我帮忙，说没什么事的，就帮忙生个眼睛、生个耳朵，有什么事情向他们反映反映就可以了。

访问员：从那个时候开始，跟邻居的接触是不是变多了？

马明华：一开始还不是很多的。后来我退休了，我先生的哥哥一家都到美国定居了，我老公也去世了，小孩又成家了，家务活儿的负担就比较轻了。这个时候，他们如果正好有事委托我，我就稍微空一点了。有时候我在下面晒晒太阳，一些老邻居本来都是习惯在家里边的，看到下面有人，也就开始到下面活动了。到了差不多的时间，大家不约而同地下去，坐坐聊聊，一天天过得很快。比方说看到某个邻居身体比较好，就让他介绍介绍饮食注意点什么，生活起居要注意什么。还有独居老人，身体哪儿不舒服了，自己不知道怎么处理，就跑来问问，大家就你一句我一句给他参谋。后来大家说：我们锻炼锻炼身体吧，那么就成立了一个太极拳班，六七个人，买个录音机，买了碟片一起学。这样就无形之中把这个楼中的一些老邻居拧在一起了，开始一点点熟起来了。

访问员：那您感觉现在的枕流公寓跟你们刚刚搬过来的时候有什么不一样吗？

马明华：大家原来见面觉得脸熟，但是都不聊的。原来电梯里边看见也不打招呼的，现在都会主动地问候几句，家里有点什么困难，大家有时候也会说点心里话。如果某某人最近不太看到了，还会打电话去问：最近怎么样啊？好不好啊？怎么没看见你下来啊？住在楼里的老居民，如果谁生病啦，大家会主动地去关心一下。人走了嘛，都是以大楼的名义送个花圈，表示一下哀悼。

上海戏剧学院的王苏老师是枕流公寓的新住户，很热心的，还会邀请我们去看戏。那么大家约好了，一起到对面去看。昨天下午两点，我们去看了一部话剧叫《熊佛西》，庆祝上海戏剧学院成立75周年嘛。熊佛西原来是上戏的院长，副院长是朱端钧。朱端钧以前也住在我们楼里。这部剧是熊佛西的孙子熊梦楚导演的，演得很好，他最后还上台致辞的。所以我们有时候跟王苏老师开玩笑：你来了以后，丰富了我们的文艺生活。

访问员：现在听起来是一个很温暖的大家庭啊。枕流公寓有90年的历史了，你们从1976年搬过来住到现在，也快有半个世纪了，那么您觉得这个地方对您个人或者对您家庭而言，有怎样一种特殊的意义吗？如果要您对这栋楼带去一句话，会说什么呢？

马明华：我觉得住在"枕流"的这个大环境里边吧，邻居们都比较通情达理的，邻里之间的关系都也比较和谐，所以感觉很温馨、很安全。

20 颜茂迪：老祖宗传下来的古董

Yan Maodi, Moved in 1976 – The antiques passed down from ancestors.

"这栋房子像我们老祖宗传下来的古董，比我的生命还重要。"

访谈日期：2020 年 12 月 17 日
访谈地点：华山路 699 号家中
访问员：罗元文、赵令宾
文字编辑：赵令宾、罗元文、王南游
拍摄：王柱、王南游

1942 年生于上海
1976 年入住华山路 699 号
原上海中科院昆虫所职员

沧海中的一叶扁舟

访问员：颜老师，您好！可以请您简单介绍一下自己吗？比如出生的时间和地方等。

颜茂迪：我是1942年在上海市静安区出生的。我姐姐跟我讲，我出生在华山路303弄。后来父亲生意做得好了，就搬到了复兴西路47号，一整幢房子都是我们家的，新中国成立以前全家都住在那里。新中国成立初期，我父亲就把那个房子给退掉了，然后搬到了武夷路321弄。那个地方是英式的花园洋房，一直住到"文化大革命"。那时候，因为我父亲是资本家，所以我们就被"扫地出门"了。一直到1976年，打倒"四人帮"以后，我看了好多地方的房子。当时我父亲、我自己、我婆婆家里，房子都被收掉了。收掉的房子居住面积大约有158平方米。后来我把剩下的一点房子想办法换到这里来。所以我是1976年搬进来的。

访问员：您爸爸妈妈是从事什么工作的？

颜茂迪：我爸爸是资本家，开厂的嘛。妈妈是家庭妇女。

访问员：您知道您父亲具体做什么吗？

颜茂迪：我父亲开了两个厂，一个是织布的，另一个是染布的。20世纪50年代初"三反""五反"，我父亲就倒霉了。他是1966年死的。

访问员：家庭遭遇变故，您当时是怎么应对的呀？

颜茂迪：我也有过一些负面的想法，但是那时候外地的姐姐托我帮她的同事买一件羽绒服，钱已经寄过来了，我总想把这件事情办完才走，就是这个事情拖了一拖。这条命是这样捡回来的。一直到80年代，我搬到这里以后，这个事情平反了。他们说，邵式军是对革命有功的人，算是好人。那么我们"隐瞒敌产"的罪名也加不上去了。于是就把之前没收的钱还给我们，也不加利息。没收的厂没人去接手，那没收就没收了吧。反正都是身外之物嘛，我们现在日子过得也还算可以吧。

访问员：颜老师太不容易了。父母在世的时候，家里总共有几口人？

颜茂迪：一开始有七口人。我父母和我们兄弟姐妹五个。后来我姐姐复旦大学毕业到外地工作了，二姐考进南开大学也走了，三姐到常州工作去了，我弟弟上海中学毕业以后，考进大学也走了。1961年，我妈妈癌症过世，我爸爸成立新家庭就把户口迁掉了，所以后来就剩我一个人。为什么就我一个人没有上大学呢？我是1957年初中毕业，考进复旦中学的。高二的时候，复旦中学改成了中专。那个时候上海改了几个中专，科技一校、科技二校、化学方面的技校，还有一个无线电的学校。那时候电气不是刚刚起步嘛，所以还有个无线电的技校，改了四个中学吧。我心里面是不想读中专的，但是没有办法，因为我父亲"三反""五反"有问题，又是资本家的子女，如果不读，给你档案里写上一笔，我就算读得再好，也考不上大学，出来没工作怎么办？我思想斗争了很长时间。我父亲就说："学费交掉就交掉了，不要学了。"我说："那不行，三年以后没方向了，要是'不服从分配'写进档案里去了，那问题严重了。"所以不敢不读。我们是科技两校，还好中专毕业后，给我们一部分人分到科研单位。1960年12月9号吧，那天分配工作，就分到中科院昆虫所，一直做到退休。

访问员：看上去你们家里兄弟姐妹功课都蛮好的。

颜茂迪：对对对，因为我祖父的祖父以前是宫廷里咸丰皇帝的时候教太子读书的，所以我们家里读书都很好。现在我们下一辈也都很不错的。

访问员：您当初是因为时代关系，读完中专就直接开始工作了吧？

颜茂迪：嗯，中专毕业就分配工作了。有的分到无线电厂，有的就分到科学院下属的生理所、生化所、植物生理所等。

访问员：您当时读的是什么专业？

颜茂迪：电子专业。

访问员：那最后为什么会被分配到昆虫所啊？

颜茂迪：谁知道？根本不搭界的。

访问员：那您工作的时候有没有遇到什么问题？您又是怎么适应的？

颜茂迪：很难适应的。那时候我们一起分过去有九个人，还有无线电学校毕业的几个人，总共十几个人分在一个科室里。我们专业不对口，真的是不会做什么事情。想帮忙又帮不上，最后还被人扣了顶"消极怠工"的帽子。你想我们苦不苦？有的人来了科学院以后，又被调到工厂。我的一个同学，够苦的，到了厂里，厂里要支内（即支援内地建设），把他支过去了。工作条件很艰苦不说，退休工资还少得可怜。所以这也是个人的命运。我们还算好的，真的还算好的。

访问员：您分配到科学院后有换过工作吗？

颜茂迪：没，没换过工作，就一直待到退休嘛。

访问员：那平时做些什么？是事务处理吗？

颜茂迪：不是。后来我们昆虫所也有病毒实验，要分离病毒什么的，我管操作离心机，算搞技术工作的，我是在技术室退休的。

访问员：后来有没有再去读大学呀？

颜茂迪：没有去。

访问员：您是几几年结婚的呢？

颜茂迪：1968年。

访问员：您和您的丈夫是怎么认识的？

颜茂迪：我们是一个学校，不是一个班级，一起分到昆虫所的。后来他被调到了上海地质仪器厂，一直做到副厂长。最后是在上海党派大楼民建市委退休的，也算是公务员退休。

访问员：你们当时是在哪里举办婚礼的？

颜茂迪：那时候哪还举办婚礼呢，只请了几个人吃饭，不是正大光明可以请的。只能今天请我丈夫家里的人吃，明天请我家里的人吃。所有点的菜加在一起就十一二块钱。你们现在真的是无法想象的。

访问员：那结婚的时候有穿什么特别的衣服吗？

颜茂迪：没有没有，还衣服咧，就买一个床，家具都是旧的。那个时候结婚结好了以后，多了几百块钱，好像已经很富有了。

访问员：你们结了婚之后住在哪里呀？

颜茂迪：住在我先生那里了。我和他正好是一个房管所的，他的房子也被收掉了，就留了一个小间给他。加上隔壁人家的一个小间，两个小间中间的墙敲掉，变成一间。这一间房间只有4.6平方米啊，分给我们住。

我们的计划经济时代

访问员：当初您为什么选择把房子置换到枕流公寓来啊？

颜茂迪：我们结婚之后住的这个房子，里面租了好多人家。厨房在下面的，有时候烧东西拿个鸡蛋都要上上下下跑，太麻烦了。以前独用的厕所也变公用了。那么我调房子的要求呢，一是厕所要独用，二是最好不要楼上楼下跑，所有房间要在一个楼面。那么公寓房子正好符合这两个要求。当初换进来的价格很贵的，光凭我们两个人的工资要租这个房子是不行的。那个时候我工资只有50块5毛，我老公也差不多，两个人加在一起就100来块吧。房租是37块8毛6，差不多要去掉两人工资的40%了。还好我老公的哥哥给了我们一点外汇补助，才有能力住这个房子。

访问员：还记得1976年搬家当天的情景吗？

颜茂迪：我记得搬家的那天，早上出来，弄堂里全是大字报，正好是打倒"四人帮"了嘛，都是打倒"四人帮"的大字报。

访问员：搬到这里来了之后，对比之前住的地方，您觉得怎么样？

颜茂迪：当然和自己家当时住的花园洋房比，还是稍微有点距离吧。我丈夫家的那幢房子本来也挺好的，但后来搬进来好多人家。两层砖木结构的房子上面又加了两层，这么一来，原来的水泥板都酥掉了。于是，房管所就用钢筋在房子外面箍了一圈，再用水泥在外面糊了一层。本来是清水墙，很漂亮的，后来活生生把它变成了水泥墙。而且这个房子已经头重脚轻了，不能住，很危险的。再后

现在由几家共用的单位内走廊

几家合用的厨房

来，房管所在我们前面造了一栋，在后面也造了一栋，等于把我们夹在中间，光线很差劲，所以我就非要调出来。这里是花园公寓，跟马路公寓还是不一样的，后面有一个大花园，房子层高也高。

访问员：你们当时搬过来就住在现在这个单位了吗？

颜茂迪：是的，就是这个地方。

访问员：当时这个户号进来是几户人家呀？

颜茂迪：三户人家。我们家当时是拿五间房间，换了这里的两间。隔壁一户卢医生家和我们差不多时间搬进来的。他2000年的时候把那个房间卖掉了，我们就买下来了，那么就变成了三个房间。

访问员：搬来之前是不是还需要粉刷一下啊什么的？

颜茂迪：就这么刷一下，搬进来的时候刚刷好，好像还蛮神气的哦，也蛮漂亮啊。现在几十年不弄了，就一塌糊涂了。

访问员：可以描述一下刚搬进来的时候这个单位的样子吗？有家具吗？

颜茂迪：家具都是自己搬进来的。柜子是我后来叫木匠来做的，还有一些是我婆婆家里的家具。

访问员：家具有专门的地方买的吗？

颜茂迪：以前买家具很困难很困难。我们为了结婚买张床，我老公就跑了好多地方。今天床架子买到了，还买不到下面的棕绷，又要继续找，很不方便呢。我做这个柜子，木头都是很难买的，拿户口本可以买到一点零碎的木头。

颜茂迪家中依然保留着 20 世纪 70 年代刚搬进来时的装修

访问员：要凭票子吗？

颜茂迪：不凭票子你买不到呀！买的人多，生产的少呀。以前买个收音机，买个电视机，买个自行车，买个缝纫机都要票的呀，不是随便买的。

访问员：枕流公寓有花园、露台、地下室，你们平时都会去吗？

颜茂迪：露台是有的，上面露台是很好的。地下室是不让进去的，后来做成招待所了，临时借给那些外地来华山医院看病的病人。后来听说下面死掉一个人，就关掉了。

访问员：您有进去看过吗？地下室长什么样？

颜茂迪：看过的，楼梯下去两边都是一间一间小房间。那时候管地下室招待所的人，我还有他名片呢，叫徐根宝。他们讲以前不是有游泳池吗，我没看到过。

访问员：那花园呢？

颜茂迪：花园可以进去，一般我们也不进去的。后来就是那些小男孩在下面踢球、打羽毛球，这是有的。

访问员：那个时候的样子跟现在一样吗？

颜茂迪：差不多。那个时候树木没这么高，所以看得见花园的全景。现在你从上面看下去，就只能看到一点点树木的顶了。

访问员：您对以前的电梯有印象吗？

颜茂迪：以前的电梯很好啊，很宽的。电梯是玻璃门的，就这么一拉，"咔"，推过去。关好以后，看得见里面的人的。那个轿厢很大，可以放两部28寸的自行车。28寸自行车很长的，还可以站人。现在越改越小了。以前是老金伯

左图：秋日窗外能看到花园里变黄的银杏树
右图：盛夏的窗外

伯开电梯的。

访问员：那时候有人开车吗？

颜茂迪：没有。刚搬过来的时候，汽车间都住了人家。现在华山路693号这幢房子，以前是枕流公寓的汽车间，后来住在里面的人全部被动迁了，房子拆掉，新造了现在这幢六层高的楼。

访问员：那个时候您每天几点钟起床？干些什么？

颜茂迪：六点多钟起床啦，该买的菜买好。七点多钟骑了自行车就走了，八点钟要上班的。我这里骑自行车一直骑到重庆南路合肥路，也不算远啊。

访问员：那几点钟下班？

颜茂迪：五点钟以后下班回到家里，烧饭随便吃一点，都是很简单的。

访问员：平时你们的娱乐是什么？下班或者周末会做些什么事情呀？

颜茂迪：没什么事。平时上班急急忙忙的，回来做做饭吃。那时候一个礼拜休息一天，这一天就基本上把家里打扫打扫，忙忙碌碌的。我们也没什么乐趣，什么出去逛逛公园啊，到外面去潇洒潇洒啊，没这回事的。

访问员：那过年的时候呢？你们会做些什么？

颜茂迪：过年的时候，就在家里烧点年夜饭吃吃呀。我的侄子、我老公的姐姐和姐夫他们要来吃一顿。那么要准备好年初几请他们来吃饭，我们也很普通的。你想想，过年可以买只鸡、买点鱼了，但是买鱼有鱼票，买蛋有蛋票。按人口多少分大户和小户，四个人以下叫小户，五个人以上叫大户，大户的量比小户要多一点。豆制品也是分配的，都是分配的。你要吃得好，是不可能的。

老祖宗传下来的古董

访问员：枕流公寓是一栋文化名楼，你们有看到这栋楼里面的名人吗？

颜茂迪：乔奇、孙景路夫妇我看到过的。吴永湄的公公、上海戏剧学院的院长朱端钧，我也看到过他在花园里散步。还有越剧演员傅全香，有时候也在花园里。那个时候就知道这么几家，但都不走动的。

访问员：平时和其他邻居有来往吗？

颜茂迪：不来往。因为"文化大革命"以后，大家尽量都不来往，也不敢来往，省得多事。

访问员：可能那个时候的社会环境都是这样的吧？

颜茂迪：是的，你不知道我家里什么情况，我也不知道你家什么情况。最多电梯里见到打个招呼，点点头。

访问员：您住在这里这么长时间，有没有发生过什么印象比较深的事情？

颜茂迪：那没发生过，就每天日常的这种上班、下班。

访问员：当初水电费是怎么交的呢？

颜茂迪：以前这幢楼就一个水表，水费都是按人头算的。21室有个范老师，每个月的月底都会来问："你们家里几个人啊？几天啊？"我们就要去看日历了，今天我姐姐来做客了，日历上勾一勾，明天我弟弟来了，日历上勾一勾。范老师算得很清楚的，这户人家到底几个人几天，水费都是这样子算出来的。电费有小火表嘛，用多少算多少。像我们这套房子，以前里面住了三户人家，三户人家就有三个小火表。假如派下来还缺三度电，那就每户分担一度。煤气那个时候是7分钱一个字，整个账单算到天数的。如果你三个人，那么三个人乘30天，就是90天。要是临时有人来住，一天多少钱。总账除以总的天数，这样算到每户人家多少，很难算的。

访问员：范老师是居委会的代表吗？

颜茂迪：她不是居委会的，她是楼组长。她不拿工资，都是自愿为人民服务的。后来她儿子生病住院，她每天在外面等着："我儿子怎么还没回来啊？"很可怜呐，活到99岁过世的。

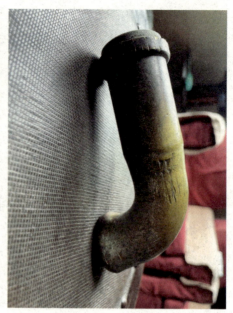

洗手间里保留的 20 世纪 30 年代的铸铁浴缸   已经"退休"的 20 世纪 30 年代的浴缸龙头

访问员：当初你们要是用热水都是自己烧的吗？热水汀应该都拆掉了吧？

颜茂迪：是啊，那时候大家都很节约。冬天很冷，最多一个热水袋啊。洗澡怎么洗呢？就是烧几瓶热水，倒在浴缸里洗。不像现在有热水器，一开龙头哗哗放水，就可以洗了。当时40瓦的灯泡都是不舍得用的。

访问员：您觉得现在的生活和当初刚搬进来的时候有什么区别吗？

颜茂迪：现在好得多。电气化嘛，有空调，洗澡也有热水器。工资一年比一年多，对我们来讲，只要不生大病，基本工资都用不完。

访问员：家庭开销是您和先生两个人的工资一起负担的吗？

颜茂迪：嗯嗯，都一起。我管账，从我们结婚到现在的账簿我都留着。现在其实也没人来查我账，我就是锻炼自己的脑子。今天出去买了多少东西，用了多少钱，用在哪里。有时候发现怎么少了十块钱，这十块钱买了什么东西，我要拼命地把它想出来。

访问员：现在您的退休生活怎么样？

颜茂迪：我们现在80岁的人，反正每天就这么忙忙碌碌的。我们隔壁弄堂有为民服务的站点，早上去买点包子、豆浆。中午不高兴烧饭了，随便吃一点就行了。

访问员：现在和谁住啊？

颜茂迪：我老公，还有我姐姐。我北京的姐姐回来了。

访问员：你们正好三个人三个房间吗？

颜茂迪：我和我老公一间，我姐姐一间，还有一间有时候客人来坐坐。

访问员：枕流公寓建造至今有90多年的历史了，颜老师一家搬进来到现在住了将近半个世纪。您觉得这栋房子对您和您的家庭来说有什么特殊的意义吗？如果要您对这栋公寓说一句话，您会说什么呢？

颜茂迪：我祖父的祖父是咸丰皇帝时宫廷里教太子读书的，"破四旧"的时候，家里的官服、家谱、宫廷画家画的神像、太太祖父的书都被处理掉了。所以你问我们家里有什么古董、旧照片，现在没什么东西了，只有这个钟，还在走。这是我婆婆结婚的时候在国外买的。我婆婆如果还在世的话，已经一百一十几岁了吧。我们现在都已经是八十来岁的人了，也活不了几年。反倒是枕流公寓，这栋老房子，就像我们老祖宗传下来的古董，比我的生命还重要。有时候看到房子被破坏，我是很心疼的。现在讲修旧如旧，希望有关部门能够进一步重视。作为住户，我们也应该好好地保护它。

21 陈宗华：爱听春秋战国的野孩子

Chen Zonghua, Moved in 1979 – A wild child who enjoyed the tales of the Spring and Autumn Period and the Warring States Period.

"我妈妈要把我培养成一个跳芭蕾舞、弹钢琴的人，但是我是一个野孩子。"

访谈日期：2023 年 6 月 9 日
访谈地点：枕流公寓 699 号家中
访问员：赵令宾
文字编辑：赵令宾、王南游
拍摄：王柱

1949 年生于上海
1979 年入住华山路 699 号
原上海仪表电机厂研究所计量

出生在那幢有烟囱的房子里

访问员：陈老师好，您是几几年出生的呀？

陈宗华：我是1949年的圣诞节出生的，我妈妈说，我是圣诞老公公送来的，从烟囱里面丢进来的。我们那个时候住在建国西路的懿园，那幢房子是有烟囱的，我真的一直相信自己是烟囱里掉下来的。

访问员：哈哈，能介绍一下家里面的情况吗？

陈宗华：我们家人很少，爸爸、妈妈和我，我是独养女儿。我爸爸原来读的是南开大学，"九一八"事变之后，转学去念重庆大学。他就问我爷爷：应该学什么？爷爷说：我们中国最缺的是工业，工业中很重要的就是钢铁，枪炮都是钢铁做的。一个国家富强不富强，跟钢铁有很大的关系。所以我爸爸学的是冶金铸造。我妈妈跟爸爸结婚是1948年12月31号，上海是1949年5月解放的，就是解放的前一阵。我们家最早在建国西路上有一幢房子，后来，我们能住的只剩一层了。一层其实也不小，有四个房间，但是厨房和厕所要和人家共用，觉得很不方便。

访问员：父母对你的教育，是怎样的一种方式啊？

陈宗华：他们对我是散养的。我妈妈那个时候做画画的老师，她其实希望我做一个淑女，但是我没有做到。我从小是看《水浒传》《三国演义》长大的，想着要上梁山，要打抱不平。小的时候，弄堂里谁打了谁，我就要去打抱不平的。

有的时候打不过人家，被打得一塌糊涂回来，还是要替人出头。我爸爸在工艺所（上海市机械制造工艺研究所）的工作很忙，每天要到晚上7点多钟才回来。

访问员：您后来是去了工厂上班是吗？

陈宗华：是的。1968年9月2号，我被分配在上海仪表电机厂工作，因为照顾我是独女。那个时候一个月工资16块，我自己拿2块，其余的都交给我妈妈。我在单位里就吃一分半的白馒头，吃两个，加点辣酱，因为辣酱不要钱。我们家里实在是拿不出一样东西了，我妈妈就把我年轻的时候几件比较好的衬衫拿去典当铺，当了的5块钱，够我们撑好几天。因为她是偷偷地当掉的，我要穿的时候就找不到了。她说："对不起哦女儿，我已经把它典当掉了，你已经吃掉了，以后有了钱再给你买。"到月底两三天经常没有饭吃的，我妈妈东找西找，找出几个药瓶子，能卖1毛7分钱，换买一斤面回来，我们又可以混两三天。我们最困难的

父母的结婚照，摄于1948年

《以前的家》，母亲韩安义绘于枕流公寓

1933年，南开校友会上海分会聚餐摄影

1960 年 1 月 9 日，
上海市铸锻工业公司
全体同志摄影留念，
父亲位于一排右一

时候，妈妈是不吃菜的，就拿锅底的锅巴泡点菜汤吃。她把菜都留给我和我爸爸吃，我们一开始都不知道，后来发现她越来越瘦才察觉的。

我爸爸是国家二级工程师，单位在永兴路。那个时候，他没钱乘公交车，天天早上6:00出发，走到永兴路，要走一个半小时。冬天回到家里，走得脚肿了，鞋子都脱不下来。但是他们都很乐观，都是乐天派。我妈妈照样画画，我爸爸喜欢种花，他照样种很多花。那时候花盆很便宜，几分钱一个，买过来种点花，没地方放，就放在床边上。那时候西郊公园不要门票，公园后面有农家小船，我们偷偷地划着那条小船到对岸，对岸就是西郊公园。反正穷有穷的对付的办法。

我爸爸说，有些事情是命中注定的，劫难也是命中注定的。人一辈子不可能都是顺利的，也不会一辈子都有富贵荣华，所以不要去在乎这些。生不带来，死不带去，来的东西有时候也不是你有本事才来的，都是上一辈那里来的，所以不要觉得不舍得。什么东西该回到什么地方，就回到什么地方，说不定也是件好事情。

我爸爸从小就教我，不要去纠结一些小事，不要在小事里走不开。小时候，我家里有很多玩具。有一天，我带了一个球到学校去，被高年级的男同学抢去了，我就哭着回来跟我爸爸告状。爸爸就说："你自己去把它要回来，如果要不回来，这就是你自己的事情。爸爸妈妈是不会为你出头的。"第二天，我看到人家在玩，我就去把球抢回来，人家就打我了，脸上、手上都被抓得一塌糊涂。我回家之后，爸爸就笑了："你不是拿回来了吗？如果我们帮了你，你就没有这个勇气去拿了。自己的事情自己处理，不要样样都依靠父母。你是独养女儿，不然父母年纪大了，你将来会很苦的。"我妈妈给我涂点红药水，也说没有关系的。所以长大以后，无论遇到什么事情，我都是自己处理。我爸爸还说：人要肯舍，舍不一定要得。人家都说大舍大得，但是他说不是为了得而去舍。

访问员：那妈妈有说过什么令你印象深刻的至理名言吗？

陈宗华：我妈妈总是说，做人要雪中送炭，不要锦上添花。

访问员：父母把最核心的生存之道、立足之本，传承给了下一代。

陈宗华：以前我们家里有一个保姆，帮我们打理日常生活的，她是跟着我妈妈陪嫁过来的。年纪大了，她的女儿把财产都拿走了，丢下她一个人。后来她生了乳腺癌，在中山医院住院。那时候医药费不算很贵，我们还承受得起，她没有劳保，没有医保。住在那里开刀，开好刀回家又复发。那个时候，爸爸妈妈和我一起商量，我们三个人轮流陪着她。晚上，我们把两个凳子搭起来，就睡在上面。医院里的人都不知道她是我们家的保姆，说："老太太，你福气真好，你的儿子、媳妇和孙女真好，天天给你洗屁股、擦身子。"她就笑笑，也不讲穿。我们一直照顾她到过世。

访问员：这是什么时候的事情啊？

陈宗华：应该在认识张一楚之前。

两间房，一个家

访问员：那您和丈夫张一楚先生是怎么认识的？

陈宗华：介绍的。那个时候在工厂工作，也有追求我的人，但是我不知道跟人家怎么交往，很怕难为情。那个时候已经28岁了。我爸爸的朋友正好是我先生的老师，他就说："我有一个学生，就是年纪比你女儿要大一些，但很有前途，是不是可以让你女儿看看？"后来，张一楚就和我约在岳阳路200号门口，我跑过去一看，一个很瘦的男人在等，看上去要40来岁了。我说："你是不是张一楚啊？"他说："是的。"就从这一天开始，我们就交往了。

访问员：为什么会约在岳阳路200号呢？

陈宗华：因为我家在建国西路，一转弯就到200号了。200号里住着两个他的同学，他觉得这个地方很清静，没什么人的，就约在那里见面。

访问员：哦，那是他定的地方。

陈宗华：他定的地方。他经常爽约的，他跟我约好什么时间在什么地方见面，但是临时都会说：不行，我现在开刀下不来了。那时候我也无所谓，因为他对病人非常负责任。我就想，这是很难能可贵的。有些人为了讨好女朋友，把重

20世纪50年代末，先生张一楚刚工作的时候　　　　陈宗华夫妇婚后合影

要的事情都放弃了，我反而觉得这种人没志气。而且我想，他对病人好，他对家庭一定也会很负责任，对我爸爸妈妈一定会很好的。所以，我们交往了一年多就结婚了。

访问员：那你思想还蛮开明的。你们是几几年结婚的？

陈宗华：我们是1978年6月6号结的婚，在南京路上的莫有财，现在叫扬州大酒店。那个时候摆了三四十桌，规模已经很大了。30块钱一桌，很多菜，都是扬州的莫有财兄弟两人亲自烧的。当时没有什么新娘子的衣服，我师妹的妈妈是个裁缝，给我做了一件粉红、一件嫩黄的衬衫。那个时候也没有地方做头发，都是自己用卷筒卷的。我们很简单地就结婚了。婚后住在建国西路，我先生觉得跟人家合用一个浴缸好像蛮难接受的。这个时候，我们就想换房子了，换一个独门独户的，小一点也没关系。我先生家当时在长乐路的燃琨公寓，那就在附近找，所以就找到枕流公寓。这里住的也是个医生，他们家也有困难。他家有三个小孩，但这里只有两间房，他们觉得我们家有四间房，可以分得开。其实对我们来说，只要两间房就够了，我和先生一间，我爸爸妈妈一间。所以大家各取所需，一拍即合。那么，1979年6月份，就互相搬家了。那时候我怀孕大概8个月，挺着很大的肚子搬到这里来的。

访问员：你们是怎么样找到这个单位的呢？是通过房管所吗？

陈宗华：对的，通过房管所。他们说这儿有一户人家想找大一点的房子，那么就叫我们来看。

访问员：搬过来的时候，就是你们自己一家人吗？

陈宗华：就是我们自己一家人，越搬越小了，东西都没地方放。

访问员：你们都带了一些什么东西啊？

陈宗华：我们的床搬过来了，一个大橱也搬过来了。那个时候也没什么衣服，开了橱门都是空空荡荡的。其他家具也没要，都是到这里再买的。那时候买家具还要票证的。我跟张一楚结婚的时候，开了后门去买，都是半夜排队的。

访问员：你们1979年6月份搬到这边来，当时这个单位是什么样子的还记得吗？

陈宗华：这个房子是黑乎乎的，很脏很破旧。外面有一个小卫生间，里面有个大卫生间。大卫生间是没有抽水马桶的，只有浴缸和洗脸盆。后来我们就自己装了一个马桶。一开始地板的缝都是很大的，但木料很好，都是柚木地板。装修是很后来的事情，我们不舍得把这个地板撬掉，就把新地板铺在了旧地板上面，有烂掉的部分就封点水泥。窗也是我们后来换的，本来是黑色的窗，已经破破烂烂，漏风了。

访问员：刚搬进来的时候，这里有独立的厨房吗？吃饭是怎么解决的呢？

陈宗华：这个单位最早应该是复式户型，我们这层是没有正规厨房的，只有一个配餐间，是我们把它改造成了厨房。我们来的时候，里面很简单，只有一个煤气灶，一张桌子，带着很厚的油垢。

访问员：客厅里的火炉有用过吗？

陈宗华：用过的，烟都跑到楼上人家去了，他们就叫起来了。因为天台上的排烟口是封掉的，我们不知道。说到天台，我们去过上面看流星雨，三更半夜等了几个钟头就看到两三颗流星。

访问员：其他邻居也说起过有流星雨。那你们对大楼的其他公共区域有印象吗？

陈宗华：那个时候电梯是拉门的，里面有一块很好的镜子。有两个开电梯的师傅，一个是金师傅，还有一个瘸脚的沈师傅。那时候没有保安，他们就起到了保安的作用，非常尽职。小孩要出去，他们会拦住，不让他们跑到外面去。他们对地下室也管得很好，经常下去巡逻。

访问员：地下室你们有去过吗？

陈宗华：去过的。

访问员：是什么样子的？

陈宗华：地下室很大，水泥的，暗暗的，里面都是高高的小窗户。起先是一个通间，从这里可以跑到731号地下室。他们说以前是游泳池，后来就变成旅馆了，一间一间的，装潢得还蛮漂亮的。也开过餐厅，一开餐厅，大楼里的人集体反对，说

地下室一角

里面不能开餐厅，陌生人都走到这里来了，不安全，就封掉不做了。那个时候，隔壁的693号那栋楼是没有的。那个位置原来是两层楼的汽车间，后来拆掉了。

访问员：那个时候汽车间是什么样子的？提到的人蛮少的。

陈宗华：汽车间就是一个普通的两层楼的房子，比较矮。我听王慕兰老师讲，最早的时候应该是一套房子就配一个汽车间，一般都是司机和保姆住的。我们搬来的时候已经是"文革"以后了，都已经住了人家了。

石榴花前的姑娘

访问员：当时刚搬过来的时候，你还记得每天的生活是什么样的吗？

陈宗华：那个时候我大着肚子不出去，就在楼下院子里走走。院子里有棵开花的石榴树，很高、很大，很漂亮的，我就很喜欢。我每天都要到这里去看一看，还要跟石榴花讲讲话，我觉得它太美丽了。

访问员：你会跟它讲什么呢？

陈宗华：记不清了，反正我从小大部分时间都是一个人，没人跟我讲话的。所以我经常扮演几个角色，对着镜子讲话，我一个人，镜子里一个人。结婚后，我先生又很忙，不大管家里的事情。我女儿到三岁都不认识他。因为他早上5：30就走了，新华医院离这里很远，乘公交车要一个半小时，到那边7：00，他先去查病房，再安排开刀。张一楚确实没多少时间在家，一心扑在工作上，他那个时候已经被评为上海市劳动模范和先进工作者了。

20世纪80年代后期，上面要他接手新华医院院长的职务，他不愿意，觉得做院长就要放弃原来的专业了。后来，上面就先让他到美国进修，做访问学者。在斯坦福待了半年多，张一楚一次一次地写信来、打电话来要我也去，那么我就去

父亲去世后的陈宗华，摄于 1989 年　　　　国务院科学技术干部局于 1981 年颁发给父亲陈广的高级工程师证

了旧金山。那时候，我们的条件不好，但我又想给我爸爸买点他喜欢的东西。我爸爸很喜欢音响什么的，但以前没钱买，也没地方买。因为他受了很多苦，我想让他开心，所以我就很努力地打工赚钱。

访问员：你们当中回来过吗？

陈宗华：当中我回来过一次。1989年9月，爸爸突然心梗去世了。我一直在哭，我先生就给我买了一张机票。到了家里，爸爸过世两天了，已经送到殡仪馆里去了。我在龙华给他办了一个很风光的葬礼。

访问员：在这之前，你有没有给他买到音响啊？

陈宗华：没有啊，后来我就觉得没劲了。起先拼命工作就是为了我爸爸呀，爸爸走了以后，我都不愿意打工了，觉得挣钱没有意义，人也一下子瘫掉了。因为我跟我爸爸是好朋友，我们不像父女，有什么事情我们就讨论。我们家里本来有一个很大的书房，里面有很多书。我三四岁的时候，他就给我讲唐诗宋词、春秋战国的故事。后来我认字了，就自己看书，很多半文言的书我都看，看不懂就问爸爸。我爸爸这方面很有学问，经常跟我讲讲，我们也经常讨论一些人生的问题。他就像我的朋友一样。我妈妈要把我培养成一个跳芭蕾舞、弹钢琴的人，但是我是一个野孩子。我爸爸就让我到弄堂里去疯，到了吃饭的时候，叫我一声就回来，我就是这种孩子，一个像男孩子一样的女孩子。我爸爸觉得我将来只有一个人，会碰到很多困难，我要学会自己去解决，要去积极地结交各种层次的人。他跟我说，人都是一样的人，只不过境遇不一样，所以不能觉得自己的条件比别人好，就看不起别人，这是不可以的，他说这是一种罪过。他们的研究所有个工厂，他对那些工人就很好。到了被批斗的时候，那些工人都来帮他。我们家里人全是这样的。我先生也是这样，给市领导的家里人开刀，他是这样开。给门卫、给烧大炉的人和扫地阿姨的家里人开刀，也是这样开。他看到农村来的老太太开了大刀以后，家里没人送菜，还叫我烧好鸡汤，他带去给老太太吃。

访问员：给爸爸办完葬礼后，是又回到了美国吗？

陈宗华：是的，我先生又叫我去。1990年的时候，我们两个人决定一起回来。回到上海以后，组织上一定要张一楚接受院长职务，他一开始还是不肯，觉得业务要荒废。后来，组织上答应他继续做外科主任，但要同时尽院长的职务，他就接受了。另外，他从来不拿人家一分钱。他说：你给我钱对吧？我就不帮你开了。我妈妈住在新华医院的时候，人家不知道她是张一楚的丈母娘，就在边上讨论：明天张院长要给我们开刀了，他又是外科主任又是院长，我们要送多少钱？有人说，最少要1万。他们几个兄弟姐妹，你出3000，我出2000，凑起来拿一个大信封装好。第二天早上，他们偷偷到办公室放在他桌上。张一楚发现了，他先到院部，再到病房，就问："什么人把这么多钱放在我桌子上？"病房里的人就说是几床的。他就把这个人叫来，跟他说："我跟你说我从来不收人家的一分钱，你不要坏我的名声。你把这个钱拿去，好好地照顾你妈妈。"他们家是农村的，很穷，你凑一点、我凑一点都是没有办法，因为好像开刀要送钱已经变成一个社会风气了。当天他就把这个手术做好了，每天还亲自给老太太换药，老太太很快就好了。时隔半年，他们挑了担子，装了红枣、桂圆、核桃什么的到我们家门口，往那一放，人就跑了。那时候枕流公寓已经有门卫了，我们就去问他。门卫说，是一个农村来的老公公，长什么样的。那我们知道了，就是老太太的丈夫。我们算好这些东西的价格，通过医院的办公室，折成钱还给了他们。就这样收过一次。他对他的学生们也是这个要求：你如果问病人要钱，你就不要做我的学生。

访问员：张院长比你大多少岁啊？

陈宗华：大13岁呢。

访问员：这样子哒？

陈宗华：嗯。嫁给两种人是顾不了家的，一个是军人，一个是医生，他们是没有上下班时间的。刚结婚的时候，我是很不适应的，后来就慢慢习惯了。有的时候我还替他着急：你快去啊！家里的事情都不要紧的。好像觉得和他是一个命运共同体了。

做妈妈的女儿，做女儿的妈妈

访问员：能讲讲您的画家母亲，韩安义老师吗？

陈宗华：我的妈妈是上海美专（上海美术专科学校）毕业的，是我外公的长

外公韩永清旧照

女。我外公叫韩永清，他是英商买办，也是大慈善家。我妈妈从小就喜欢画画，没有人教过她，就一直自己琢磨。开始时是瞎涂涂，慢慢就画得像样子了，画人物、画风景、画静物什么的。她叫家里的阿姨做模特，叫司机做模特。我外公经常拿她的画给人家看："你看，这是我女儿画的画，才10岁。"她本来准备到英国皇家学院里去学的，因为外公是英商，每天都有船到英国去的。那时候我外婆不舍得，外婆只有她一个女儿，她说只要她活着，我妈妈就不要出去。

所以不到20岁，我妈妈就到上海美专学习了，很多美专的老师都认识她，并且把她捧得很高。一方面和她的身份有关，她是"巨富"家里的千金小姐；另一方面也确实是画得蛮好的。因为她在没进美专的时候，已经出了一些作品，办过展览，有点名气了。刘海粟一直挂在嘴边的一句就是："她是我的学生。"张充仁是搞雕塑的，我妈妈在他那里学了两年雕塑，他也老是说她是自己的学生。颜文樑、唐云等，都是大画家，都抢着说她是自己的学生。我妈妈对同学都很好，而且画画画得特别好。后来，她就成了学生的头儿了，大家叫她"大哥"，所有的同学都很崇拜她。毕业之后，她在大新公司开过一个画展，展出了五十几件作品。她画过一幅作品，名字是《春》，曾经获得了中正文化奖一等奖，这是她得的第一个大奖。《玄武湖之夏》后来被美国华盛顿美术馆收藏。

访问员：搬到林流公寓之后，她平时都会在哪些地方画画啊？

陈宗华：到院子里画画，或者在家里的窗口画外面的景色。我妈妈到这里就跟沈柔坚和陶谋基碰到了，很开心。沈柔坚是版画家，陶谋基是画漫画的。后来，沈柔坚画水彩画，又画中国画，也尝试油画。他每画一幅油画，就会把我妈妈叫去："你看我这幅画，什么地方画得不对啊？因为你是油画专家。"我妈妈

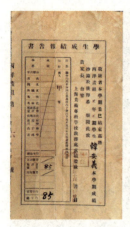

1942年，母亲韩安义在上海美专的成绩单

1947年，母亲韩安义在大新公司举办的油画个展邀请函

《幸福的童年》，20世纪80年代母亲韩安义绘于枕流公寓，曾在《新民晚报》和《文汇报》上刊登

就很不客气，这里有问题，那里的颜色不对。沈柔坚就照我妈妈的话改一改，两个人经常还要争争吵吵的。他们是同行，新中国成立前就认识，而且是同年同月生的，都属羊。沈柔坚说："你妈妈以前是大小姐，貂皮披风一抖，我们这样抬头（做仰头状）都看不见她。"

访问员：那你妈妈在这边画过一些什么令你印象比较深刻的画呀？

陈宗华：画了好多画，有几十幅画，都是画院子的各个角度。

访问员：她会画什么呢？

陈宗华：画院子里的风景，不同角度的风景。有的时候画一点小的人物，小孩子在玩耍之类的。我们其中的一个房间，有一半都是我妈妈的画。一九八几年的时候，人家要出几万块来买画。我妈妈说："我的画从来不会卖的，我就是讨饭，也不会把自己的画卖掉。"

访问员：所以你妈妈的画从来没有卖过吗？

陈宗华：对的。有捐过。她捐过十几幅画给孤儿院和老人院，让他们去拍卖，拍卖以后挣的钱就补贴孤儿院和老人院。

访问员：办画展的话，应该会有人想买吧？

陈宗华：有，人家要买，她都不肯卖，说上面贴着"非卖品"。人家就说，你卖了还能画嘛。她说自己不一定有灵感了，再画同样的画就画不出来了。

访问员：妈妈会教您画吗？

陈宗华：她没教我画。但是以前每次有展览会，比如敦煌壁画来了，我妈妈会带我去看的，再贵的票都要带我去看。但是我一点这方面的才能也没有，一直不会画画。

20世纪40年代，母亲韩安义创作的《花》   20世纪40年代，母亲韩安义创作的《鱼》

访问员：可能也没有刻意地教你。

陈宗华：没有教我画。有的时候她说"我们来画画国画"，我倒蛮起劲的，跟她学，但是没画几下就不高兴画了，弄堂里小朋友一叫，我就坐不住了，就出去玩了。

访问员：您之前说过，您妈妈有时候也像小朋友一样的？

陈宗华：是的，我妈妈很天真的。她没有经历太多的家庭斗争，家里的舅舅们都说她是象牙塔里长大的公主。以前她连厨房都没有走进去过，后期能渡过这么多难关是不容易的。住在"枕流"的时候，我妈妈经常和王慕兰（沈柔坚的妻子）、范老师，还有颜茂迪老师的妈妈打麻将。每天，王慕兰就来敲敲我们门："韩老师，好走了。"她们四个很要好，下午就消磨在打麻将上面。

访问员：这边的邻居好像很多都是画画的，跟您妈妈有来往吗？

陈宗华：蔡居的爸爸蔡上国跟我妈妈也是同行，画油画的。现在蔡居画的是抽象画。我们这座大楼里真是藏龙卧虎。颜茂迪老师有个瘦瘦的姐姐，她懂五国外语啊。吴永湄老师和她的丈夫学问也都很好，她的公公以前是上海戏剧学院的院长。

访问员：是的，叶音是不是还跟您妈妈学过画画？

陈宗华：对的，我妈妈喜欢画画，叶音也喜欢画画。他经常跟我妈妈学习一点画画的基础知识。一开始他来的时候，我妈妈说："先画线条，就画线条，画两个月再来找我。"两个月后，他把一沓厚厚的画了直线的纸给我妈妈看。然后我妈妈就从素描开始教他。他很感激，也经常带点吃的给我妈妈。

访问员：你们隔壁以前住着原上海统战部部长杨晓渡一家是吗？

陈宗华：是的，他家的户型和我家的是对称的。他在西藏的时候，就是他父母和他太太住在这儿。他爸爸以前是统战部副部长，他妈妈做过交大（交通大

1987年1月1日，母亲韩安义和几位校友重返美专旧址　　　　1994年，母亲韩安义被录入《中国当代艺术节名人录》

学）的学生会主席，后来是一个大学的校长。杨晓渡对西藏人民太好了，做了许多惠民的事情。但后来家里有事，十万火急，平调回来做了上海副市长，后来是上海统战部部长。当时西藏老百姓头上顶着香，跪着不让他走的。他很朴素，凡是到市里面开会，他会坐汽车去。如果是去给父母配药，全部是骑老坦克（破旧的自行车）。自己的事从来不麻烦公家，非常廉洁，所以他后来能到中央纪委去。

访问员：你们在这边住了也有40多年了。

陈宗华：45年。

访问员：看到整栋大楼或者大楼周边有什么样的变化吗？

陈宗华：整栋大楼的人都越来越老了，人也越来越少了，年轻的都到国外去了，或者搬到外面去了，一个个女孩子都嫁得很好。以前我觉得这里挺小的，但是我现在已经很心满意足了。我和张一楚两个人这样平平淡淡地过日子，能够互相尊重、互相关心就可以了。我天天晚上还要去喂流浪猫的。

访问员：是喂楼下花园里的猫吗？

陈宗华：枕流公寓出去，一直到华山医院，这一带都是我喂的，这是我的地盘。所以华山医院里好多人我都认识，因为整整30年了。我喂猫通常都拖着一个小推车，这里一些捡垃圾的老太太，一开始都很提防我，以为我跟她们抢垃圾。后来知道我是喂猫的，也就放松了。还有滑稽的事情，前一阵子去喂猫，碰到一个收废品的老头，眉清目秀、干干净净的，踩着一辆拖车，拖车上面都是纸板箱，上面还坐着一条白色的流浪狗。他看到我拖着部推车，就拿了一张崭新的20块钱给我。他说："阿姨，这20块钱给你，我比你容易。"我说："谢谢你，我还不需要。我需要的时候，你再帮助我哦。"我不能直接跟他说我是喂猫的，不是伤人家自尊心吗？所以我们不要以为捡垃圾的、收废品的一定是社会最底层的人，他

1995 年，为纪念美专老校长刘海粟逝世一周年，包括母亲在内的 21 位上海美专校友应刘海粟美术馆邀请携 124 幅作品参加 "21 画家联展"

2019 年，陈宗华和先生张一楚重游洛杉矶

们的心地也是很好的。他们虽然收入不高，但是也是依靠自己的劳动在生活。

访问员：是的呢。枕流公寓是1930年由李鸿章的儿子李经迈建的，到现在90多年了。你们是从1979年搬进来的，虽然居住的空间和之前相比是越来越小了，但前前后后也在这里住了将近45年。这45年，对您的家庭来说，可能也是挺特别、挺重要的一段时期。那么如果把这栋楼比喻成一个百岁老人，现在要您给他说几句话的话，你会说什么呀？

陈宗华：虽然我们的大楼在慢慢老去，但是我们还是很喜爱他的，因为里面有很多故事。一开始搬进来的时候，是觉得很不开心的，但是住着住着，感觉就两样了。而我们最主要的一段生活，是发生在这里的，对吧？所以我还是很爱他的，也希望能终老在这里。而且我们邻居之间，也是很温暖的。所以我希望住在这栋大楼的人们可以一直繁衍下去，我们的邻居都能长寿健康，希望这栋大楼越来越好！

访问员：你觉得开心起来的转折点是在哪里啊？

陈宗华：我女儿天天在楼下院子里玩，是跟许多小朋友一起玩大的。那个时候，不是经常有人来修剪草坪的，所以杂草长得很高，还有野花，我女儿就把它扎成一个花环，戴在头上。我也经常下去跟小朋友玩一会儿，或者和邻居打打网球或者羽毛球，就慢慢地爱上这栋大楼了。

22 梁志芳：时代在我们身上打下烙印

Liang Zhifang, Moved in 1982 – The era leaves its mark on us.

1946 年生于湖南
1982 年入住华山路 699 号
上海沪西运输公司曹杨汽车运输队退休职工

"我不知怎么搞的，没哭。因为心里想：我既然已经选择了这条道路，就不要哭了，就坚定地走下去吧。"

访谈日期：2020 年 12 月 17 日
访谈地点：枕流公寓 699 号家中
访问员：倪蔚青、赵令宾
文字编辑：倪蔚青、赵令宾
拍摄：王柱

到边疆去，到祖国最需要的地方去

访问员：梁老师，您好！

梁志芳：你好！

访问员：您是什么时候出生的？

梁志芳：实际上我是1946年出生的，因为家里把我的户口报错了，那就混个1947年出生吧。

访问员：出生在哪里？

梁志芳：我出生在湖南。

访问员：大概是哪一年到上海的？

梁志芳：我来的时候可能已经有七八岁了。

访问员：到了上海之后住在哪里？您小时候住在哪里？

梁志芳：我住在新闸路。

访问员：是怎么样的房子？

梁志芳：住在沁园村，也是不错的房子。

访问员：那当时您来到上海之后，大概有些什么样的经历呀？

梁志芳：小时候傻乎乎的，从湖南到上海，我上海话听不懂，一出口就是湖南口音。在学校里上课什么的，有些上海学生会欺负我的。那个时候我就感觉挺自卑的，好像没人家理解得快，就有这个感觉。

访问员：在新闸路一直住到什么时候？

梁志芳：住到去"支边"（即支援边疆建设），到新疆军区生产建设兵团去支边。

访问员：几几年去的新疆啊？

梁志芳：我是1966年去的。因为我学习不好，高中没考上嘛，后来里弄干部就动员我了。我是独苗，实际上可以不去的。但是我从小比较积极上进，希望能够入团、入党，所以他们一动员，我就同意了。我把那张自己写的表决心的红纸往墙上一放，好了，这下不去也得去了。

访问员：您是家里独女啊？

梁志芳：我是独女啊。这个说起来要说到家里老祖宗了。我原来的外婆当时是破落地主。我等于是……我自己的爹妈把我过继到上海的这家爹妈。上海的妈妈是我的姑妈，亲生姑妈。所以我要去支边，因为那个时候正赶上"文化大革命"之前的阶级斗争，什么"红五类"，都比较受重视的。我们到了新疆以后，"文化大革命"马上就开始了。所以说在那种情况下，也是形势的关系，尽管你是独苗，那也得去。

访问员：那要到新疆去了，从上海走的情景你还记得吗？

梁志芳：我们那一批去了150多个人，火车挤得不得了。站台上人山人海，都是家长来送自己的子女。哭的哭，喊的喊，叫的叫。我不知怎么搞的，没哭。因为心里想：我既然已经选择了这条道路，就不要哭了，就坚定地走下去吧。我在新疆整整待了17年，就回了两次上海。

"支边"临行前，梁志芳与养父母在城隍庙九曲桥上合影

去了新疆之后，一年365天，我哪怕生病，都坚持干活不请假的。我很瘦弱的，最轻的时候只有78斤，我都坚持着干活。后来，我在那个农场工作了三个月，因为表现好，就被提拔上来当卫生员，就分到了奎屯地区126团学习。学习完，就把我分到六连的一个医务室里面，现在说起来叫"赤脚医生"，实际上就是卫生员。我还是大组记工员，就是同在一个班里，你要记分，要记他们的成绩。手里拿着一个喇叭，比如说今天下班时间到了，这个喇叭就要拿起来，收工

梁志芳与丈夫石海庆的结婚照

啦什么的，哇啦哇啦叫，所以我到现在说话声音都放不轻的。因为那个时候在农场里嘛，很开阔的，戈壁滩的田野，这头到那头要有好几亩地了。那个时候也很好玩的，我一边在地里面干活，定苗或者拾棉花，一边唱歌，那么就慢慢地锻炼出来了。我在那里入了团，又是团工委的文员。

后来，我想入党，就打了个入党报告，结果说我家庭成分不好。实际上，我爸爸（养父）是天津人，他是工人，我妈妈（养母）是教师，她还是单位里面的先进教师，只有我那个外婆是个破落地主，就搭住这一点，入党没有入成。这在当时是很现实的问题，也算是那个时代在我们身上的烙印吧。反正在那里整整待了17年。

访问员：您和您先生是在新疆认识的吧？

梁志芳：我是1966年到新疆去的，我老公是1964年去的，他在那里做兽医。

访问员：那你们是怎么认识的？

梁志芳：他在六连，我原来是在八连。后来我因为学了做卫生员以后，组织上就把我分到了六连的医务室，所以他就认识我了。

访问员：你们结婚是在哪一年啊？

梁志芳：结婚是1968年，到上海的民政局开的结婚证。中间搬家弄得我结婚证也不知道到哪里了。我老公现在也走掉了。

访问员：那您1968年回上海办结婚证这件事情，能详细讲讲吗？是怎么回来的，办完之后家里有没有举行什么仪式啊？

梁志芳：当时穷得要命，我爸妈又是双职工，也没时间弄仪式。当时就是老公的哥哥拿了两百块钱出来，发点喜糖，亲朋好友知道一下，就算结婚了。我们连个结婚照都没，就拍了张两个人的照片，结婚礼服也没穿过。结完婚之后，我

们就再回新疆。

访问员：你们是什么时候生的小孩啊？

梁志芳：两个孩子都是在新疆生的。本来意愿上只想要一个，但刚结婚就20出头，外地的政策也没有限制，后来想了想，新疆以后也不知道是什么形势，一个孩子孤苦伶仃的，再生一个他们就能有个伴，所以生了二胎。谁知道自己后来还能回到上海啊。

七十二家房客

访问员：后来您是什么时候回的上海？

梁志芳：1982年。我爸妈身体不好，没人照顾。当初我们这个大楼的楼组长是范逸轩范老师，她知道了这个事情之后，帮了很多忙。为了我这个"特困"能够调回上海，左一个报告，右一个报告。周周折折地，我总算在1982年的时候借调到上海毛巾九厂割绒间做工人。

访问员："特困"是什么意思啊？

梁志芳："特困"就是说我是独苗，独苗的父母身体又不好，那就是属于"特困"调回上海，照顾父母。

访问员：所以"特困"这个概念不是经济上的概念？

梁志芳：不是不是。就是家庭有特别的困难，需要照顾的，所以就把子女调到身边来。

访问员：那你们一家人一起回上海的吗？

梁志芳：没有，我老公的一个姐姐在湖北黄石，能干得不得了，把我老公调到了黄石。这样一弄，我们夫妻变成分居二地了。一九九几年的时候，我老公才被调到上海来，你看多周折啊！

访问员：那两个小孩是和您一起回上海的吗？

梁志芳：我儿子两岁的时候，我先把他送到上海来的，我父母亲帮忙带着。女儿一直跟着我，是我一手把她带大的。回上海的时候，女儿读三四年级了，她就住在我婆妈妈家。我要照顾儿子，又要照顾女儿，这里又要照顾爸妈，那里还要照顾婆妈妈家。那时候我们经济多困难啊，每个月还要承担我婆妈妈的一点生活费。因为我老公和他的兄弟姐妹有几个在外地，而且兄弟身体都不太好，有得肝癌的，早早地就过世了，所以家里也很困难。家家都有本难念的经啊。

访问员：那你们回来的时候，爸爸妈妈已经住在枕流公寓了吗？

梁志芳：是的，等我1982年借调回来的时候，我爸妈已经在这里了。当时去

新疆的时候还不在枕流公寓的。

访问员：那刚刚说到您是1966年去新疆，1982年回来，17年当中只回来过两次。那两次都是回到这里吗？

梁志芳：好像两次都在这里。没去过以前的老家。

访问员：第一次回来是1968年为了结婚吗？

梁志芳：为了结婚。

访问员：那就是1968年的时候你父母已经搬到这里了？

梁志芳：对，已经搬到这里来了。

访问员：第二次回来大概是什么时候啊？

梁志芳：我已经忘了。

访问员：那第一次来枕流公寓的印象，您还记得吗？

梁志芳：我的印象就是——哎哟，这房子好好哦！花园好大，那个时候花园里的树什么的都很茂密的。但是话要说回来，现在枕流公寓通过改造，过道是特别地干净。

访问员：以前不干净吗？

梁志芳：我们那个时候不干净。我来的时候就觉得走廊乱七八糟的。这家把东西堆出来，那家也把东西堆出来，上面挂着东西，下面也挂着东西，乱七八糟的。我们这个单位进来，住了四户人家，其中两家是亲戚，哥哥和弟弟，就像七十二家房客一样。那个时候也因为走廊里堆放东西，邻里之间的关系闹得不是那么融洽。我就最好在当中当当和事佬，比如说我妈门口要放东西，他们门口也堆得一塌糊涂，我就跑到对面好好地跟他们说，他们也照顾过我的儿子嘛，我就说：算了，你们看在我的面子上，就不要跟我爸妈计较了。

访问员：现在怎么样？

梁志芳：现在老两口走了，我爸妈也走了。但是后来，他们跟我们家关系好了。为什么呢？因为他家爸爸那个时候要坐到沙发上，老是一不当心就坐到地上去，然后就起不来。他们家妈妈就咚咚咚敲我们家的门。我老公那个时候还在，我们就到他家去，把他爸爸使劲搀扶起来再坐到沙发上，所以我们两家关系还算蛮好的。

访问员：那就是你爸爸妈妈都过世之后，您和您先生就住进来了？

梁志芳：对，大概20世纪80年代中期正式搬过来的。

访问员：那1968年结婚办证那次回上海，您和您先生两个人在这边住过吗？

梁志芳：没住在这儿。爸妈在这里住着豆腐干大的一个房间，我们怎么还能挤在这里啊？按照我爸妈说的一句不好听的话，嫁出去的女儿就是泼出去的水，就算你借调回来，也得住在婆家。

访问员：那您刚回上海的时候是住在哪里的呀？

梁志芳：回来以后，我就住在婆家呀。我爸妈不肯叫我住在这里。我户口在这里，但是人住在婆家。

访问员：那您总归也会来看看爸妈的吧？

梁志芳：看的呀。每天下班要先过来把他们的饭菜做好，然后再回到茂名北路去照顾女儿。第二天早晨自行车吭吭吭骑到中山北路上班。

访问员：那您还记得这个房间当初的格局吗？大概是怎么样的？

梁志芳：那当然是比较凌乱的。

访问员：这个厅是用来吃饭的吗？

梁志芳：睡啊，吃啊都在这个房间，卫生间就在里面。但是当初这个房间绝对不可能像现在这样干净整齐，现在进来像五星级宾馆一样，哈哈。

访问员：那个时候对枕流公寓这栋楼还有其他印象吗？你刚才提到了花园、走道，对邻居有印象吗？

梁志芳：我妈妈是一个豪爽直快的人，她认识的邻居很多。我只认识几个有名的，比如乔奇老师、韩安义画家、王慕兰老师和她的老公沈柔坚。沈柔坚也是画家。这些有名气的邻居都是跟着我妈妈认识的。

访问员：跟他们有接触吗？

梁志芳：没怎么接触。但是我去过乔奇老师家，那次是为了讲以前的楼组长范逸轩老师的故事。范老师在枕流公寓里做了二十几年的楼组长，居委会为了表彰她，让我讲一讲她的故事。我普通话不好，心里没底，就跑到乔老师家去请教。他很耐心、很热情的，教我哪里需要停顿，哪里需要突出，语气、语调怎么注意。教好我以后，他还到居委会，说我很认真什么的。

访问员：那是什么时候？

梁志芳：乔老师去世前的两三年吧。乔奇老师过世的时候，我们还去参加了他的追悼会，每个人发了一本他的朗诵集。

访问员：乔奇老师过世的时候整个楼都去的吗？

梁志芳：有代表，我去的。那套朗诵集我传给我女儿了，我叫我女儿留给我的外孙女。

知足与感恩

访问员：回上海之后，您是一直在上海毛巾九厂工作吗？

梁志芳：借调在毛巾厂一两年，后来正式调回来是进爸妈的对口单位。我就进了运输单位，上海沪西运输公司下面的大集体——曹阳汽车运输队。我们的运输队都是以装卸工为主，那些大包我怎么能扛得动啊？结果领导看我干得实在不行，就把我调到医务室当后勤，洗洗针管子，打扫打扫房间什么的。我觉得以前在新疆是医生，就这么放弃了很可惜，所以一定要争取实现自己的愿望。后来我就跟领导谈，我们大集体要有自己的医生，那么领导就同意我和另一个后勤一起去黄浦区卫生学校读书。我白天骑车上班，回来以后把父母的饭菜弄好，然后再骑车去黄浦区卫生学校上课，一共读了三年。后来总算通过全国考试，拿到了一个中级医师的职称。好不容易读出来了，单位就让我俩上岗了。结果两个人上岗干了不到两年，单位搞承包了。搞承包就是说这个车队所有的东西都要包产到户。本来大集体的运输单位效益蛮好的，一搞承包以后，效益不好了，医务室关门，医生也下岗回家了。

访问员：那后来怎么办呢？

梁志芳：后来我就进了华山居委会搞计划生育工作，没几年就退休了。

访问员：退休后都做点什么呢？

梁志芳：发挥余热，为社区服务。开始的时候参加公园里的各种队伍，比如说我参加美心队学跳舞。社区这边也兼顾着，街道、公园、居委会，有什么任务了，我都参加。有时候值班，有时候搞宣传，有时候表演节目，有时候防火防盗演习，有时候是开楼组会议一起出谋划策。和其他成员比起来，我年纪小，那么我就多干一点吧。这个社区志愿者的工作也做了二十几年了。

访问员：梁老师好像还挺喜欢做手工艺品的。

梁志芳：上海市静安区社区学校举办了第一期手工艺编制班，我就参加了，学会了做丝袜花的基本要领。回来自己研究怎么做比较好看，我就自己动脑筋自己做，也是生活乐趣嘛。有时候社区搞活动，居委会就叫我拿点作品出来，展示一下才艺。我记得中国共产党成立90周年的时候，我做了99朵玫瑰，自己手工做的，朵朵玫瑰都做得很登样（好看）的。做好以后插在花瓶里，交给我们支部书记，她开心死了。后来街道里面开会，这盆花被借去好几次，也算对社区有点贡献吧。

访问员：那我们的最后一个问题来了。枕流公寓建于1930年，现在已经90年了，从您"支边"结束回上海开始计算，和这个公寓也打了三四十年的交道了。您觉得枕流公寓对您个人和您的家庭意味着什么？或者让您对这个楼说一句话，您会说什么呢？

梁志芳：现在我觉得住在这个大楼里还是蛮温暖的。出去倒垃圾或者买菜，大家碰到都会打个招呼，问寒问暖的。生活上也互相关心，互相照顾，就像一个大家庭一样吧。我是老年协会"老伙伴计划"的志愿者，这个协会是柏万青牵头的。如果谁家有困难，我们都会关心，邻居也会关心的，有什么情况都会报告给居委会。这里有孤老，我们每天都有记录，你什么时候关心过他，你以什么形式关心过他，电脑里都有记录的。昨天我们还从街道领了一些物资回来发给老人家，每个人发几罐八宝粥，再发一包红枣。能有现在的生活，我很知足，我也很感恩。

23 方锡华：一边是儿子，一边是爱人

Fang Xihua, Moved in 1990 – On one side is the son,
on the other is the beloved.

*"我跟我儿子讲：我在你一岁半的时候
离开你，我是没办法。但是，我陪了你爸爸
十年，没有让他孤零零的一个人。"*

访谈日期：2023 年 6 月 10 日
访谈地点：华山路 693 号家中
访问员：赵令宾
文字编辑：赵令宾、王南游
拍摄：王柱

1942 年生于上海
1990 年入住华山路 693 号（公寓汽车间原址）
原上海交通大学医学院附属新华医院小儿科护士

我和暖箱里的孩子们

访问员：方老师，您好！

方锡华：你好，赵老师。

访问员：想问一下您是几几年出生的？

方锡华：1942年。

访问员：出生在哪里？

方锡华：上海市静安区新闸路。

访问员：您能简单介绍一下当时家里面的情况吗？住什么样的房子？大概几
口人住？

方锡华：它是里弄里的石库门房子，我们有两间。住了我父母亲，我姐姐和
我，4个人。

访问员：4个人住两间，那好像条件还可以啊。

方锡华：还可以，还可以。

访问员：您的爸爸妈妈是干什么的？

方锡华：妈妈是护士，爸爸是教师。

访问员：哇，现在说起来是很稳定的家庭。你出生就在新闸路吗？

方锡华：对的。

方锡华的母亲，摄于1936年

访问员：后来是什么时候离开那个地方的？

方锡华：结婚吧。当中在新华医院念书，但住还是住在那边的。

访问员：在新华医院念书啊？

方锡华：我念的是新华医院卫校，当护士的。

访问员：做护士是受妈妈影响吗？

方锡华：不受她影响，我也不是喜欢护士这个职业。我是十一女子中学毕业的，我最要好的同学，她要考护士，她叫我去，我就跟着她去了。那时候十七八岁，两个人舍不得分开，结果她没考进，我考进了，读着也不觉得讨厌。

访问员：是几几年去卫校的？

方锡华：1958年。

访问员：那也就才16岁咯？

方锡华：十七八岁。初中毕业我就考进去了。因为那时候新中国成立没多久，全国都需要护士，就招了400个人，留在新华医院只有10个人，其他的都全国分配的。

访问员：招400个只留10个啊？那您还是相当优秀的。在卫校的时候，每天都会做点什么呢？

方锡华：念书呀。1960年开始实习，新华医院所有科室都要实习一遍，1961年毕业的。

访问员：毕业就分配在新华医院了？是什么科室呢？

方锡华：小儿科。毕业的时候，人事科问我，你喜欢哪一科？我讲要么开刀间，要么小儿科。他们就分配我在小儿科。正好小儿科也看中我了，实习的时候他们都有印象的呀。

访问员：也在小儿科实习过是吧？

方锡华：全部科室都要实习的。我第一个实习的科室就是在张一楚（枕流公寓住户）的外科。我脑筋清爽，实习的时候工作勤快一点。老师晚上睡觉了，我值夜班的话，就把第二天工作需要的东西都准备好了。检定的时候，每个科室都给我批"优"，所以就在新华医院留下来了。

访问员：400个选10个，能够留下来是不容易的。

方锡华：我的一些同学全国分配，有时候我们同学碰面，他们都哭啊。分在内蒙古、黑龙江、新疆的都有，那有多苦啊！上海条件也不算好，但是跟他们比算好的了。我为了留在上海，瘦了10斤。

访问员：所以也是为了留在上海，很勤奋地在实习对吧？

方锡华：本来我就不懒惰，能做的就做呀，多做多熟悉，业务熟悉了对自己也有帮助，对吧？

访问员：后来为什么要选外科或者小儿科啊？

方锡华：我就喜欢这两个科室。外科手术间，很干脆的。小儿科，小孩多干净呀。所以要么手术间，要么小儿科。

访问员：那么后来正式工作是在1961年，就到小儿科了。

方锡华：嗯，我那时候才20岁。

访问员：每天的工作状态还想得起来吗？

方锡华：很难搞的。有时小孩胆道堵塞，大便不通，那就得开刀。还有先天性心脏病、早产、唇裂、腭裂的，都是不正常的小孩子在我们暖箱间。我们婴儿室里有10个暖箱，我就专门负责10个暖箱里的小宝宝。所以我打静脉针打得很好，最轻的新生儿只有800克，都能养活的。800克的小孩像小猫、小兔子一样的。那时候，科学不像现在这么发达。800克的小孩，50毫升的液体用大人的皮条（滴管）维持24小时，怎么维持？正常情况下半小时就滴完了。一天，在我上白班的时候我们的主任就找我了：小方，你要帮我负责好。800克的小孩，如果滴得太快，他是吃不消的，要肺水肿的。我想这怎么搞啦？下班后，我就自己拿着各式各样的针头在那里试，一个小时滴几滴，能维持多长时间。试了几天，终于被我试出来了。我在大人的滴管里面放入滴管橡皮，把打肌肉针的针头插进去，这样液体不就可以从小滴管里面出来了吗？出来的液体量就可以控制了。后来，《护理杂志》就登出来了，"新生儿婴儿滴管"，是我发明的。

访问员：这个太不容易了。这是什么时候的事情？

方锡华：1962、1963年吧。

访问员：那也就是刚毕业没多久。

方锡华：没多长时间。每次交班的时候，吊瓶里的药水没有了，医生着急，我们也着急。后来这项技术就在全国推广了。《护理杂志》那时候的稿费有10块钱，我买冷饮请科室里所有人吃，也不是我一个人的事情，大家分分吃吃，一起开心开心。

访问员：你们一个月大概会收治多少个小孩呢？

方锡华：一个月三四十个小朋友总是有的。要看小朋友的病情，看周转率快不快。有的住一个月，有的住三四个月的都有。那时候有一个小孩，生下来是先天性心脏病，容易感染肺炎。他妈妈带着他，一两年都是在新华医院过的，没办法回去，回去就感染。长久下去，也不是个事情。那时候，上海还没有小儿科心脏病手术，医生就跟他妈妈讲清楚，这是第一例手术，我们没有足够的把握。他妈妈答应了，但是这个手术是失败的。我们当时要去开单子，还把小孩跟妈妈送到电梯口。这个孩子姓梅，梅花的梅。我还记得的，心里还记得这个小孩。

访问员：你们心里应该也蛮替他们难过的。

方锡华：真的。我刚毕业不懂，看了很多很悲惨的事情，抢救、过世，都是掉眼泪的。年纪轻呀，很同情他们的。还有一个小孩，他妈妈过世了，爸爸就不要他了，把他送给一对教师夫妻去领养，改名叫陈新华，很漂亮的一个男孩子。

访问员：就是因为在新华医院你们把他照顾好了，所以叫"陈新华"吗？

方锡华：嗯，就是。

访问员：这样听下来，你们每天应该也忙忙碌碌的了。

方锡华：很忙的哦。晚班的时候，一个值班的主任医生要负责四个病区。他就告诉我们：你们不要等我来，你们看好了就尽管自己抢救好了，不然时间过掉了就来不及了。

访问员：一个科室有几个医生、几个护士啊？

方锡华：医生可能六七个吧，护士有十几个。

访问员：几点上班？几点下班？

方锡华：分三班，早上8点到下午4点，下午4点到凌晨12点，凌晨12点再到早上8点，三班倒的。"文化大革命"的时候，工厂里的纺织工人调配到我们医院，她讲：喔唷，我们纺织工人很累，你们比我们还累。平时工作量很大，碰到紧急情况都是要跑的。

访问员：是的是的。小朋友到了你们科室，存活率应该可以大大提高吧？

方锡华：嗯，可以提高。新华医院的小儿科是很出名的。20世纪80年代，美国世界健康基金会想要在中国找一个好的小儿科，最后就挑中了新华医院，在浦东合作建立了上海中美儿童医学中心，现在就叫上海儿童医学中心。

十年，两地，一家人

访问员：您以前住在新闸路，去新华医院上班还蛮远的。

方锡华：蛮远的。那时候有带辫子的车子（电车），换两三部到新华医院，一个多小时。毕业以后，我就住在新华医院的员工宿舍了。

访问员：一个星期会回趟家吗？

方锡华：可以回家。礼拜六晚上回去，礼拜天晚上回来。那时候只有一天休息。

方锡华和先生华帮杰的结婚照　　　　　　20世纪40年代，方锡华先生一家在贤邻别墅的家庭合照，右一为先生华帮杰

访问员：您是多少岁结婚的？

方锡华：我年纪轻，23岁。我先生是第二医科大学毕业的，因为他的成分不好，有海外关系，1957年的时候很讲究的，所以他就被分在很苦的地方——安徽铜陵。铜陵是开铜矿的，都是很重的硫黄味道。

访问员：你们是怎么认识的？

方锡华：大概是1963年吧，他们铜陵的医院里没有小儿科，就派他来进修，因为他是上海毕业的。我们是那时候认识的，1965年结的婚。

访问员：您先生是几几年出生的？

方锡华：1933年。

访问员：他比您大9岁啊？

方锡华：大9岁，不过人很本分的。我们第一次出去，在南京西路新华电影院看电影，看完电影就在对面的绿杨村吃饭，当时我对他印象一般。他就说：方锡华，你要想清楚，铜陵很苦，你想清楚了再决定。这句话打动我了，我觉得这个人很实在，不骗人的，我就同意了。简单吧？很简单。我的同事想不通，就问我：你为了留在上海瘦了10斤，怎么又嫁了个外地人？我讲：上海没人要我。所以我也很老实。一般人找对象，都挑好的讲给你听，他都不提，一点都没有提过家里的情况。尽管他家里也不是太好，但是跟一般家庭比起来，条件还算好的。我第一次到他家里去才知道他住在茂名北路。

访问员：他也蛮低调的。

方锡华：他人本分，尽管我为了他吃了很多苦。

访问员：你们两个是自由恋爱还是别人介绍的呀？

方锡华：他跟我们婴儿室的主任很聊得来，因为一个是1956年毕业的，一个是1957年毕业的。有一天，他们两个值夜班，在办公室里就讲起心里话了。我们主任问他：你有朋友吧？他说：我没有，安徽人我看不中，上海人我也不要害她，所以没有对象。那么主任讲：我这里有4个，你看看哪个合适。我们有一个同事很喜欢他，主任就问他怎么样，他说不要。那就讲到我了，他倒觉得我蛮好的。我一开始没觉得他好，就是那句话感动我了，笨得要死，哈哈。

访问员：你有后悔过吗？

方锡华：没有后悔过。就是小孩一岁半我离开他，跟着先生去铜陵，我后悔了，舍不得。小孩小时候很漂亮，就像外国人一样。

访问员：这个是几几年的事情啊？

方锡华：1970年，我儿子是1968年出生的。

访问员：是在新华医院出生的吗？

方锡华：新华医院。我先生不在，我一个人生的，也都熬过来了。不过在自己医院里，大家还都是比较照顾的。

访问员：嗯，那等于说1970年你也到安徽去了。

方锡华：我去了，去了10年。结婚后两个人一直是分居的，"文化大革命"开始后，第二医科大学要"支内"（支援内地生产建设），在安徽办个医院。因为我老公在安徽，那就重点动员我出去。工宣队、军宣队、人事科都找我谈话，我不能不服从。我家里成分也不好，人也老实，我就去了。小孩才一岁半，我眼泪、鼻涕一大把地去。那时候还没有直达的火车，坐大轮船过去的。

访问员：那你们在铜陵住哪儿？

方锡华：先生分的房子，家里没有自来水，没有煤气，什么都没有，烧柴灶的。拎桶水要到山下去拎。

访问员：你们在安徽的时候孩子都是谁带的？

方锡华：奶奶带。所以我儿子没有考上大学也是有关系的，基础没打好。

访问员：你们是什么时候回来的？

方锡华：1980年，小孩小学都毕业了，我借调到新华医院来，我就去找党委书记，我说我想回来。他们一开始以为我没出去过，所以要调查，调查我说的是不是真的。调查好之后，1985年把我调回来了。1986年，我争取把我先生也调回来了，这是我唯一能为他做的。他1957年出去，1987年回来，在外面30年。那时候我们去报户口，快活得裤子都跌破了。

693号里的大团圆

访问员：那就是说，你们从安徽回来没有多久就搬到这里来了。

方锡华：没有多久。我结婚后住在我先生茂名北路的家，三大间带一个七八十平方米的院子。一个客厅，两个卧室，我婆婆和我各一间。那个房子底下一层都是他家的，二楼、三楼是另一户人家。"文化大革命"的时候搬了六七家人家进来，灶间、卫生间全部公用了，那生活习惯就完全两样了。还有就是我先生的外甥要结婚，房间不够住了，那时候正好有个认识的人，他讲静安区房产公司看中我们这个房子了，要做办公室。茂名北路的房子结构很好，一层有5米高，一条弄堂"文革"前总共才四家人家。他知道这个消息后，就来做我们的工作，茂名北路的一套换这里的三套。一套给我家，一套给外甥结婚，他跟我婆婆住，还有一套给我儿子。虽然房子没有茂名北路的好，但这样好像是解决了我们的困难，而且我先生对华山路印象很好，所以就同意搬过来。

访问员：你们事先来看过房子吗？

方锡华：看过的。

访问员：第一印象怎么样？对枕流公寓有什么了解吗？

方锡华：枕流公寓是有听讲过的，但不太了解。后来看了地段是很喜欢的，蛮清静的。静安区房产公司的人跟我们说：你们既然同意了，我也要为你们考虑。他们挑选了这一栋楼最好的一间房子给我们，前面是上海戏剧学院，没有遮挡。我婆婆和外甥就住在我们隔壁，我儿子住在楼下一层，都能照顾得到。

访问员：是的是的。我自己感觉，你们搬来住在这栋楼之后，虽然说住房条件不一定有你们一开始在茂名北路的好，但是好像可以在这里团聚了。

方锡华：是的。

访问员：搬到这边来是几几年呀？

方锡华：动员的时候是1989年，大概是1990年搬过来的。

访问员：这栋楼的历史你们了解吗？

方锡华：历史我倒不大了解。

访问员：您刚刚说到这里原本是枕流公寓汽车间的位置。

方锡华：是的，但我了解得不多。我听一楼的张老师说，他在原来的汽车间里住过，后来原拆原建有了这栋楼。他是北大毕业的，学的是生物学。

访问员：这栋楼一层有几个单位啊？

方锡华：7家人家吧。

访问员：是没有电梯的哦？

方锡华：没有电梯呀。

访问员：有什么公共的可以活动的地方吗？

方锡华：没有没有。

华山路 693 号西侧外立面 公共楼道里的窗户

访问员：天台上得去吗？

方锡华：七楼有天台，住了两家人家。

访问员：我看到这栋楼的中间有个天井对吧？

方锡华：中间是天井，所以不能加装电梯，会影响人家采光的。

访问员：是的。你们这个单位是几室户啊？

方锡华：两个卧室一个厅。我婆婆的房间也蛮好的，两间朝南，双阳台。我先生讲，一南一北的户型，婆婆和外甥不好分配，那就两间朝南的给他们。

访问员：当时刚搬过来的时候已经是这个装修了吗？

方锡华：没有，自己装修的。

访问员：这个是自己装的啊？原来是毛坯房吗？

方锡华：毛坯房。自己装也行，他们给你装修也可以，要1万块钱。那时1万块跟现在1万块是两回事情，对吧？

访问员：是的。20世纪90年代，你们从茂名北路过来，是算换还是算买的呀？

方锡华：要付钱的，算买下来了。我先生回上海，凭他的职称可以买房子。

访问员：1990年，您应该四十几岁了，还是在新华医院？

方锡华：还是在新华医院，我后来岁数比较大，再在病房里做也吃不消了，我就到儿科研究所上班。

访问员：研究所啊？

方锡华：新华医院的护士到一定的岁数，医院就不给你做临床了，都调配到其他岗位了。儿科研究所里面的科室有生化室、遗传室、新生儿室等，都是搞研究的。我在儿科研究所科研办公室管档案。比方讲，某个主任有一个科目要鉴定了，我给他申请鉴定、请专家。另外，外地来的进修生要毕业了，搞论文、搞鉴定，我给他请专家，主持答辩、申报奖项等。就是搞这些行政工作了，压力也不小，因为科室多，科目申请也比较多。

访问员：您先生回上海后也是在新华医院的儿科吗？

方锡华：新华医院儿科，也在儿科研究所，两边都有工作。

访问员：那你们每天早上是一起从这边出发去上班吗？

方锡华：一起出发呀。那时候医院已经有统一接送的交通车了。比方讲，早上我们坐48路到铜仁路，交通车接走去上班。晚上下班送我们到展览中心，我们再乘车子回来。

访问员：除了工作，每天在这里的生活是什么样的？比如吃饭怎么吃的？

方锡华：吃饭我烧呀。外甥有时候方便的话，也会烧点菜。

访问员：你们住得这么近，会每天一起吃饭吗？

方锡华：没有，分开吃。一起吃忙不过来。叫婆婆烧也不是事情，对吧？那就自己管自己，平时婆婆来坐坐，或者我去看看她啊。

方锡华参加新华卫校校庆

访问员：那是的，很方便的。刚搬过来的时候，你们儿子一个人住楼下，他当时有二十几岁了吧？

方锡华：二十一二岁。

访问员：已经去上班了吗？

方锡华：上班了，他在瑞金医院。

访问员：一家三口都在医院哦。在儿子的教育上面你们插手得多吗？

方锡华：插手得不多，后来回上海了，晚上会陪他一起复习功课啊什么的。就是把他看住了，没有学坏，但是小学没打好基础，所以只能到这个程度。

访问员：会不会觉得自己之前十来年都在安徽，好像对他有点愧疚？

方锡华：对儿子有亏欠。我先生在铜陵工作，他一心扑在工作上，对生活一点要求都没有，环境又不好，所以身体底子差。1997年5月份我退休，1997年6月份他出车祸，脑挫裂伤，我们也没让人家赔什么，就老老实实到瑞金医院抢救。1998年，他得了乳腺癌。2003年肝脏不好，住瑞金医院。2005年肝癌，2009年过世。我忙着照顾他，其他事情都不在我心上。后来我跟我儿子讲：我在你一岁半的时候离开你，我是没办法。但是现在回想起来，我也是陪了你爸爸十年，没有让他孤零零的一个人。我至少对得起你爸爸，只要跟他生活过十年，再艰苦我也熬下来了。

访问员：儿子总归也是理解的吧。你自己在儿科工作，反而没时间陪伴自己家的小孩子，本来就很难受。

方锡华家的卧室一角   方锡华家的阳台

方锡华：是啊，一边是儿子，一边是爱人。

访问员：先生过世之后，您的生活是怎么样的？

方锡华：我就一个人了。我先生过世后的一段时间，我心情很不好，又一次一个人了，晚上失眠。后来回过来一点，这个日子总是要过的。当时腿没病，我还能在外面跑跑、散散心。我们儿科研究所有18个人，都是各个科室的主任，还有原儿科研究所的所长，一个月聚一次会。我烧菜比较好吃，他们有时候就到我家来，我也高兴。

访问员：那么跟这栋楼的居民有往来吗？

方锡华：不大接触的，因为一个是因为我先生的身体情况，一个是因为我工作忙。但是一旦这里有小孩子生下来了，邻居都叫我爱人去看一下，就做这点事情。

访问员：看来这栋楼里面只要有小孩子出生，你们是最熟的。

方锡华：我们总是要去看一下的，小孩好不好，这个是顺便的嘛。半个小时、一个小时也就解决了。

访问员：你们会去怎么看呢？

方锡华：听听啊，看看啊。能看出来的，小孩精神状态好不好。

访问员：万一看出来一些什么问题，会给他们提建议吗？

方锡华：这几个小孩都很好，没事。看了三四家吧，现在这些孩子都三十几岁。我现在唯一的一个想法就是，人家有困难，有能力帮的时候一定要帮。

访问员：这栋楼现在的情况和你们刚搬进来的时候有什么不一样吗？

方锡华：现在好多东家都不在了，都借出去了，所以现在住的都是年轻人。有一个小女孩蛮好的，我买菜回来，她看我拎不动，就帮我拎。我就问她住在哪里，房子是不是买下来的。她说没有买，是租的，她在福利院上班，离这里很近。

24 吴永湄：成长在新社会的女研究生

Wu Yongmei, Moved in 2000 – A female graduate student growing up in the new era.

"正好当时全国开半工半读的教育会议，新疆教育厅厅长听说北师大有那么一批研究生，他要研究少数民族的教育，就把我跟另外一个同学要去了。"

访谈日期：2020 年 11 月 10 日
访谈地点：华山路 699 号家中
访问员：赵令宾
文字编辑：赵令宾、王南游
拍摄：王柱

戏剧导演朱端钧四儿媳
1939 年生于上海
2000 年入住华山路 699 号
中国科技大学退休教师

成长在新社会的女研究生

访问员：吴老师，您是在上海出生的吗？

吴永湄：我出生在上海，是土生土长的上海人，我老家就在附近的新闸路。

访问员：是怎么样的一个家庭呀？

吴永湄：我们的房子是跟二房东租的，有东厢房和西厢房，我们住的是东厢房，在二楼。整个一大溜大概算是三大间。一个主卧室，有一个暗房可以洗澡，但是没有水泥地。厅里主要是吃饭的，后边还有一间是小孩住的。我是家里老四，跟着我的奶妈住的。大人住的叫前房，我们孩子住的算是后房。我父亲在旧社会是个公务员，有一定的职务的。母亲在家里头管家。

访问员：算是全职妈妈吗？

吴永湄：对，我们那时候小孩多呀，一共有五个孩子，我是老四，前面是两个哥哥，一个姐姐，底下还有个弟弟。我妈大概读过私塾，稍微认得一点字。所以1956年扫盲的时候，就把她叫去帮忙，也算个里弄干部吧。我放学回家没什么事，就跟着她，在里弄里头参加演戏啊、朗诵啊什么的。

访问员：您小时候一直住在新闸路家里面吗？

吴永湄：我是一直在新闸路的，在五四中学念完高中，考上大学才出去的。

访问员：是北师大（北京师范大学）吧？

吴永湄：是的。1956年的时候，高中毕业100%都能录取的，大学收了21万毕业生。但是到1957年的时候，大概国家情况有些变化吧，一下子只收10.8万人，就很紧。我是57届的。因为我喜欢当老师，当然从当时的情况来讲，师范专业也容易考一点。

访问员：说明您的成绩还是很优异的。

吴永湄：也不能说优异，反正是中上吧。有些同学是很用功的，我比较随便一点。其实真的，这几年不是老是在说"初心""初心"的嘛，我就想：要不是新中国成立的话，就从我们家庭情况来看，我还不知道是什么样的一个状态了。因为什么？我自己来说哦，新中国成立前和新中国成立后好像就完全不一样。新中国成立以前，我是一个非常普通的小学生。但是新中国成立以后，一开始搞少先队、少年儿童队，可能是因为我可以写写字吧，在学校里搞搞宣传、出板报什么的。后来成立少先队的时候，选上了大队长，做起了升旗手，还带队做早操，好像跟新中国成立前完全不一样了。那时候，班主任会给班上成绩排名前三的学生发点奖品。新中国成立以前我没有得过，新中国成立以后，一次考了班里第二名，老师就给我奖励了一把扇子，是杭州的那种折扇，我开心得不得了，一下子就活跃起来了。

考到大同大学附属中学二院之后，初一选大队长，我就选上了。我的同学们很多时候不叫我名字，就叫我"大队长"。当大队长之后，我好像变了一个人一样。我印象最深的就是在新中国成立初期，有一次市里头在上海少年宫开华东局会议，由我们中学一个少先队员去表示祝贺，学校还叫我写了稿子去发言。在这么大一个会场上，当时倒也不是说怎么光荣，就是觉得蛮开心的，这么多大人坐在下面，我就拿着演讲稿子在那儿念。前年吧，"初心教育"的时候，我自己给自己总结，我说：我出生在旧社会，成长在新社会，所以我说我是党培养出来的一个孩子。

访问员：后来是什么原因让您选择了北京的大学呢？

吴永湄：因为我从小就喜欢当教师，北师大又是全国最好的师范大学。我是第一志愿考取的，当时去北京是很光荣的，所以就去北京了。分给我的是教育系学校教育专业，就是搞中小学教育的。另外，我大哥比我大24岁，他一毕业就被分到东北去了。家里老二是姐姐，她考的是圣约翰大学，但因为她之前是在女中上学的，穿的都是一身蓝的旗袍，很朴素。到了圣约翰，她就有些不习惯，后来又退出来去考了东北的中国医科大学，也算是新中国成立后全国数一数二的医学院了。家里第三个小孩是我二哥，他不爱学习，在我初中的时候他就参军了，先到浙江，后到广州。所以我们当时对到哪儿去没有太多的考虑，也不会去考虑生活怎么样。北师大比较好，能够考上，就去了。

访问员：后来还读了研究生对吧？

吴永湄：对，我1961年本科毕业，那时教育系招中国教育史的研究生，系里定在本系应届本科毕业生里头选拔8人，我被选上了。入了中国教育史研究班，继续在学校学习了四年。其中三年学的是学科，那时候主要搞批判的。但是以我的性格和家庭出身，我"反右"是不积极的，不会批判，但是会写字，他们就叫我做记录。

访问员：当时研究生毕业应该算非常高的学历了吧？

吴永湄：当时我的印象是相当于苏联的硕士研究生，也不算非常高。

访问员：研究生毕业了之后呢？

吴永湄：研究生没有毕业，就到北京郊区去参加"四清"运动了，还不是"文革"。正好当时全国开半工半读的教育会议，新疆教育厅厅长听说北师大有那么一批研究生，他要研究少数民族的教育，就把我跟另外一个同学要去了。他当时还要了一个陕西师大（陕西师范大学）还是甘肃师大（甘肃师范大学，现西北师范大学）的，是搞学前教育的，要了我是学中小学教育的，还有一个同学是学高等教育的。当时我已经结婚了，在研究生毕业的时候，就把我分到新疆去了。到"文化大革命"后期，工宣队、军宣队都进驻了。幸亏军宣队愿意帮我们的忙，军队里很重视家属要定期在一起。1972年的时候，在新疆的工作停止了。解放军说：哪有女同志一个人在边疆的？就把我们三个人都调回来，想办法把我们调到"口内"来了。当时新疆算是"口外"。

青梅竹马间的千山万水

访问员：刚刚提到研究生毕业之后就结婚了对吧？

吴永湄：我跟我爱人是中学同学，他比我高一个年级。要说也是蛮有意思的，他是中学里的大队长，我小学毕业，少先队员的关系转到他手里。他当时问我："你也是大队长，有什么经验没有？"可能就是这么问，给我的印象比较深刻。后来，他是初二大队长，我是初一大队长，这样就一起工作了。我们那时候活动很多的，都是自己搞。

访问员：会搞一些什么活动呢？

吴永湄：我们搞得很有意思的，搞军事野营，也没有请解放军。主要是暑假寒假的时候，我们一群初中生，自己打了背包，带了粮票、油票去烧饭。夜里头搞野营，假装演习打仗。

访问员：军事野营通常都到哪里去搞的呀？

大学时期的吴永湄，摄于北京师范大学　　　　　　　青年吴永湄和朱丰泉在枕流公寓花园中合影

吴永湄：现在的高桥，一座别墅那里。

访问员：这么远。

吴永湄：就自己去，我们那时候好像蛮有闯劲的，初一、初二、初三的少先队员，特别是骨干，排着队就去了。我们不是住房间的，都是搭帐篷的，帐篷是借来的。碰到半夜下大雨，搭的帐篷吃不消，赶快又去联系旁边的住家。大家都光着脚、抱着被子，踩着沟里的水搬到他们的房间里去。那时候就是很勇敢的。我觉得比现在中学、小学生快乐多了。

访问员：这是一种开放式的教育。

吴永湄：是的，一个年级有很多人，有的家长还不让出来。我们家还是比较开放的，因为哥哥姐姐都出去了，我排行第四，在家里也是很自由的。

访问员：后来您在北京上大学，您和您先生是怎么样进一步走在一起的呢？

吴永湄：他比我高一年级，在北航（北京航空航天大学）上学，暑假回来给我带点礼物，约我一起出去玩，那就单独活动了。中学的时候没有什么单独活动，都是大家一起的。有时候就到枕流公寓来的，各年级的队干部搞同学聚餐我都会参加，每个人从家里带一个菜。我婆婆讲我们是青梅竹马，其实也说不上，只是认识得比较早，十三四岁。

访问员：你那时候来，第一感觉是什么呀？

吴永湄："哟，你们这家挺好的嘛。"那时候，他们家已经有电视了。到他们家看文艺方面的电视，大概是我公公朱端钧导演的那些戏。他是导演，导了不少戏剧，什么《上海屋檐下》《关汉卿》《桃花扇》。有时候也参加沪剧的导演，丁是娥演的《罗汉钱》，就是他帮着去导的。我们寒暑假来上海，老爷爷会带我们去看他排戏。因为他过马路不方便，我们就搀着他过去。他坐在舞台下面，我们就坐在他边上，有的时候帮他做做场记。我公公对待工作是很认真的，晚上排戏他都要到对面上海戏剧学院去的。

访问员：您和您爱人后来是怎么加深了解的呢？

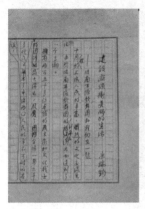

吴永湄：我们大学期间可能还没有什么太多接触，我先生是学工科的，我们那时候学文科的自己活动的时间比较少的，都是集体活动。批判会或者出大字报这些，都可能是集体性质的，两人关系的发展主要还是研究生以后，一起玩玩，看看电影。当时，我大哥和他的三哥也在北京，我们一个礼拜在我大哥家过礼拜天，另外一个礼拜天就到他哥哥嫂子那里过。我们那时候也没什么，就是到外头走走，最多聊聊天。

访问员：后来你们结婚是几几年的事啊？

吴永湄：研究生毕业了，领导已经知道我要分配到新疆去工作了，没有告诉我。领导对我说：你毕业了要分配了，你要服从分配，你这个关系明确了有好处。所以我们是1965年结婚的。

访问员：是回来到上海这边结婚的吗？

吴永湄：嗯。

访问员：有没有到枕流公寓里面来办酒呀？

吴永湄：没有，我们结婚以前，我公公到我家去了一趟，家长双方见了个面，在丽都花园吃了顿饭。我们是到杭州旅行结婚的，去了几天我都不记得了，反正就那么转了一转。

访问员：就没有摆宴席啊？

吴永湄：没有没有，吃饭了，请双方的家长吃饭了。那时候好像是困难还是什么的，反正我记得我们家是我爸爸妈妈在，好像我大哥也在上海，去了一下。就在上海丽都花园，那时候是政协（中国人民政治协商会议上海市委员会）的活动地点。我公公是政协委嘛，他就说在那里请双方家长吃了一顿饭，没有别的东西。

访问员：就简简单单的，然后你们就去杭州旅行了啊？

吴永湄：嗯，几天我都不记得了，反正就那么转了一转。

访问员：回来之后你就去新疆了吗？

吴永湄：回来以后……北京可能还待了几天，后来我就走了。

吴永湄夫妇合照　　　　　研究生毕业后，吴永湄在新疆工作

访问员：两个人就分居两地了？

吴永湄：嗯，他在北京力学所（中国科学院力学研究所），我就到新疆去了。没什么，那时候这种好像很自然的，走了就走了。我是10月份去的，可能那年冬天我先生到新疆去看我。那时候困难，新疆没有大米，吃玉米面粉比较多。他拿个帆布箱子，装了一箱子的米哦！别的也不带什么。火车还不正常咧，他买了票，结果说火车没到，要明天早上才有。他就拿箱子当枕头在火车站睡，睡到火车开，就那样过去的。他在新疆待了一阵，要回来的时候，我还请他在新疆乌鲁木齐火车站吃了顿饭，要了个鸡。我印象还很深，很客气了，要了个鸡咧。

建设并保卫美丽的生活

访问员：您是在哪一年生的孩子呀？

吴永湄：1965年结的婚，1966年要的小孩。新疆工资比较高，一个月有88块，我就寄50块给小孩，自己留38块。我一个人没法带，孩子就留在上海我妈妈那儿。我不吃羊肉的，还要想办法到有猪肉的地方去吃饭，所以就这样过的。

访问员：小孩有没有到枕流公寓来看看爷爷奶奶呀？

吴永湄：不能经常来，要划清界限的。我女儿小的时候，要到爷爷这里来。好像是我爸爸带着她来的，也不敢进来，就说在窗外打打招呼，敲敲玻璃窗看看。都不敢进来的，怕进来了给他们惹麻烦。来往不多的，"文革"以后才好一点。

访问员："文革"以后好一点的话，你们还有没有像以前　样去看公公排戏？有没有听他去上课？

吴永湄：没去听他上课，可能排戏还是有的。

访问员：平时朱老先生的学生会不会到这里来呀？

吴永湄：会来的，好几个学生老来。他们就像在家里一样，跟我婆婆都很随便的。他们就在房间里头研究怎么排戏，对老爷爷生活上也很照顾。我女儿

20 世纪 70 年代，吴永湄先生朱丰泉和女儿朱培灵，儿子朱嘉灵在枕流公寓　吴永湄家的壁橱
的花园中

大一点以后，爷爷过世了以后，她还会去找那些爷爷的学生们聊天，她也喜欢戏剧。现在我女儿在新加坡自己办了几个班搞艺术教学。

访问员：当时在枕流公寓里还有什么印象深刻的事情发生吗？

吴永湄：那时候其实大家接触得不多，后来我和先生都到安徽去了，我在中国科技大学教书。有一次好像是一九七几年放暑假，我们回上海，朱家几兄弟都拖家带口回来了。本来老大在台湾，老二在上海，老三在北京，我们在安徽，老五在河北，那一次是在家里团聚了，这个房子反正住了十几二十个人，所有的人都回来了，我们都回来的。一个儿子成了四个人了，对吧？我家两个小孩，儿子是1972年在上海出生的，满月就抱去安徽了。老二家也是四个，老三家也是四个，再加上原来家里的人，大家都在这个房子里住，晚上就拿桌子、凳子铺了睡觉了，都在家里头睡觉，很热闹的。有表演的，又有说故事的，挺有意思的。大概是大哥从台湾回来，他那时候怎么回来的我也搞不清，可能是因为二哥通过这样那样的关系。那次是最热闹的，难得聚聚是最好的。

访问员：您是什么时候回上海的呀？

吴永湄：从中科人（中国科技大学）退休以后，我就回上海了。因为上海当时出了一个政策，父母双方有一个人户口在上海的话，小孩就可以留在上海。我就想办法把户口转到上海来了，那么我小孩大学毕业就留在上海了。

访问员：后来您是什么时候搬进来的呀？

吴永湄：我和先生是2000年过来的。我先生是2007年过世的，婆婆大概是1996年过世的。

访问员：现在的话，您每天的生活大概是什么样子的？

吴永湄：回上海以后，上海水产大学和上海市静安区教育学院都返聘了我一段时间。后来因为我女儿在新加坡生孩子了，我就辞职了去陪她。回国没多久，这里居委会又叫我去帮忙，我想我在家里也没什么事，就去了。

访问员：您是几几年加入居委会的呀？在里面都做点什么事情呢？

吴永湄：我印象中好像是2003年就参加居委会工作了。主要是在里头打杂的，管我们楼组的一些事情。

访问员：会有一些什么事情需要处理呀？

吴永湄：居委会委员开始都是志愿者，没有工资的。要决策什么事情，我们几个民选的居委会委员来商量定下来再做。后来又接任支部书记，我们支部党员多得很，最多的时候有90来个人了。还有各种社团活动，什么合唱团、读书会那些我都参加。家里没什么事，小孩都大了，服务性的工作多做一点：楼里头过年过节发东西，帮助慰问慰问；老年协会要收会费、居委会有什么通知，都要一家一家跑的。户口调查做过，工商业的登记做过，需要做什么我就做什么。国家培养我那么多年，我能够做的就做一点。

访问员：收水费的话，这边有没有一些事情可以分享一下的呀？

吴永湄：我们是等自来水公司通知的，通知我们这一个月水费多少，那么我们就收多少。我们印了一本收据，通知各家各户几号到几号大家自己抄水表。然后在大楼的厅里头摆个摊子，你就来交钱。统一好了之后，交到附近的超市去，它那里是可以收公用费的。

访问员：每个月都收吗？

吴永湄：两个月收一次。我们的老百姓好得很，大多数人都是很自觉、很支持的，大家都客客气气的。还有意思的就是什么呢？外国人。外国人有的听不懂汉语。我小时候三年级学过一点英语，我就"water、water"指指水表，他也能明白，然后再抄一个数给他们。有的人晚上下班晚，我们就晚上上门。

访问员：那还是很辛苦的！吴老师，您是2000年搬过来的，在枕流公寓住了大概20年。

吴永湄：对，正好20年。

访问员：那您觉得枕流公寓对您来讲意味着什么？有什么特别的意义吗？

吴永湄：这套房子我们至今没有买下来，还是租的，房钱比较实惠。这里楼层高、空气好，我住的这个房间方向又好，到了冬天，一上午的太阳。另外，这里居民之间小问题不计较的，大多数人都很体谅你的困难，工作还是比较好做的。有一些小事情，我能做的就做掉了。比如说每当逢年过节要发东西，我们这里原来离休干部有十几个，老人们现在更多了，要发点糕啊什么的，拎不动了我就搞个小推车，这是为大家服务的事情。我的身体从某种程度上来讲，好像比同龄人能多做一点事情，这可能跟我生活的环境有关系，因为一直在集体当中生活的。那时候实行劳动卫国制，人人都要通过，班长天天督促，我们就要去做。党和政府培养一个研究生不容易，你现在做一些又算什么呢？没关系，只要做得动就做吧。

25 朱胶泉：从我的名字说起

Zhu Jiaoquan, Moved in 1954 – Let's start
from my name.

戏剧导演朱端钧第五子
1942 年生于上海
1954 年入住华山路 699 号
2020 年 12 月于家中离世
河北省临西初级中学退休教师

> "原来在胶州路的房子是四合院的
> 房子，前面那个叫合丰里，后面的叫随云
> 里。"

访谈日期：2020 年 11 月 10 日
访谈地点：华山路 699 号家中
访问员：赵今宾
文字编辑：赵今宾、王南游
拍摄：王柱

悠远的公寓历史和12岁的打蜡少年

访问员：朱先生，您是什么时候出生的？

朱胶泉：我是1942年出生的。

访问员：当时出生在哪个区？

朱胶泉：属于静安区的。

访问员：您是朱家最小的儿子吗？

朱胶泉：我是朱家最小的。

访问员：你们是什么时候搬到枕流公寓的，还记得吗？

朱胶泉：记得，1954年。

访问员：你知道当初为什么会搬到这里来吗？

朱胶泉：我父亲一直是在上海戏剧学院工作的，那时候还不叫上海戏剧学院了，最早叫什么戏剧学校（上海市立实验戏剧学校），是在虹口的，校长是熊佛西，后来才搬到华山路的。我们以前是住在胶州路的，我出生也在胶州路，所以我的名字中间是"胶州路"的"胶"。原来在胶州路的房子是四合院的房子，前面那个叫合丰里，后面的叫随云里。起我的名字的时候，几个爷爷说：随云里的"云"，云彩一会儿就过去了，寿命不长的。后来说"胶"字好，阿胶是胶，胶水也是胶，都是黏黏糊糊的，寿命会长一点。这是迷信的话。

父亲朱端钧的书房旧貌

父亲朱端钧于枕流公寓的家中接待学生（图片来源：朱家三子朱孚泉）

访问员：那后来怎么会搬到枕流公寓来的？

朱胶泉：后来，戏剧学院就给我父亲在枕流公寓里安排了一间房子，方便他上班。这个地方比那边要强多了，那边是老房子。我们就慢慢搬过来了，父亲一早去对面上班，晚上再回来。

访问员：搬进来就住这套吗？

朱胶泉：搬进来的时候，我们这儿有三间房间，中间这一间是吃饭的，外面一间是我父亲母亲睡觉的，里边一间那是我爷爷的。

访问员：那时多少个人一起住？你们是五个兄弟一个姐姐吧？

朱胶泉：那时候我们原来住的地方还是有人的，我母亲两边都照顾一下。

访问员：你和你的大哥差了多少岁？

朱胶泉：差14岁。

访问员：刚搬过来的时候，这里的房间是什么样子的？

朱胶泉：房间基本上跟现在差不多。当时地板要打蜡的，谁打呢？靠我来打。我1942年生的，1954年才多大一点。

访问员：当时搬过来的时候是12岁对吧？

朱胶泉：12岁，正是12岁。

访问员：在什么学校读书啊？

朱胶泉：我念书是在市西中学。

访问员：每天是怎么上下学的？

朱胶泉：两个脚走的。来回都是靠走的。

访问员：你当时是住在哪个房间？

朱胶泉：这间就是我住的。

访问员：你们跟邻居会互相串门吗？

朱胶泉：一般不串门的。刚搬过来的时候，只知道隔壁是乔奇他们住的。因为乔奇他们跟我父亲都是搞戏剧的，经常有联系。我们对面的这间，它跟整个大楼的其他房间不是在一起的，是管大楼的账房先生住的房间。话要说得更远一点，枕流公寓这个名称是怎么来的？为什么叫枕流公寓？"枕"是"枕头"的"枕"，"流"是"流水"的"流"。晚上回来了，躺在床上了，底下还有水在流。这水是什么水呢？游泳池的水。地下室有游泳池，现在都是空的了，变成储藏室了。最早这房子怎么建起来的？还要回忆到更远一点的历史了。

访问员：您能把您知道的枕流公寓的历史讲一讲吗？

朱胶泉：这房子最早是李鸿章给他的小妾弄下来的，小妾比他年纪小多了。他的小妾叫丁香，她就问他："你比我大了那么多，你走了以后，叫我怎么办呢？"李鸿章就跟她说："这你不用担心，我请外国的专家设计这个房子，一共是七层，中间第四层完全归你的，你愿意叫谁住就叫谁住。"所有账都由账房先生来算，账房先生当然是懂外语的，他跟外国人来交流。有的外国人到上海来做生意，一看这个房子好，东西都是从国外进口的，这地板都是打蜡的，他很愿意来住。所以在这儿住的好多都是外国人，中国人没有这个条件。所以李鸿章就是靠他的这个本事，把丁香都安排好了。这个房子一共有多少间，有账房先生帮她算。她只要到一定的时候，向账房先生要钱就是了，就是这样存在下去的。（编者注：此说法在民间广为流传，但与史实不符。）

访问员：刚刚说到楼下的游泳池，你们小的时候有没有去游过泳？

朱胶泉：我们没有资格去游泳。你要有钱，没钱你怎么去。只知道底下是游泳池，别的没去过。

访问员：你们当时在这里会玩什么游戏吗？会不会跟其他的邻居小朋友去玩一些游戏？踢踢足球啊什么的，会不会有？

朱胶泉：这当然也是难免的，现在我都快80岁了，他们都80多了，好久没有联系过，现在都散了。

20世纪60年代，朱胶泉（右一）和父兄在花园里打羽毛球　　　　父亲朱端钧和学生们在上海戏剧学院大门口

访问员：你们当时在这里玩一点什么游戏？还记不记得？

朱胶泉：打什么……呀？男孩子打，在外面的。

访问员：打弹珠？

朱胶泉：拿球扔过去，那边有拍子打出来，这个叫什么来着？

访问员：棒球吗？

朱胶泉：也有像棒球那样的。

访问员：羽毛球吗？

朱胶泉：羽毛球也是其中一个。

犹有花枝俏

访问员：您知不知道您的父亲跟您的母亲是怎么认识的？

朱胶泉：这个说来更长了，他们是有老的关系在里边的。我母亲姓童，我们姓朱。朱家和童家，历史上就有一定的联系了。后来他们到年龄了，都要结婚了，一看对方是最合适的，就这样定下来了。

访问员：搬到枕流公寓之后，他们的工作忙不忙？管不管你们几个兄弟姐妹的？

朱胶泉：我是最小的，其他都是大人了，都分散开了。有的去这个地方干活，有的去那地方干活了。到正月初一，我父亲的生日是正月初一，这个时候他们一定来聚一下，这是定下来的。不光是我们这几个兄弟姐妹，亲戚朋友都要来的，所以年初一最热闹了。

访问员：能说一下以前的年初一在这里都会怎么过吗？

朱胶泉：那时候就请阿姨去买菜。买好以后，她们就摘菜，都在厨房弄的。弄好以后，这里有张方桌子，亲戚们吃饭就在这张方桌子上。我们小辈都在里边那间房间。

访问员：您记不记得每年会有些什么菜？

朱胶泉：那都是老的菜，回忆是回忆得起来的，但没多大意思的。

访问员：您父亲管不管家务的？

朱胶泉：我父亲不管这个。

访问员：他有一些什么兴趣爱好呢？

朱胶泉：他很会抓机遇的，什么时候该干什么，抓得很准。

访问员：您有没有去上过爸爸的课，或者是去看过他排戏？

朱胶泉：排戏，当然要看的。听课，他们讲的东西我也听不懂的。他们讲的都是某个人物怎么塑造。

访问员：排戏的场景您还有没有印象？

朱胶泉：排戏的地方一直到现在还保存着，现在是饭厅了。

访问员：戏剧学院以前排练戏剧的地方，现在是饭堂吗？

朱胶泉：戏剧学院那个地方最早是体育学院，那里边是教体育的，后来慢慢改过来的。四层楼的红楼，也是慢慢搬过来以后才改建的，前面是熊佛西的像。

访问员：那父亲大部分时间都在外面工作吗？

朱胶泉：他最早是在虹口区的熊佛西的戏剧学校里边工作的，后来学校搬到这儿来了，熊佛西还是学校的校长。我父亲是他手底下教导处里的教导员，学生毕业时候要分配，好多人都跑到合丰里，缠着我父亲，要分配到好一点的地方，我父亲想办法都把他们打发走了。他说："这个东西不能轻易地放手的，他一个人说了也不算的。"所以等到我大学分配填志愿的时候，人家知道我父亲的地位，也专门给他来了一封信，征求我分配的意见，他就写：服从分配。后来想起来，我母亲、我父亲都有点后悔，说服从分配是可以服从分配，但是，孩子的眼睛从小就有毛病，晚上看不见的，灯光底下才能看见，这个毛病您总要提一下。反正我就是这样，一分配就分配到临西县，临西跟山东的临清隔了一条黄河的支流。我一直在那边待到退休。

访问员：您大学是在哪里读的呀？

朱胶泉：我1954年小学毕业了以后，就到这儿来了，上的是市西中学。中学毕业的时候，我靠自己的努力，考到了北师大物理系。

访问员：所以，在您的整个经历当中，中学在枕流公寓度过，后来退休之后再回来，是这样两段吧？

朱家的厨房

2000 年左右，朱家五兄弟于"枕流"家中聚餐
右起：长子朱雍泉、次子朱繁泉、三子朱孚泉、四子朱丰泉、五子朱胶泉

朱胶泉：退休不是马上就过来的，还是在临西县待了一阵。我的孩子生在临西，她的名字叫朱俏临，这是我父亲给她取的名字。毛主席《卜算子·咏梅》："……犹有花枝俏。俏也不争春，只把春来报。待到山花烂漫时，她在丛中笑。"我父亲这方面知识比较多，结合她出生的时间，用了一个"俏"字。"临"，就是临西县。

访问员：俏临跟爷爷接触得多不多？

朱胶泉：印象最深的是什么呢？她四五岁的时候，我跟我夫人带她到上海来玩。他们在桌上削苹果，苹果削好以后切成片，叫俏临：你去给爷爷送去。那么小的孩子，她端着苹果跑过去，发现床边没地方放，就自己去拿个凳子，放在写字台上。我父亲看她也挺灵巧的。

访问员：您父亲去看《雷雨》排练的那天，是心脏病突发吗？

朱胶泉：这个也不好说了。他们送他去了医院后，医生就帮他按摩，按摩就不好说了。等到他觉得不行了再抢救的时候，就抢救不过来了，就走了。

访问员：他走的时候，你们不在上海吧？

朱胶泉：那时候我在北京了，只有我二哥一个人在上海。但也不是住在这里，住在北京西路那边。他们赶紧把他叫来，叫来一看，已经抢救无效了。事后他再通知我们，我们再赶回来。参加追悼会都过来的，这是见最后一面了。

访问员：您后来是什么时候再回到枕流公寓的？

朱胶泉：怎么说呢？退休之后，我的工资都还是从临西发的。那时候，我二哥和四哥都在上海，我们一起研究住房的问题。我四哥说，三间房间不好分，他提出中间这个房间还是饭厅，我们两家人家各放一个饭桌。我说这个不好，要打架了。我提出来他们拿两间，我们一间，再加楼上的一个小间。后来大家都同意了。

26 Elliott Shay 和 Karen Banks：

这里是我们人生旅程中很重要的一部分

Elliott Shay and Karen Banks, Moved in 2017 – An important part of our life journey.

> "这位老朋友看起来还不错。希望我们的友谊永存。"

访谈日期：2023 年 6 月 8 日
访谈地点：枕流公寓 731 号家中
访问员：王南游
文字编辑：王南游，赵令宾
拍摄：王柱

Karen Banks，1975 年生于英国伦敦，英国宠物食品公司爱普士亚洲区总经理
Elliott Shay，1976 年生于美国波士顿，葡萄酒进口公司Vault Wines Asia 及酒吧、融合菜餐厅Crush Wine Bistro 主理人
两人于 2017 年搬入枕流公寓

外国人在上海

访问员：Elliott，Karen 你们好，我是Elsie。谢谢你们接受我们的采访。

Elliott，Karen：没问题。

访问员：你们是哪里人？

Elliott：我来自英国，伦敦。

Karen：我来自美国，波士顿。

访问员：你们在上海多久了？

Elliott：我俩都超过15年了。

访问员：你们是在上海认识的吗？

Karen：我们在上海认识的，是在外滩一家很出名的名叫M的餐厅，可惜这家餐厅现在已经关门了。

Elliott：那是我的生日早餐会。Karen在另一张桌子上。朋友介绍我们认识的。

访问员：你们是做什么的？

Karen：我在宠物食品行业工作。我是英国宠物食品公司Applaws的亚洲区总经理。中文是爱普士。

Elliott：我有一家葡萄酒进口公司，还有一家名为Crush Wine Bristro的餐厅。

访问员：可以介绍一下这家餐厅吗？

Elliott 的餐厅，Crush Wine Bistro
Elliott's restaurant, Crush Wine
Bistro

Elliott：当然。2021年7月，我在陕西北路上开了Crush Wine Bistro。在美国，我们称这种料理为"泛亚洲融合菜"，但这里的大部分人都不太知道这是什么意思。这种风格源于北加州，专注于用最高品质的食材，创造出介于精致餐饮和高端治愈美食之间的复杂风味。我们的厨师也是美国人。我们目前是静安区评价最高的西餐厅之一。生意还不错。我们会在餐厅里给客人介绍新酒，还会给客人介绍在上海其他地方不怎么能吃到的新菜式。

访问员：你们每天的日程是怎么样的呢？你的餐厅营业到凌晨2点，那你们俩在时间安排上协调起来会有困难吗？

Karen：我们互补得很好。Elliot不用每天都去餐厅，他还有进口葡萄酒的生意。所以他的时间可以根据我们的出行需求来安排，相对比较灵活。我早上起得很早，大约9点到办公室，晚上早早回家。有的时候Elliot可能还在家里忙别的事情，有的时候已经去餐厅了。反正我们的日程挺正常的，和大多数在上海的人差不多。

Elliott：我只是觉得我一天的工作时间长了点。白天我得弄一下葡萄酒生意，晚上我得去餐厅。但是Karen的日程通常比我早一点。我一般周日和周二晚上不在餐厅，我们周一又不营业。但餐厅刚开业那会儿，我是一直在的。现在我有一支非常出色的团队了，所以就不怎么需要我一直在那里了。不过，有时候会有很多朋友来餐厅里坐坐，我就会待得晚一点。

老房子情节

访问员：这是你们在上海住的第一套公寓吗？

Karen：不是的，之前还住过3套。以前也住在差不多的区域，都在原法租界

从家里阳台上看出去
Looking out from the balcony

家里保留着 20 世纪 30 年代的地板
Wooden ßoor from 1930s

范围里或附近。

访问员：你们是特别喜欢这样的老房子吗？

Karen：我们更喜欢住在一些有历史感的公寓里。

Elliott：是的，更有个性。

访问员：那这套公寓有什么过人之处呢？

Karen：这是一个非常安静的公寓。Brookside的中文是"枕流"，源于中国古代的一本文学名著《世说新语》，寓意住在这里的人会过着隐居的生活，远离喧嚣和烦恼，对我们来说确实是这样。这是一套让人感到非常放松的公寓，也不太吵，因为后面有个花园，所以住在这儿觉得特别地放松。

Elliott：我们特别喜欢这里的层高。白天光线很好，因为我们的单位是一个边套。清晨，太阳早早地从（房间的）南面出来，随着时间的推移，光就会一路倾洒过来。到晚上，美好的夜光会从窗户里透进来。高高的天花板，配上外面美丽的花园和屋顶，这个房子看起来宁静极了。而且它坐落在市中心，交通便捷，你想去哪儿就去哪儿。

访问员：你们会经常去花园吗？一般在花园会做点什么？

Elliott：我们不能从我们的大楼（731号）直接进入花园，所以虽然我们很想去但不常去。大多数情况下，我们就从阳台上看看。

访问员：你们对其他公共空间的印象如何？比如走廊、电梯、屋顶、地下室什么的？

Elliott：屋顶很特别。在屋顶上可以从好多个角度俯瞰上海。我觉得它是这个城市最独特的屋顶之一。

访问员：真好。那现在这个公寓和你们刚搬进来的时候一样吗？你们重新装修过吗？

Elliott：总体上没有，除了换掉了其中一个房间的地板。我们很喜欢这里的实木地板，像这样古老的地面是极好的。

访问员：这套房子有多大？

Karen：大概150平方米，2个卧室，2个洗手间。我们俩和两只猫一起住在这儿。

和大家在一起

访问员：你们认识房东吗？

Elliott：他是Francis医生。他在这里长大的，我想他家应该是20世纪40年代左右住进来的，十年前搬到别的地方去的。

Karen：他是一个很有名的心脏外科医生。他的妻子（年纪大了）行动好像不太方便，所以他们就搬到一个一楼的公寓去了。他有时会来看看我们，一起喝个咖啡，当然我们给他泡的是茶。

Elliott：他一个月前还来过。之前他跟我们说起过，因为这栋楼最初是附近最高的建筑，所以他是通过这栋建筑附近的变化看到上海的发展的。

访问员：你们好像认识这栋楼里的很多人，大家关系怎么样？是怎么认识的呀？

Karen：很好。时不时会碰到。我觉得疫情给了我们一个难得的机会去了解我们的邻居，并与他们产生交集。这栋楼里（的居民）有一种非常紧密的社区意识，因为（731号这边）每层只有两套单位，人很少。因此，在疫情防控期间，我们对大家的了解就加深了。在那段时间里，我们像一个大团队一样工作，相互支持。

访问员：听说疫情防控期间，你们帮忙提供了很多吃的，还帮居民发放物资。你们这么做的动力是什么呢？

Karen：需求，以及（希望去）相互支持，关心社区。这栋楼里的居民大多是老年人，所以我们觉得我们有责任照顾好每一位居民。

Elliott：我觉得也是因为我在餐饮行业，有其他人没有的供应商和分销商渠道。疫情刚开始的时候，团购（的货源、物流）很难搞定。之后能够确保有食物，（生活）就容易多了。所有人都在大楼里，如果有人需要什么，总会有人伸出援手。所以这种感觉是很不错的。

对的，这样很好。

访问员：你们和哪个邻居最熟？

Karen：我觉得都还行。看到了都会打打招呼、聊聊天什么的。

Elliott：我觉得这更像是一种相互尊重。比方进门的时候，后面如果有人，那么我们就帮忙扶一扶门，互相帮助啦。特别是去年，我们对这里的每一个人有了更多的了解，大家都很友好。

Karen：我们珍惜彼此的友谊。

住在周璇的旧屋里

访问员：你们知道这个公寓的历史吗？比如说，你们的公寓之前是一个非常出名的电影明星（周璇）住的。

Karen：知道的。Francis医生跟我们说过一些。其他居民也和我们聊过。他们也和我们分享了一些他们住在这里的故事。

Elliott：这里有太多的历史故事，我们了解的只是冰山一角。从艺术家、电影演员到很多华山医院的医生。这么多年来，有这样一群才华横溢的人聚集在这栋大楼里，实在令人称道。

Elliott：（我）从微信群里（也看了一些）。我们收到了好几篇关于"枕流"历史的文章，还有你们之前对其他居民做的访问。这也是一个很好的信息来源，可以让我们更多地了解这座建筑。

访问员：好的。除了你刚刚说的光线啊什么的，住在这样的历史建筑里是什么感觉？

Karen：能够成为这栋建筑的一部分，我们感到非常幸运，也非常感激（有这样的机会）。在上海，我们一直都希望能够生活在像这样的具有丰富文化内涵的遗产建筑中。同时，能和房东保持良好的关系，也是一件幸运的事情。

Karen：对我来说，中国有着非常丰富的历史和文化，能够住在一个具有中国特色的建筑里是非常激动人心的。

访问员：那么这个公寓对你们来说意味着什么呢？有没有一些重要时刻是在这里发生的呢？

Karen：很多。我们在这里结婚、养了两只猫、家人来这儿探望我们……有很多里程碑式的时刻。可以想象，如果你在这里住了6年，会发生很多可以和家人分享的事，比如圣诞节、感恩节等。所以这里是我们人生旅程中很重要的一部分。

访问员：真好啊。关于这个公寓，或者你在这里的生活体验，还有什么其他要分享的吗？

Karen 和他们养的一只猫
Karen and one of their cats

Elliott 和 Karen 在阳台上
Elliott and Karen are on the balcong

　　Elliott：花园那头的银杏树真是美极了。如果运气足够好，（你会看到）街上所有的树叶同时落下，呈现出一片明亮的黄色。起风的时候，它们一下子被吹到空中，那是我们在这间公寓里度过的最美妙的时刻之一。我们也很喜欢在原法租界的区域里逛逛。绿树成荫的街道很漂亮，建筑跨越了许多时代，每次徜徉其间，总有新的发现。

　　访问员：实在是太美了。接下来是最后一个问题。这是一座有着将近100年历史的老房子。如果把它当作一位老朋友或老人，你想对他说什么？

　　Karen：这个问题好难啊。这座建筑有着深厚的上海文化底蕴，住在里面的人也是这样的。我们是多么有幸，可以听着房东Francis医生分享发生在这里的故事，并在这里生活。对我们来说，这是一种相互关心和尊重，我们很感激认识彼此，很感激这栋楼里的所有居民，也很感激我们可以共享这样的时光。我认为留存这些记忆是很重要的，这也正是你们做这个项目的原因。它让我们想起了老上海，我们需要将这份记忆传承给下一代。这就是我们的答案。

　　Elliott：我只想对这个老朋友说，他看起来还不错。

　　Karen：看起来还不错以及……

　　Elliott：以及很高兴认识他。希望和他的友谊永存。

　　访问员：真好。非常感谢你们！

26 Elliott Shay & Karen Banks:

An important part of our life journey

"This old friend is still looking good. We hope to continue a long friendship together."

Karen Banks was born in London in 1975. She is the Asia General Manager of Applaws, a British pet food company.

Elliott Shay was born in New York in 1976. He is the owner of Vault Wines Asia, a wine import company and Crush Wine Bistro, a restaurant featuring Pan-Asian fusion food.

They moved in Brookside Apartment in 2017.

Date of Interview: June. 8, 2023

Location: At home, Brookside Apartment

Interviewer: Elsie Wang

Editing: Elsie Wang, Jocelyn Zhao

Photography: Sam Wang

Foreigners in Shanghai

Interviewer: Hi Elliott, hi Karen. I'm Elsie. Thank you for taking our interview.

Karen, Elliott: Sure.

Interviewer: Where are you guys from?

Karen: I'm from England, from London.

Elliott: I'm from America from Boston.

Interviewer: How long have you been living in Shanghai?

Karen: Both of us have been living here for more than 15 years.

Interviewer: Did you guys meet in Shanghai?

Karen: We met in Shanghai, at a very iconic restaurant called M on the bund, which is sadly now closed.

Elliott: It was my birthday brunch. Karen was sitting at another table and friends introduced us.

Interviewer: What do you guys do?

Karen: I work in the pet food industry. I'm the Asia General Manager of a British pet food company called Applaws. 爱普士In Chinese.

Elliott: I have an import company for wine, and I also have a restaurant called Crush Wine Bristro.

Interviewer: Would you like to tell us more about Crush Wine Bristro?

Elliott: Sure. I opened Crush Wine Bistro in July of 2021. It's on North shaanxi: Road. In the States we would call it Pan-Asian fusion food, but to many people here that has no meaning. The roots of this comes from

Northern California, a style that focuses on the highest quality ingredients to create complex flavors that borders between fine dining and high end comfort food. My chef is also from America. We're currently the highest rated western restaurant in Jing'an. It's gone quite well. It's really a nice place to introduce people to new wines and also to a new style of food that doesn't really exist in shanghai.

Interviewer: How is your daily routine like? As your restaurant opens until 2:00 a.m., have you guys experienced difficulties with different schedules?

Karen: We complement very well. Elliott is not at the restaurant every day. He also runs a wine import business. So his time is kind of balanced, mixed, based on where we need to be. I get to the office about 9 o'clock, leave early evening, come home. Elliott is probably still here because he hasn't gone to the restaurant yet or he's had a busy day and he'sat home that evening. So it's just a a normal schedule really like most people in Shanghai.

Elliott: I just have a bit of a longer day. During the day, I have to do stuff for the wine business and then at night with the restaurant. But Karen is a bit more of a morning person than I am. Normally, I am not there Sunday night. We are closed on mondays and normally Tuesday nights, I'm not there as well. But in the beginning when you were opening it, you needed to be there much more often, but now I have a quite exceptional team, so I'm not needed as much. However, you have a lot of friends that are coming to see you and enjoy the wine selections and the food selections that I make. So sometimes that can go a little bit later.

The Admiration for Old Apartments

Interviewer: Is this the first apartment that you have lived in Shanghai?

Karen: No,we've experienced three before. We've lived in apartments in a similar area, so all in and around the French oncession.

Interviewer: Do you guys have a particular interest in the old apartments like this?

Karen: We prefer to live in apartments which have some heritage and history attached to them.

Elliott: Yeah, more character.

Interviewer: What so special about this apartment?

Karen: This apartment is a very peaceful apartment. The Chinese name for Brookside is 枕流, originating from an ancient chinese writing 《世说新语》, implies that people here will live in seclusion, keeping away from noises and worries, and this is very true for us. It's a very relaxed apartment and there's not much noise when you're here because we have the garden at the back. So it's quite relaxed.

Elliott: We really love the high ceilings. It has great light all times in the days because we're in a corner unit. The sun sometimes too early comes up in the south, but then as the day goes by, the sun just follows all the way around.In the evening, nice light comes through the window. And with the high ceilings and a beautiful garden out back, it seems really peaceful. And there is a beautiful rooftop. It's centrally located, so you can get everywhere you like as well.

Interviewer: Do you always go to the garden? What do you usually do there?

Elliott: Because we can not access the garden directly from our building, we don't go as often as we would like to. For the most part we admire it from the balcony.

Interviewer: What are your impressions on other public spaces? Like corridor, lift, rooftop, basement, etc? Have you ever been there? Anything interesting happened?

Elliott: The rooftop is exceptional. It offers so many vantage points to look at the city. I feel it is one of the most unique rooftops in the city.

Interviewer: That's very nice. Is this apartment remained the same when you moved in? Have you done any remodelings?

Elliott: No. Just changed the floor in one room. We really love the wooden floors. The older wooden floors are fantastic.

Interviewer: How big is this apartment?

Karen: It's about 150 square meters. Two bedroom, two bathroom. We two, and our two cats live in the apartment.

We, together

Interviewer: Do you know the landlord?

Elliott: His name is Doctor Francis. He grew up here. His family has had this building since I think the 1940s or something. They moved out maybe 10 years ago, to a different place in Shanghai.

Karen: He was a very well known heart surgeon. His wife seemed have some mobility issues, so they decided to move to a ground floor apartment. He comes to say hello and has a coffee with us. Tea for him.

Elliott: He was here about a month ago or so. He told us stories. Originally this was the tallest building in the neighborhood, so for him he saw Shanghai pretty much grew up around this building.

Interviewer: I noticed that you know a lot of people in this building, so how's your relationship with them like and how do you get to know each other?

Karen: Very good. We often pass each other in the morning, also coming out in the evenings. But I think one of the advantages of Covid was that it gave us a very good opportunity to get to know our neighbors and integrate with them. There was a very close sense of community in this building, because there's only two apartments on each floor. There's very few people. And so that during the lockdowns, it gave us a a really good opportunity to get to know our neighbors even better because we were all kind of working together as kind of one big team to support each other during that time.

Interviewer: You were actually helping with the food and the distribution during the lockdown, right? So what triggered you to do that at the first place?

Karen: Need. Need and supporting each other, care in the community. You know most of the residents living in this building are elderly, so we sense the duty of care to make sure that we were also taking care of the residents.

Elliott: I think also because of the restaurant business industry, I had access to suppliers and distributors that they weren't able to do. Because in the opening days, it was difficult with group buys. Being able to be sure that we could secure food has made it much easier. Everyone came together in the building. If anyone needed something, someone would help people out. So it was quite nice.

Interviewer : Yeah, that's very nice.

Interviewer: So who is the neighbor that you are most familiar with?

Karen: I think we know them all reasonably well actually. We always sayhello, talk to each other.

Elliott: I'd say probably it's more like mutual respect for everyone. Like everyone holds doors opens for each other and helps you out. Especially last year, we got to know people much better. I think we all appreciate each other in the building.

Karen: We appreciate one anothers friendship.

Living in the Former Residence of Zhou Xuan

Interviewer: Do you know the history of this apartment? Like your apartment was lived by a famous movie stargenerations ago?

Karen: Yes.Doctor Francis has explained some of the history to us, and we've also been fortunate to be talking to the residents. And they've also shared some of their stories with us, too.

Elliott: There's so many stories in so much history that you can only know a small part of it. But we've learned some of these. From artists to filmstars, to having a lot of the doctors who are at Huashan hospital. And it's quite impressive to have that group of brilliant people and minds in one building over the years.

Karen: From our community, Wechat feed. We've been sent various articles about the history of Brookside and previous interviews that maybe you've hosted via other residents in our community group chat. So that's also been a very good source of Information for us to learn more about the building.

Interviewer: Very nice. Apart from what you have said about the light and things like that, how is it like living in a historic building like this?

Karen: We feel very fortunate, very grateful that we're able to be part of this sort of building experience. We've always wanted to livein buildings with rich with cultural heritage in Shanghai. We feel very fortunate to have a good relationship with our landlord too.

Elliott: To me, China has a very rich history and culture.To be able to live a in a building that has part of that character is quite impressive.

Interviewer: Yeah, so what does this apartment mean to you? Are there any big moments happened in this apartment?

Karen: Many. We got married while we were living here. We've had two cats while we've been living here. We've had family visiting us. There's been lots of sort of milestone moments, as you could imagine. If you've lived here for 6 years, there's been many things over those years in terms of things that we've been able to share with families like Christmas, Thanksgiving. it's been an important part of our life journey as well living here too.

Interviewer: That's really nice. Anything else hat you would like to share about this apartment or about your living experience here?

Elliott: The gingko tree out there is absolutely stunning. When you're lucky enough, all the leaves leave at the same time on the street. And it's just this bright, brilliant, yellow. And when the wind blows, it's just like like evaporates into the air. That was one of the most stunning moments that we've had in this apartment.We also like to explore the French Concession. The tree lined streets are beautiful and the architecture spans so many eras so there is always something new to see.

Interviewer: That's so beautiful. Last question. This is a historic building with a 100 year history. So if you take this apartment as an old friend or an old person, what would you like to say to him/her?

Karen: That's a really difficult question. This building is enriched with a deep Shanghai heritage as are the experiences of those who have lived within it.We've been fortunate enough to live here, and for doctor Francis, the apartment owner to have shared those stories and have to spend time with him.I think for us, we define that relationship as one of mutual care respect, and we're grateful to know each other and also all the other residents in the building and being able to share those memories as well. I think it's important to preserve them as because the building is exactly the reason why you're doing this exercise. It is a reminder of old Shanghai and we need to preserve that as the next generations come ahead of us.That would be our answer.

Elliott: I would just say that to an old friend that he's still looking good.

Karen: Still looking good and...

Elliott: And it's a pleasure to have known him. That we hope to continue a long friendship together.

Interviewer: Very nice. Thank you so very much.

2024年年初，王胜国先生回到美国家中，找到了《人民画报》1962年第12期法文版。这些尘封的画面，曾经代表着中国精神走向世界。今天，它们远渡重洋回到故土，让我们窥探到了20世纪60年代初枕流公寓中最质朴的人文百态。

1962 年第 12 期《人民画报》法文版 *LA CHINE*（中国）封面

Dans un immeuble de Changhaï

UN rédacteur de *La Chine* a été voir dernièrement la photographe Tehen Ying, qui a fixé la vie quotidienne des écrivains, des acteurs, actrices et des peintres habitant un même immeuble de Changhaï. Elle a bien voulu nous autoriser à publier quelques-unes de ses photos.

Note de l'éditeur

L'appartement N° 12 est habité par un couple d'acteurs. Kiao Ki, qui joue dans des pièces modernes, est actuellement en tournée. Soven King-lou, qui fait du cinéma, vient de tourner le film *Un fervent de football*, et est, ici, avec ses filles.

LA CHINE (中国) 第 33 页, 标题: 《在上海的一栋大楼里》。照片摄于乔奇、孙景路家

Wang Wen-kiuan (première à droite), actrice de l'Opéra de Chaohsing, vient d'épouser Souen Tao-lin, artiste de cinéma. Des amies sont venues les féliciter et il n'y a plus de place chez eux.

Fan Jouei-kiuan est une autre bonne actrice de l'Opéra de Chaohsing. Sa création de Liang Chan-po, de Liang Chan-po et Tchou Ying-taï, a été chaleureusement accueillie par le public. Elle s'applique chaque jour à faire des exercices acrobatiques; c'est une nouvelle discipline qu'elle a adoptée depuis sa montée sur les planches.

Fou Tsiuan-hsiang, célèbre actrice de l'Opéra de Chaohsing, habile au dernier étage. Elle s'intéresse depuis quelque temps à la calligraphie et il n'y a pas de jours où elle ne trace des caractères chinois.

34

LA CHINE (中国) 第34页，上：王文娟家，左下：范瑞娟家，右下：傅全香家

L'écrivain Yé Yi-kiun occupe l'appartement Nº 25. Il met la dernière main à ses *Notions de littérature générales*.

Tchou Touan-kiun, professeur à l'Institut de Théâtre de Changhaï, vient de rentrer de vacances, passées à Houanchan. Il discute déjà avec des élèves de l'interprétation de *La Tempête du 1er Août*.

Le peintre Chen Jeou-kien ne quitte plus l'appartement Nº 60 depuis quelques jours. Il classe ses œuvres.

35

LA CHINE (中国) 第 35 页，左上：叶以群家，右上：朱端钧家，下：沈柔坚家

附录

周璇与枕流公寓

　　华山路上的枕流公寓从1930年建成开始就颇受市场关注，数十年间居住其中的名流和明星着实不少，周璇大概是其中最著名的一位。最初不知是哪位作者弄错了，说周璇从1932年开始就住在枕流公寓，一住就是二三十年；后来的人不察，沿袭旧说，以讹传讹，以至于这种说法流传很广，甚至连官方制作的纪录片也沿用此说。

　　这当然是不可能的。

　　周璇在上海曾经住过很多地方，时间大多不太长。20世纪30年代前期她还是个才出道不久的新人，加入歌舞团时仍然和养父母一起住在霞飞路（今淮海中路）尚贤坊。渐渐走红以后，1936年她迁居愚园路庆云里1号，搬迁时曾有报道提及此事，因为之前这里也是明星貂斑华的住处。当时周璇已经加入艺华影业公司，月薪在四五十元左右，和一般的演员差不多。1938年，她和严华结婚后曾经短暂住过万航渡路，很快迁到天平路的茂龄新邨，他们租下了三层楼上的两间房。周璇在这里一直住到1941年因为婚变离家出走。之后二人离婚，她只能寄居在干爹柳中浩（国华影片公司老板）家中。柳家在升平街的公馆和之后新落成的长乐路洋房她都是住过的。抗战后期，为避免长住柳家引起飞短流长，她和养母一起分租了霞飞路1820号后排一座小楼三楼的房间。这里的位置已经接近霞飞路的尽头，在霞飞路和汶林路（今宛平路）交界处，离著名的武康大楼以及邵洵美的住所都很近。

　　至于枕流公寓，整个20世纪30年代，直到太平洋战争爆发，住户都以外侨为主。当时的上海人更喜欢选择石库门或者新里之类的中式房屋居住，选择公寓的人相对较少，当然公寓租金也更为昂贵。抗战胜利以后，情形发生了变化，不少明星和当时年轻喜欢时髦的人渐渐倾向于选择西式公寓，周璇也在这一时期搬进了枕流公寓。

1948 年年底，周璇在枕流公寓底层花园

　　起因是战后国产电影公司纷纷成立，积极邀约当红明星出演。周璇、李丽华、王丹凤等人都有很多电影公司主动找上门来。对于周璇来说，香港大中华电影公司老板蒋伯英就是最有诚意的一位。按照当时记者的报道，在各电影公司尚未开始制片之前，前途还难以预期，蒋伯英就未雨绸缪，跟周璇签了合同，主动付薪水给她，并约定之后会请她到香港拍几部电影。当时周璇和养母租住的霞飞路房子出了点变故，房主打算收回出售，租客们面临着被迫搬离的窘境。蒋伯英为她付了枕流公寓的顶费，帮她解决了难题。1946年9月底，周璇飞往香港工作，行前已经和养母搬入了枕流公寓。当时传言她已经搬家，顶下了南京西路的新房子。周璇还向记者纠正房子其实是在海格路（今华山路）。可见她真正搬入枕流公寓的时间应当是1946年秋天。这个时候知道的人还不多，等到1947年春，周璇从香港回上海准备拍国泰公司的电影《忆江南》时，大家都已经知道她的新住址在海格路红十字会医院（即今华山医院前身）附近。

　　枕流公寓也是周璇最广为人知的住所，大厦和公寓内部都相当讲究，从20世纪30年代初建成时就已经是海上名楼。不过似乎她一度还动过心思迁居，因为她住在六楼，回上海期间访客众多，同行朋友记者络绎不绝，枕流公寓的电梯司机

左图：周璇站在公寓门口
右上图：699 号入口（图片来源："枕流之声"视频截图）
右下图：731 号入口（图片来源："高参 88"博客图片局部）

左图：周璇在公寓内
中图：《青青电影》（1948 年第 16 卷第 37 期）封面，周璇站在公寓阳台上，背景也是枕流公寓
右图：周璇在公寓底层花园

颇有烦言，经常会拒绝搭载，客人不得不辛苦爬上六层。有时连周璇也有类似遭遇，不过终究还是住了下去。这一时期她在香港和上海两地多次来回工作，大多时候公寓里只有养母一个人住。直到1950年她回到上海以后，才长住枕流公寓。

根据周璇1948年身份证件的信息来看，"道路门牌"一栏登记的住址为"华山路435号G6室"，民国时期枕流公寓的地址是华山路433-435号，比较著名的是433号的主入口，435号的门口则相对小一点。当年周璇接受记者访问时，曾站在大厦的入口处拍过一张照片，将照片和枕流公寓的两个入口对比一下可以发现，虽然相隔数十年，建筑的大致轮廓未变，很容易看出她站的地方确实是435号的入口，也就是今天的华山路731号。另外，枕流公寓从建成以来，门牌都以"楼层+字母"形式排列，也就是从A到G，所以身份证上的地址应当是"华山路435号6G室"。

20世纪40年代后期，上门访问过周璇的记者不少，不止一位写到过这间公寓。"在左面门首站定"摁电铃，房屋"占四大间"，夏天时风特别大，"一阵阵的东南风从窗外吹进来，吹得窗帘成了一个斜平线"。1948年年底，《青青电影》的主编严次平在访问之后写道："这里是二大间富丽堂皇的客厅，中间挂着红色丝绒的门帘，墙壁上有罗马式的浮雕装饰，这样华丽的房子，住着这么一位美丽的影坛红星是最适合身份。"同期还有周璇在家里和底层花园中的照片，大致可以看到当年公寓的内景。

注：本文图片除注明外，均来自上海图书馆"近代报纸全文数据库"。

陈　磊

上海社会科学院历史研究所副研究员

"天际云锦用在我"——怀念爷爷朱端钧

　　有人说，幼时的记忆在成长过程中会被渐渐抹去，但事实并非如此。对爷爷的回忆一直都在我的脑海中，随着时间流逝，变得愈发清晰。童年时期，父母在外地工作，我便住在上海的外婆家中。每逢周末，外婆都会带我到华山路的枕流公寓探望爷爷奶奶，这是我对被赋予"上海历史传统建筑、文化名楼"等美誉的枕流公寓最早的记忆，也是我记忆中最深刻的一抹色彩。

成为"孤岛四大导演"之一

　　爷爷朱端钧1907年出生于浙江余姚一个书香世家，1921年就读于上海南洋中学，1926年考进圣约翰大学，次年转到复旦大学读外国文学系。在复旦求学期间，他接触了大量古希腊戏剧和莎士比亚、王尔德、易卜生等人的剧作，对戏剧艺术产生了浓厚兴趣，并决心要从事戏剧事业。1929年毕业后，爷爷留校担任助教，参加由洪深主持的"复旦剧社"，并加入左翼戏剧家联盟。1933年，因执导洪深编剧的《五奎桥》，26岁的爷爷一举成名。

　　1937年前后，奶奶带着3个孩子到了上海，老家亲戚也陆续携儿带女来到上海投奔爷爷。为养家糊口，爷爷辞去了很多排演话剧的邀请，挑起了家庭重担。当时他除了在上海银行公会工作，还任鸿祥布厂总经理一职，做起了生意。爷爷的内心充满了矛盾，既要顾及家里，又不能忘情于戏剧，他感到极度痛苦。在笔记中，爷爷写下了这样一段内心自白："我拖着我的生命，深深感觉到不能全心全意做一桩事情的悲哀。"

　　1939年春，爷爷看了著名剧作家于伶的新作《夜上海》之后，毅然重新走上戏剧舞台，并加入由于伶等人发起的上海剧艺社。《夜上海》是一部反映抗战时期上海沦陷后的混乱和苦难生活的剧本，经爷爷导演后在"八一三"两周年前夕公演，引起巨大反响，观众如云，场场爆满。随后，爷爷继续在上海剧艺社导演了莫里哀原著、顾仲彝改编的《生财有道》，台维斯原著、洪深改编的《寄生草》以及丁西林编剧的《妙峰山》等剧，名噪一时，也因此被称为"孤岛四大导演（黄佐临、费穆、吴仞之、朱端钧）"之一。

　　1950年年底，当抗美援朝轰轰烈烈开展时，爷爷积极参加《美帝暴行图》和电影《控诉》的编导工作。当党号召青年们踊跃报名参加军事干部学校的时候，他排演了话剧《当祖国需要的时候》。爷爷一生导演了87部戏剧，他曾在笔记本上写下陆游的诗句——"天际云锦用在我，剪裁妙处非刀尺"以自勉，这也正是爷爷导演艺术最真实的写照。

成功的爷爷离不开背后的奶奶

在我眼里，爷爷在戏剧上的成就，除了他学术根基扎实、个人奋发努力和严谨的治学精神外，也和奶奶数十年来风雨同舟、相濡以沫紧紧相连。所以，在追念爷爷的学术成就和人格风范的同时，无私奉献、朴实辛劳的奶奶同样不能被忘记。她一生与爷爷患难与共，竭尽全力支持爷爷的话剧导演和戏剧教育事业。

父亲告诉我，奶奶刚来上海时，和爷爷一起住在静安区胶州路合丰里，他和权叔叔都是在那里出生的。日军侵占上海后，宪兵到处搜查爱国文化艺人，爷爷因参加爱国戏剧活动，不得不在外躲避。凶恶的日兵不久就闻风来到爷爷家，家人都害怕不已。奶奶却勇敢地站出来与日军周旋，爷爷也因此逃过一劫。

1950年秋，爷爷任上海市戏剧专科学校表演系教授、主任兼教务主任。1956年，中央戏剧学院华东分院改为上海戏剧学院，爷爷任教授、教务长。上海戏剧学院为方便爷爷工作，让爷爷全家搬入上海戏剧学院对面的枕流公寓。那时爷爷家中总是宾客盈门，在他的书斋兼卧房之中，来访求教者络绎不绝，爷爷一直热情接待，从不推诿。

每每门铃响起，出来相迎的总是奶奶。当来宾们进到书房后，她便默默向隔壁房间走去，不是缝缝补补，就是去收拾整理。待客人起身告辞时，带着一张慈祥笑脸的奶奶又出现在客人面前，亲自送他们出门。王复民导演曾回忆道："有一次，我揿响门铃之后，出来开门的是老保姆阿奶。当我跨进朱先生的书房时，正见朱先生和朱师母老两口热烈交谈。见此情景，我欲退出房门，然而朱师母见我进来，立刻起立让座，并带着浓重的宁波口音小声地说'你们谈，你们谈'，旋即她又悄悄地离去。"

有一年，学院表演系召开庆祝"三八"妇女节座谈会，爷爷向在座女教师发表了祝贺讲话，他那热情幽默、清晰有力的讲话赢得与会者阵阵笑声和掌声。最后，他幽默又神秘地对大家说："我家中也有几位妇女，我还要去向她们表示表示。"后来师生闻悉，那段时间奶奶身体不适，卧床在家。爷爷回家后，在院内采了一束奶奶最爱的栀子花插在玻璃瓶里，恭恭敬敬地放在她的床前，以表示对她的感谢和祝贺。

20世纪60年代，爷爷
朱端钧和奶奶童志昭在
家中外阳台

　　父亲告诉我，那时爷爷到外面看戏、排戏，常常独自前往，很少携带家眷，不允许子女们"揩油"。送给他的观摩戏票，他都亲自出席，从不让家属代替，只在有多余戏票的情况下，才允许他们陪他一起前往。

　　1959年，上海人民沪剧院在爷爷的帮助下，成功排演沪剧《星星之火》，后来这个戏又搬上了银幕，同样大受欢迎。为了表示感谢，剧团赠给爷爷一台黑白电视机。在那个年代，电视机可是个稀罕物，家里人都高兴不已。可爷爷坚持要把电视机搬到学院去，以便与师生共享。由于学院没有同意，电视机才留在了家中。为了让更多的人看到电视，一到节假日，家里放电视机的那间屋子总是坐满了人。每当这种时候，爷爷的脸上总是挂满笑容。

　　"文化大革命"期间，爷爷遭到了迫害。奶奶对爷爷说："不管外头怎样屈辱你、折磨你，回家来我一样地尊重你。你最喜欢吃的鲜牛奶和糖拌番茄，不管生活怎么困难，我一定设法每天都弄给你吃。"就是这简单的几句话，改变了爷爷消极的念头，点燃了他的求生意志，让他一直坚持到"文化大革命"结束。

生命定格在排练场上

　　1978年11月初，父亲从安徽合肥出差到杭州开会，本想利用途经上海的机会和爷爷探讨一些他喜爱的哲学问题，但看到爷爷依旧那么忙碌，即使是晚上十点多钟，还在灯下拆看信件或书写发言提纲，他便不忍心再去打扰爷爷，第二天就动身前往杭州。不料8日清晨，他突然接到了"父亲病故"的电报，父亲完全不敢相信，立刻返沪。

原来"文化大革命"结束后，爷爷知道戏剧人才青黄不接，他不顾自己日渐衰竭的身体，毅然投入戏剧工作。在当时上海戏剧学院戏剧研究室举办的第一次学术讨论会上，爷爷作了关于斯坦尼斯拉夫斯基体系的长篇发言，他倡议筹办"表演进修班"，获得一致认可。除此之外，他热情地帮助戏剧学院教师排演话剧《雷雨》，支持话剧《于无声处》的剧本创作；他还为上海沪剧院重新整理了沪剧《星星之火》，为学院重新排演话剧《战斗的青春》，为他的学生修改从四面八方寄来的新作……

就在离世当天上午，爷爷还在学院作了关于戏剧教育改革的讲话。下午爷爷本该到医院去看病，可是他来到了话剧《雷雨》的排练场。当他从排练场出来时，人们看到身材颀长的爷爷慢慢地蹲了下来，继而渐渐地瘫倒在地上。在场师生都惊呆了，急忙上前扶持，背上他就往家里跑。爷爷在床上躺了一会儿后，感觉舒适了一些，看到很多师生都在看护着他，便关切地问大家吃过晚饭没有，又劝大家回去休息，还向老师们交代了第二天的工作。

后来，当时接到魏淑娴老师电话后立即赶到爷爷家中的李志舆老师回忆："……只见朱先生面无血色地躺在床上，因为子女都不在身边，师母老太太已急

20世纪70年代，朱培灵（右一）
和爷爷奶奶、爸爸妈妈、姐姐
等在枕流公寓家中合照

得六神无主。我一进门，一位老师走近我低声说：'血压已经量不出来了，要赶快送医院！'那时还没有恢复出租车运营，120急救系统也还没建立起来。无奈，我和在场的安老师赶紧用搁在床边的医务室担架，把朱先生一路抬到上戏附近的华东医院。急诊室里很挤，医生全都没空，乱糟糟的，我们只好把朱先生放在走廊里一张移送病人的硬床上待诊。这时朱先生还很清醒，只见他又像往常一样，慢条斯理地跟病床周围的人谈起排戏的事情来。他一点都没有想到自己会离开大家，虽然已是年逾古稀之人，可是他向往着明天，向往着戏剧事业美好的未来。再一次难忍的疼痛袭来，他的说话声小了许多，渐渐地听不见了……他的心脏在学子的声声呼唤中停止了跳动，他就这么意外仓促地结束了从事戏剧活动50年的生命！"

我曾在20世纪80年代的一个盛夏专门拜访李志舆。他告诉我说，爷爷去世两天后，他听说爷爷病理解剖报告的结论是："心血管瘤破裂，导致猝死。"当时他们都大吃一惊，原来爷爷时常感觉到的"胃痛"，实际上是心绞痛向下辐射产生的错觉！那时李志舆在系里开会时，经常能看到爷爷从身上摸出个小药盒，倒出几片"胃舒平"来嚼嚼用水吞下，然后继续若无其事地开会。心血管瘤并不难查出来，但从"文化大革命"开始，爷爷就不再享受高级知识分子的医疗待遇，一直也没有得到恢复，否则每年例行体检，早该被检查出来了。假如知道他患了严重的心血管病，大家绝不会让他这么拼命地工作，他应该能够多活些岁月，为他钟爱一生的中国戏剧教育事业再多留些艺术遗产。爷爷生前曾在多个场合表达过："今后我死也要死在排练场！"闻者都认为，这只是一个老戏剧人表达自己愿意对艺术献身的决心。但没想到一语成谶，他的生命真的定格在了排练场上。

如今的上海戏剧学院，"端钧剧场"巍然矗立。对剧场的介绍中有这样一段描述："她纪念的不仅仅是以朱端钧先生为代表的老一辈上戏人艰苦建校、悉心治校的峥嵘岁月，更代表一脉相承、永不泯灭的戏剧理想和灵魂。"每逢假期回上海，我都会带着两个孩子到那里，走一走、听一听，爷爷的故事也仿佛一直在剧场上空久久回响。当我再次触摸到"端钧剧场"这四个烫金大字，回想爷爷曾经走过的路，记忆里忽然有了另一种厚重。

朱培灵
新加坡世代教育中心负责人

"枕流"漫谈

　　高层公寓作为上海20世纪初一种新兴的建筑形态，深受房地产商和富裕阶层的追捧。它不仅展现出时尚经典的设计风格，代表着一种摩登前卫的生活方式，也开启了近代上海城市建设的崭新篇章。枕流公寓就是乘着此风而来，除了与大楼朝夕相处、日夜相伴的居民之外，还有一批重要角色，这就是居民口中提到的公寓经理、总管、水电工、锅炉工、电梯工等。这些让大楼正常运作的幕后角色，随着大楼配套设施和管理模式的变化，慢慢淡出了历史舞台。

20世纪30年代的OTIS电梯

　　枕流公寓在1930年刚建成的时候，采用的是美国进口的OTIS（奥的斯）电梯。它的楼层显示是指针式的，类似于一个钟表盘。门是旁开可收缩的铜铸栅栏门，轿厢是全木质结构的。轿厢的控制面板上有一根手柄，电梯驾驶员在固定的半圆里操作。手柄往左设为上行，往右设为下行。如需停靠某个楼层，电梯驾驶员就要提前把手柄复位，靠惯性把电梯停平。那时候，据说鉴别一个电梯驾驶员是否合格的标准之一，就是看他能不能把电梯停平。所以在电梯运行期间，轿厢里总少不了一名电梯驾驶员。他们和公寓里的每家每户都熟，边开着电梯边和居民聊天，偶尔把电梯开过了层也是难免的。电梯驾驶员分为早班和晚班，电梯在中午和夜晚会停运一段时间。

　　电梯驾驶员不但要开电梯，还兼着门卫和救援的职责。除了要将住户和他们所住的户号烂熟于心之外，如有来客，需辨认他们的身份后方可放行。碰到电梯发生故障时，电梯驾驶员还要承担临时救援的工作。在通信欠发达的年代，他们通常会先将问题记录在案，简单的故障可自行处理。碰到复杂的故障，或者需要更换器械的情况，他们会通知电梯公司。因此，那个时候的电梯驾驶员都具备安全救援和电梯修理的基础知识。

　　20世纪70年代，为了遵循国家对民用电梯的安全标准，上海房屋设备厂把这部OTIS电梯替换成了国产的第一代电梯，并直接负责设备保养。国产的第一代产品包括上海电梯厂的XPM-71、上海房屋设备厂的XPM-80等，它们是最早一批由计数器控制的自动化电梯。枕流公寓的XPM-80是比较晚的新型号，轿厢里有一到七楼的透明塑料按钮，按钮里面有一个玻璃的小灯泡，可以实现自动选

华山路 699 号电梯厅　　　　　　　　　　　　　　　　枕流公寓电梯机房内景

层、靠层和电梯开关门。按照国家规定，电梯里依然需要配备电梯驾驶员。他们经培训和考试后凭证上岗，当时一些相关的安全告示都是靠驾驶员来提醒的。因为这部电梯是靠接触器来控制的，枕流公寓七个楼层就需要几十个计数器，约上千个触点，由此导致电梯的故障率较高，所以电梯驾驶员依旧需要掌握基本的电梯安全知识。紧邻一楼大厅的地方、电梯井道里和门卫室分别都装有电梯报警器，一旦发生故障，就靠警铃来通知。

2006年，枕流公寓的电梯迎来了第二次改造。电梯的操作系统更新为PLC加变频的，轿厢和电梯门也进行了同步更换。为了符合优秀历史建筑的保护标准，电梯更新的主要原则是在可控范围内尽量减少对建筑的破坏，本着以实用、成本可控和后期维护方便为主要理念，在现有的环境场地和面积下进行它的逐步改造。由于大楼历史悠久，不排除自然的沉降和一些人为的疏漏，经测量，大楼井道发生轻微倾斜。为了不对井道造成破坏，定制轿厢时，轿厢的高度和前后深度不变，左右宽度比起20世纪30年代收缩了近10厘米。另外，为保留电梯原本的门框结构，电梯门依然沿用了旁开式的，而未采用后期更为常见的中分门。

随着电梯驾驶员的取消，国家对电梯管理提出了更高的要求。轿厢必须安装通门卫室、轿顶和机房的"三方通话"设备，方便电梯救援。电梯门必须配备保护装置，如安全触板、光幕等。电梯里的紧急救援按键，一个是作为通往门卫室的"三方通话"按钮，另一个则是后期加装的远程监控救援按钮。它将通过机房的设备数据卡，以电话的方式拨打到维修人员的手机上。远程系统的加装主要是为了模拟监测电梯的整体运行状态，包括它停在某一层，运行了多少次，是处于开门还是关门的状态等。另外，电梯的年检也是必须达成的。

打蜡师傅在给地板抛光   叶新建家的发蜡证

一个季度一次的地板打蜡

　　地板打蜡，是枕流公寓每个季度的一个大事件，通常安排在第三个月的月末。距离打蜡还有十来天的时候，物业公司会在电梯厅里统一贴出告示。居民可以提前做准备，将家中的杂物和家具归拢，尽量把地板空出来。打蜡当天，需要打蜡的人家大门都洞开着，小件的、能搬得动的杂物统统推到走廊上去。打蜡工一早便来了，拎来了几桶石蜡和几件工具。他们径直先到七楼的人家，拿个铁拖把先在地板上拖一遍，把表面的旧蜡刮干净，然后舀一勺新蜡上去，均匀抹开。就这样，一户接着一户，逐层往下，最后到一楼。相隔一个多小时，等蜡涨开以后，打蜡工再拖着一部抛光的电机器，在地板上来回打磨，直到每一处都上了光为止。抛光的程序也是按照从高层到低层来进行的。居民家中都有一张发蜡证，根据面积计算石蜡的重量。每一次到地板打蜡的时候，打蜡工就会在上面盖一个章。

　　枕流公寓最初约有40个单位，20世纪五六十年代出现合住现象，多数单位都根据住户的现实需要进行了分割。随着"改革开放"的到来，中国房地产步入市场化，枕流公寓内的房屋产权开始发生变化，少数单位也由分割状态恢复到独门独户，现在整栋大楼住着约70户人家。当房屋性质从公租变成私有产权之后，地板打蜡的工作就要由居民自己来承担了。即使是生活在公租性质的房屋里，因为设施老化而进行翻修的住户也不在少数。当家中地板换成更高级的材质时，部分居民转而选用液体蜡来自行保养。还存在的一种情况是，有些居民年纪大了，出于种种原因，他们就不太想给地板打蜡了。因此，坚持让公家来给地板打蜡的户数是在逐年递减的。

安全关系到方方面面

民国时期的华山路地处偏僻，经常发生打劫伤人的案件。1931年4月9日上午，时住海格路（现华山路）441号"枕流小筑"的李经迈乘坐自备汽车经过地丰路（现乌鲁木齐北路）和海格路路口时，遇匪徒持枪射击。所幸司机加速逃离，李经迈没有中弹。

21世纪的华山路地处闹市区，人来人往，车水马龙。居民们都说，这里是一处安全的地方。随着电梯制度的改革，枕流公寓的电梯驾驶员不见了，699号大门边多出了门卫室。两个门卫师傅一个负责白班，一个负责夜班。他们定时巡视，时刻关注着居民们的情况。

和众多小区一样，枕流公寓也有自己的安全规范，管理人员需要定期检查。比如消火栓、灭火器，一个月就要检查一次，确保没有过期失效。消防管道也会定期放水，第一是为了保证里面有水，第二是为了保持水的质量，避免里面有锈蚀，从而保证消防管道的灭火效果。保持下水管道的通畅也属于安全范畴，特别是雨季的时候，要及时疏通以免造成翻溢。有关电的方面，工作人员会定期检查公用部位的电线有无损坏，公用开关是否完好可用。同时，会提醒居民家中用电安全，如需检修，可联系相关人员上门查看。台风来的时候，会及时提示居民，避免在阳台上或走廊窗台上放东西。雨天路滑的时候，会采取防滑措施，提醒居民上下楼梯当心。

因为枕流公寓是保护建筑，所以如果有居民需要装修，可咨询小区经理，须到专门的保护机构报备。这是一个必须办理的流程，只有报备通过之后，才能开工。装修期间，管理人员在巡视时会特别关注，保安发现问题也会向小区经理反映。是否有拆除承重墙？垃圾有没有及时清运？如果家中的老窗需要更换，物业公司有固定样式的钢窗供选择。

近年来，枕流公寓经历过大修，外表焕然一新。在居民的共同努力下，大楼的水表和煤气也都进行了改造。一个安全、舒适、便捷的环境，需要所有人一起去维护。

喜迎"水表分装"

受房屋结构所限，枕流公寓每家每户的水表多为一户两表、三表，甚至四表，但是整个大楼只有一只总水表被上海城投水务(集团)有限公司承认。70户居民家中共有125只小水表。这些小水表都是居民自行从五金店买来安装的，既没有水务公司的编码，也不被官方承认。

家家户户都有这样一本水表账本　　　　　　　　　　　　　　　居民们提供的账单和水费单

　　由于公寓的建造图纸早已遗失，如果想将一户多表改造成一户一表几乎是不可能完成的任务。几十年来，枕流公寓的水费都由志愿者负责代收。每两个月，公寓大堂里就会贴出抄水表的公告，住户抄好自家水表上的数字，并登记在自己准备的小本子上，投进负责收水费的志愿者家的信箱。志愿者收到本子后，根据总水表的抄表数、各家人口等核算出需要支付的水费，再把数字和交水费的时间写在志愿者自行设计的水费单上。然后，将水费单和小本子一起塞回各家的信箱。居民收到水费单后，根据既定时间去交费。每次收水费，包括马明华、吴永湄、梁志芳等在内的楼组"一长五大员"和志愿者都分别"承包"几个楼层，齐心协力收齐水费。待所有水费交齐后，志愿者再把这笔钱通过网上转账或便利店交付到水务公司。为了把全楼的水费收齐，大家每次都要忙上半个多月，但枕流公寓从来没有拖欠过一次水费。

　　2019年年初，吴永湄找到静安寺街道华山居委会，表达了全楼居民对"水表分装"的强烈意愿。在多次沟通和协商下，居委会顺利组织召开了居民代表、物业公司、水务公司的三方协商会议。水务公司在实地勘察房屋结构后当即表示：维持一户多表的现状，由物业公司负责把每家现有的水表换成水务公司认可的水表。全部换好后，水务公司派人上门抄表，居民收到水费单后自行交款。

　　于是，楼组成员和志愿者们分头向居民们告知情况，并收取产证、身份证复印件和水表材料费250元/只。过程中，有居民提出异议。但由于"水表分装"是一个系统工程，必须全楼居民同意才能开工，为此，楼组成员和志愿者们不厌其烦地一次次上门与居民沟通、商讨，终于在两个月内收齐材料，实现"水表分装"，告别了几十年的"志愿者收水费"时代。

文字/赵令宾　摄像/王柱、瑾帅

枕流公寓初建时，靠华山路一侧，731号大门清晰可见（图片来源：网络）

2020 年秋，从华山路同一角度拍摄

枕流公寓初建时，从花园中拍摄的东侧和南侧立面（图片来源：网络）

2020 年秋，由无人机拍摄的枕流公寓东侧和南侧立面。花园树木繁茂，公寓背后高楼林立

枕流公寓初建时，从 731 号一侧拍摄的东南立面（图片来源：《上海公寓建筑图集》）

2023 年夏，从 731 号一侧拍摄的东南立面

写在最后

初次见面

项目源于2020年国庆前夕，静安寺街道想为枕流公寓编一本口述历史的画册，记录居民生活的点滴，同时体现社区自治的成效。会面当天，我们便在街道同事的带领下，驱车前往枕流公寓。秋日的华山路两旁，高大的梧桐在夕阳的烘托下变得蓬松、脆黄。这条屈曲蜿蜒的道路曾是殖民时代的法华界路，一头连着徐家汇，另一头通向静安寺，见证了上海150余年的发展与兴旺。

车子在熙来攘往的路上前行，终于在一扇不起眼的大铁门前停下了。铁门口是一条狭窄的人行道，道路的一半都匀给了花花绿绿的非机动车。铁门上头，热闹地箍着各式各样的标识牌：防疫的、垃圾分类的、车辆管理的、派出所联网的、共建平安家园的，让人目不暇接。唯独一块刻着"文化名人楼——枕流公寓"的石牌，挺直了腰板，默不作声地和米色外墙一起，靠边站着。

迈入铁门，走过一小片空地，一扇"有点故事"的公寓大门映入眼帘。巴洛克弧线压顶，两侧配以螺旋式纹样的立柱，中间镶嵌着两扇暗红色门框的铸铁雕花玻璃门，门把手高耸的背脊被无数双归家的手掌打磨得油光锃亮。这样的一扇门，好像一定可以通往一个时光倒流的世界。"嘎吱"一声，门开了，我们第一次走进枕流公寓。

最初对枕流公寓的认知完全来源于门口的牌匾和百度百科。这栋建于1930年的公寓属折中主义风格，住过很多名人，是上海市优秀历史建筑保护单位。老实说，上海像这样的老公寓太多了。可是，他为什么叫"枕流"？是在什么样的情况下被建造的？为什么会被建成这个样子？有多高？有多宽？有几套单位？现在的样子和以前差别大吗？里面先后都住过谁？他们什么时候搬入？又因为什么离开？他们在这里都有什么样的故事？"枕流"因何而成为"枕流"？就像每一处世界遗产，都有其突出普遍价值（outstanding universal value，OUV）一样，这背后有数不清的问题等着我们去寻找答案。

为了进一步和枕流公寓培养感情，我们向静安区档案局、静安区文史馆等单位收集史料，并从各渠道挖掘有关这栋建筑的书籍章节、旧照片和平面图。不得

在街道和楼组的协助下，第一次和居民会面
左起：张雍容、黄娅璇、葛君、吴永湄、
马明华、陈震雷、于振荣
First meeting with the residents with the assistance of
the Sub-District and the community of the building
From left: Zhang Yongrong, Huang Yaxuan, Ge Jun, Wu
Yongmei, Ma Minghua, Chen Zhenlei, Yu Zhenrong

不说，和一些网红打卡点相比，枕流公寓的背景调研是艰辛的，第一手资料可谓是零星半点，还存在互相抄袭、以讹传讹之嫌。经过几周的寻觅和拼凑，一幅20世纪30年代顶级豪宅的草图在脑海中徐徐展开。而对这幅图景中的空间细节，尚不敢妄下定论，其中的人物活动，更是不得而知。本书第二章节对枕流公寓的简介建基于史料考证、居民访谈和对现场情况的总结归纳，主要偏重于1930年枕流公寓的建造背景、物理形态和早期的住户特征。如有谬误之处，还请读者朋友们不吝指教。

要想深入枕流公寓的精神内核，就要从"口述历史"着手了。在楼组的协助下，我们和居住时间较长的居民取得联系，开展预访工作。这样做的目的一方面是希望让居民们了解项目意义和工作流程，另一方面又能够让我们进一步熟悉公寓背景和受访者情况，为开启正式访谈做好准备。

经过半个月的前期筹备，我们将项目定名为"枕流之声"。起这个名字共有三层含义。一是字面意思，即枕着流水听小河的声音。因为据说从前，枕流公寓旁边就有一条小河，这也很可能是公寓名称最初的来源。二是期望通过口述历史，记录居民的心声。三则是取了"枕流漱石"的含义，希望传承远离世俗、潜心静思的精神，用文化的手段来浸润人心。向历史致敬的同时，也是团队对此项文化工作的自勉。

在访谈语言的选择上，因考虑到大部分受访者年事已高，所以在普通话和上海话之间徘徊不定。但通过预访发现，受访者们几乎都有过上山下乡、插队、支

2020 年秋，在居民家中进行集体预访
Autumn of 2020, a group pre-interview in a resident's home
左起：吴永湄、赵令宾、梁志芳、叶新建、祝聚宝
From Left: Wu Yongmei, Jocelyn Zhao, Liang Zhifang, Ye Xinjian, Zhu Jubao

2020 年秋，在花园里进行集体预访
Autumn of 2020, a group pre-interview in the garden
左起：陈希平、张雍容、赵令宾、马明华、颜茂迪、叶新建
From Left: Chen Xiping, Zhang Yongrong, Zhao Lingbin, Ma Minghua, Yan Maodi, Ye Xinjian

边或在外地学习工作的经验，使用普通话完全没有问题。不得不说，这也是枕流公寓一个很有趣的群体特征。

一往情深深几许

  2020年11月初的一个早晨，第一场访谈在阳光灿烂中开启了。敲开叶新建先生的家门，他含笑相迎，带我们走过一段狭长、黯淡的走廊，拐进他们的起居室。迈进房门的那一刻，眼前瞬时豁然开朗。宽大的檀木窗台上放着几盆朴素的植物，房间似乎还是百年前的样子，一样的吊顶纹饰、一样的檀木地板、一样的西式壁炉和水晶门把手。叶先生起早准备了一桌子的"古董"照片、书籍和信件。他斟好一杯茶，在窗前坐定。

  等摄像机和灯光布置妥当后，我就带着访谈大纲上的问题出发了。三问三答之间，叶先生已带我们来到了20世纪50年代的枕流公寓。就这样，我们跟着他去了1959年三代人一起搬来的冬天，去了1966年8月2日他的父亲叶以群与迷惑告别的清晨，去了1969年他第一次坐上56次绿皮火车的料峭春日……60年前的阳光一定也是这样从窗外洒进来，洒在叶以群先生的笔尖，他正在不急不慢地校验着《文学的基本原理》。阳光西斜，慢慢地带走了一些颜色，带走了一些华丽，也带走了一些曾经生活在这儿的可亲可爱的人们。转眼到了1991年，伴随着轻盈的音乐，一个名叫叶音的男孩儿来到这个家里。他张着好奇的大眼睛望着窗外，觉得窗框上的阳光正跟着音乐起舞，美妙而动人。叶先生就这样坐在窗前，坐在阳

受父亲影响，叶新建喜欢摄影摄像。我们在拍文物，他在拍我们（摄像／叶新建、王柱）
Influenced by his father, Ye Xinjian developed a passion for photography and videography. While we were capturing artifacts, he turned his lens towards us (Photos by: Ye Xinjian and Sam Wang).

光里，说着他们家三代人的故事。

吴肇光老先生是所有受访者中年龄最长的一位，他的访谈源于陈希平先生无意间的介绍，说楼上住着一位96岁还天天去上班的医生。听到的当刻，我们极其惊愕。后来，蔡迺绳医生在中山医院的食堂替我们牵线，访谈地点就约在吴老的办公室。

上午9点未到，我们顺着走廊找到了吴老的办公室。门半掩着，似乎是为了这场约定而开。敲门进去，是一个十来平方米的房间，正对门口的是一面大玻璃窗，充斥着冬日的暖阳。吴老坐在一张黑色的皮质电脑椅上，正朝着窗口工作着。听到动静，他缓缓地从椅背后头转出来，小小的身形，更衬出椅子的巨大。这位老者，就是一生有着诸多荣誉和称号的中国外科学家。

后来，听枕流公寓的几位居民提起吴老，说他刚搬进枕流公寓那会儿是一位穿着花格子衬衫、外形俊俏的海归青年，旁边挽着一位谈笑风生的洋太太涂莲英。再后来，郭伯农先生在受访时随口提到，他珍藏着一本涂莲英家的家族史《不能忘却——纪念爱国教育家涂羽卿博士》。我问他借来看，书中是一个偌大的世界，里头有吴老岳父、岳母相遇的故事，岳母对中国的深厚感情，太太涂莲英晚年时的病中口述等。郭伯农说："很有可能连吴老先生自己都没有这本书。"于是，在归还之前，我把其中与吴老夫妇相关的篇章影印成册，一方面便于和口述资料作比对印证，一方面可以带给吴老，留作纪念。

访谈文字稿出来后，我把字体和行距调大，打印了23页稿件送到吴老办公室，他在一天里就校对完了。这位生活了将近100年的老者，比枕流公寓更年长。他经历过日军侵略和国民政府统治的时代，也见证了新中国的成立。他在青少年时期辗转北京、青岛、香港和上海，医科大学毕业后去美国深造，最后在岳母影响下携家带口回到上海，在枕流公寓安家。吴老的口述史至今读来仍令人动容，他用波澜不惊的语气，带我们领略了一段宏伟壮阔的生命历程。或许其中也不排除我个人对光阴老去、物是人非的不舍与留恋吧。

每一场访谈的背后，都有我们难忘的情景和故事，时至今日，仍历历在目。而每增加一场访谈，我们便对这幢公寓、对住在里面的人们又产生了更多的感情。循环往复，让人"越陷越深"，不能自拔。

编织出一张更大的网络

随着访谈的开展，各种"巧遇"接踵而来。有现居民与原居民之间的，有居民与公寓管理人员之间的，有受访者与我们其他口述项目间的，甚至于这些受访者和我们工作人员的亲友都存在着关联。而生命轨迹的每一次交汇，都编织出一张更大的信息网络。

刘丹说："我是1986年结婚就没再和她们见面，就是因为这个项目，我们聚会了，我们有一个'枕流公寓女儿群'。"

徐东丁说："那天我们在各个地方拍了很多照片，花园、大门口里外、沈黎家、刘丹家，都有。"

"枕流之声"项目开始于2020年年底，历经4个月之后，我们超额完成任务，以为为项目画上了句号。但随着各种"巧遇"的出现，访谈线索源源不断地扑面而来：李鸿章的第五代后裔、"金嗓子"周璇原单位的后一家住户、几乎所有女孩儿都会提到的"孩子王"等，每一条线索都牵动人心。如果能从更多的角度切入，拓宽"枕流之声"的时间跨度和空间维度，那么有关枕流公寓的历史图景将更加全面和丰满。今年，在静安区文旅局的支持下，我们终于开启了等待已久的"枕流之声"第二期。

以建筑为纽带，两期"枕流之声"共访问了21个家庭、近30位居民和工作人员。受访者包括高级知识分子或文艺工作者本人、二代和三代，年纪跨度60岁。他们的经历不同，职业各异，对枕流公寓都有着别样的观察视角和隶属自己时代的独特记忆。但他们有时又会不约而同地记得同一处地点、同一个场景、同一桩事件或同一个人，这就是枕流公寓的"集体记忆"。家，对他们而言，不只是一个解决温饱的物理空间，更是一份难以割舍的精神寄托。受访者们在这里经历了

2021 年 11 月，"枕流公寓女儿群" 因 "枕流之声" 而自发组织的怀旧聚会
In November 2021, the "Daughters of Brookside" organized a spontaneous gathering inspired by the project of "Whispers of Time".

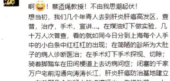

2022 年 3 月，《口述·枕流之声 | 上海中山医院心内科教授蔡迺绳：棒球少年就这样做了医生》发布后，80 多岁的医学女博士胡世真与蔡迺绳医生重新取得联系。20 世纪 70 年代初，他们同为上海第一批赴启东调查肝癌的医疗队成员

In March 2022, after the release of an oral history article featuring Dr. Cai Naisheng, Dr. Hu Shizhen, a female medical doctor over 80 years old, reconnected with Dr. Cai Naisheng. In the early 1970s, they were both members of the Prst medical team from Shanghai to investigate liver cancer in Qidong.

2022 年 8 月，《口述·枕流之声 | 张先慧：1970 年代的枕流记忆》发布后，网友杨阿姨发来寻人邮件，最终和受访者妻子的家庭重新取得联系

In August 2022, after the release of an oral history article featuring Mr. Zhang Xianhui, Mrs. Yang, a netizen, sent an email inquiring about a friend she had lost contact with. Eventually, she successfully reconnected with the family of the interviewee's wife.

2022 年 9 月，旅居新加坡的朱培灵女士赠美文一篇（详见附录），后来才知道她便是朱端钧先生的孙女

In September 2022, Ms. Zhu Peiling, who currently resides in Singapore, contributed an article (see the Appendix). Later we learned that she is the granddaughter of Mr. Zhu Duanjun.

写在最后

访谈在枕流公寓里入住时间最长的外国家庭。20 世纪 50 年代，"金嗓子"周璇就住在这套公寓里
左起：Elliott、Karen、王南游、王柱（摄像／赵令宾）
Interview with the foreign family with the longest residency among international residents at Brookside Apartments. In the 1950s, the iconic singer Zhou Xuan (AKA Golden Voice) resided in this apartment.
From Left: Elliott Shay, Karen Banks, Elsie, Wang Sam Wang (Photo by: Zhao Joulyn Lingbi)

在电梯大堂中听金通澍女士分享老照片时，巧遇沈柔坚先生的外孙女洪唯深。初次见面，她表示了对项目的喜爱，并主动报名成为受访者。于是，我们有幸地增加了一个文化人第三代的女性视角（摄像／王柱）
In the lobby, as Mrs. Jin Tongshu shared old photos, we had a serendipitous encounter with Mrs. Vivian Hong, the granddaughter of Mr. Shen Roujian. She expressed her fondness for the project and volunteered to become an interviewee. Thus, we were fortunate to have a new female perspective from the third generation of a cultural Pgure. (Photo by: Sam Wang)

"枕流之声" 的所有受访者（带黑框的三位已离世）
All interviewees of "The Voices of Brookside." (The framed photos indicate that the individuals pictured have passed away.)

自身生命中的某些重要阶段，伴随着公寓空间的变化，也见证了家庭作为国家最基础的细胞、作为社会共同体的命运变迁。

项目共拍摄视频素材近2,500分钟，字稿约46万字，包括建筑影像和老照片在内的图片超过1,000张。如果说枕流公寓20世纪30年代至40年代的历史勉强还可被称为是"有案可查"的话，那么从50年代开始的历史，就是由这些受访者们一砖一瓦构建起来的。口述历史不仅是历史文献资料的重要补充，更包含了心灵历程、社会关系、语言特性等多元信息在内的人类非物质文化遗产。因此，在文稿的呈现上，我们保留了问答模式，希望尽可能地延续访谈的完整性和原真性。

历史照进我们的生活

朱胶泉先生是最早离开我们的，就在访谈后的一个月，2020年12月。记得访谈那天，他坐在一楼的阳台上放风。天色已暗，吴永湄老师交代说：小叔叔眼睛看不见，耳朵也不好，让我出去和他打个招呼，扶他进门。初冬时节，朱先生穿上了薄羽绒，手却还是冰冰凉的。2022年的情人节，张先慧先生因急性胰腺炎突然去世。因有亲戚关系，我和我的先生参加了他的葬礼。我们因"枕流之声"结缘，相谈甚欢，但时日太短。今年年初，又不幸听闻王慕兰老师的噩耗。这位中气十足、坦直率真的老太太，带有新社会知识女性的风骨与坚韧。她的话，似乎还回响在耳边。

时间总是不等人的，假如我们跑不过时间，那么总会落下遗憾。在我们的访谈信息总表里，就有不少这样的遗憾。就算正在推进中的案例，也不见得就一帆风顺。有时即使准备万全，也有可能无功而返。有被众人极力推荐的受访者，他们本人出于种种顾虑，临时拒绝受访的。也有非常重要的潜在受访者，却由于身体原因或地域原因，错过了合适的时间点后，再也无法接受访问的。或者在访谈当刻和访谈之后，受访者的想法发生巨大改变的。

今年上半年，经一位居民的推荐，我们通过多方打听联络到一位晚清名臣李鸿章和张佩纶的后裔。我与张先生有过一场远程通话，而后每一次在微信上的邀约，都没能促成当面访谈。那次在电话中，张先生分享了自己与同龄人在枕流公寓的成长经历，并对"枕流之声"二期提出了期许。因为他曾看过一期的成果，直言不讳地认为对枕流精神的挖掘还不够深刻。

他说："我们这些小孩子当时都在华二小学读书，我们的父母和先辈们都是上海滩上有头有脸的人物，但我们从来没有看不起同班同学。父母对孩子的教育非常传统，不势利，要求我们和其他的孩子一样。家里虽然都有保姆，但是父母都要求我们做一定的家务。我们从不娇生惯养，要去镇宁路上买米、买油，穿的衣服都是缝缝补补的。大人从来不来管我们读书，但每一家的孩子读书都很好，都能考进大学。在'文革'前考上大学是不容易的，况且都是名牌大学。尽管因为家庭成分不好，有些孩子选的专业不一定是好的，但是他们的成绩都很好。蔡逎绳上班时偷偷抽香烟，因为平时看书就要看到一两点。所有这些点点滴滴，对我们都造成了潜移默化的影响，就觉得应该好好地读书。我们的童年是最最幸福的童年。我的父母是圣约翰大学毕业的，英文很好。我没有上过正规的大学，1968年我读到初中。但后来，我们都能自学上大学，都没有愧对我们的祖上。爸爸当时被冲击得很厉害，但是他始终认为：在这个社会生存，没有文化是不行的。只要学好数理化，走遍天下都不怕。所以我去插队的时候，爸爸把我哥哥的自学丛书、英文书都让我带去。爸爸说：'学习这个东西，临时抱佛脚是没有用的。你只要比别人多读一点点，你就比别人多一点机会。'"

这些跑赢了时间的记忆，传承了先祖对后辈的谆谆教诲，还原了一个历史更为悠久，精神面貌更为饱满的枕流公寓。"枕流之声"是一次共同创造，是对本文开篇那一串问题的共同解答。每一条问题都有答案了吗？每个人心中的答案一样吗？本书只当抛砖引玉，等待更多人一起加入来探索。

人生有涯而知无涯。如果说人的寿命有限，那么我们如何运用口述历史去解答这100年间的问题？超出100年的部分，如何处理？如果说口述历史是一项与时间的赛跑，那么我们何不从现在就出发？我们应当以史为鉴，更好地过好当下的生活。历史不是沉闷枯燥的，历史不是高高在上的，历史就在我们的身边，历史终将照进我们的生活。

队友们的心声

身兼数职且泪点很低的项目总协调 王南游（香港中文大学社会科学硕士）

　　"口述历史很有意思，每次多少都会被打动。受访者总会说，什么时候我们干了些什么。每当这时我就会不自觉地根据这些时间点拉出一条时间轴，在上面找自己的人生坐标。这时候，就会发现：哇！真的过了好久好久。听受访者说着自己年轻时候的故事，再看看如今白发苍苍的他们，就会觉得：时间过得很快。一两个小时的采访，有时候就是他们的几十年。听完受访者的故事，我们开始做逐字稿校对，再根据他们的意见整理、提炼、配图。这就好像和受访者一起，一遍又一遍地重返他们的人生。枕流公寓的受访者身上，有股子韧劲，压不垮、打不败，当时再苦再累，都化成访谈时云淡风轻的一句'都经历过了'或者'日子总是要过的'，瞬间天地澄明，真的很了不起。感谢所有受访者，感谢'枕流之声'项目组，谢谢你们给我带来如此动人又美丽的人生体验。"

2022 年 7 月，王南游（上排中）在英国口述历史学社（Oral History Society）年度会议上分享"枕流之声"项目经验
In July 2022, Elsie Wang (center, top row) shared the experience of the "The voice of Brookside" at the Annual Conference of the Oral History Society in the United Kingdom

对"集体梦境"有着无限好奇心的访问员+建筑测绘 罗元文（英国谢菲尔德大学建筑系学士）

"'口述历史'最早听到是在高中，当时并不能理解其中的意义，认为主观的片段回忆怎么可能有任何历史价值。直到有幸参与'枕流之声'，口述历史给我带来的惊喜远远超出最初为了一窥上海保护建筑内部的目的。采访中，当进行不同访问间的横向对比时，我们发现了一些有趣的现象。对于同一场景完全不同的记忆，或是同一时段出现的集体梦境，我产生了极强的兴趣。当结合心理学和空间学重视这些矛盾与巧合时，便对当时的社会与人有了非常清晰、生动的理解。这个时候，历史就不再是冷冰冰的事不关己，而是活生生地与我们的心联系在了一起。于是我决定把那个大家记忆中的公寓重新描绘出来。测绘的同时，也是再一次的凝视。空间的排布，随着时间的流逝产生了巨大的变化，其中反映出社会的变化，同时也有家庭命运的变化。那些发自内心的真实交流，那些人性的美好与勇敢，才是口述历史真正的价值。"

很具"八卦"精神并发觉了诸多偏门知识点的访问员 倪蔚青（上海同济大学人文学硕士）

"作为'枕流之声'的参与者之一，每一次采写都仿佛跟随被访者重走了一遍他们的人生。随着访问次数的增加，一个个个人经历慢慢聚集在一起，我对那个时代又有了不一样的理解。那些印在历史书里只有寥寥几行的背景事件，落在个人生活里，往往是改变一生命运的契机。"

再浓重的地方口音也不在话下的文字稿编辑 杨晓霞（某企业高管）

"受访者的经历有时候真是很震撼灵魂的，处理文字稿时我几次都泪目了。对于他们身处未知或黑暗，却还能从灵魂深处开出圣洁的花，我感到深深地钦佩。"

倾情奉献1500+字项目感受的项目编导 王柱（吉林传媒大学编导系学士）

"第一次去枕流公寓堪景的时候，看到保存那么完整的历史建筑，还是很惊讶的。特别是走进建筑内部，看到保留下来的暗红色的木门，黄铜的门把手，历经近一个世纪依旧锃亮的油木地板……前期在网上搜集关于枕流公寓的影像资料，基本是没有的，更多的是碎片化的文字。所以那时候就想，如果我们能够通过影像的方式记录下枕流公寓的前世今生，能够让更多的人了解这栋'上海文化名楼'，将具有极其重要的意义……

许多受访者接受采访时，坐在自己父辈甚至祖辈曾经住过的房间里，或者坐在自己孩童时嬉戏玩耍过的花园里。他们总会讲起，自己当年就出生在这个位置；那时候这个房间住了三代人，这里睡着谁谁谁，那头又睡着谁谁谁；在花园里抓蟋蟀的时候，爸爸妈妈就在楼上喊他们回家吃饭；等等。镜头之外，我们身处现场，仿佛就可以看到那些生动的场景……

随着时代的变迁，越来越多的历史建筑需要我们一起去保护，同时也包括发生在这块热土下的历史文化。只有延续历史文脉，才能更好地继承和创新，更好地提升空间品质，推进城市更新，挖掘城市魅力。这也是口述历史的意义。"

能用一台机器拍出3个机位感的摄像师 孙雨航（毕业于安徽电子信息职业技术学院平面设计专业）

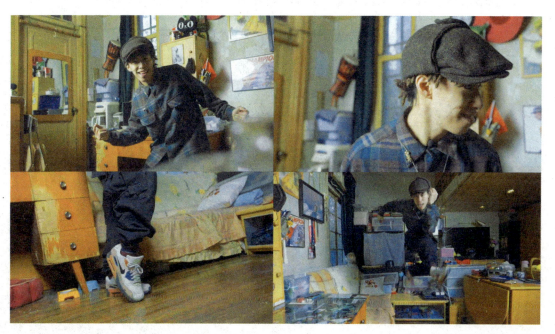

摄像／孙雨航 叶音在家中跳舞
Video by: Sun Yuhang. Capturing David Ye dancing at home

不动声色却能捕捉细节的摄影师 瑾帅（毕业于郴州技术学院数控专业）

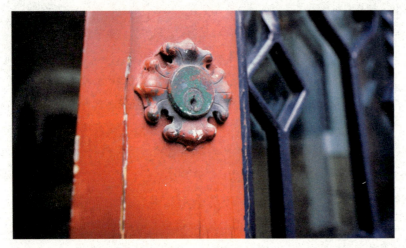

摄像 / 瑾帅 对门锁的执着
Photo by: Jin Shuai. Dedication to door locks

年纪最小的项目参与者 汤开旸（上海某国际高中在读学生）

摄像 / 汤开旸 对 "90 后" 受访者的热爱
Photo by: Tang Kaiyang. Passion for interviewees born in the 1990s.

用画笔照亮"枕流"的平面设计师 涂晓宇（昆明理工大学艺术设计专业硕士）

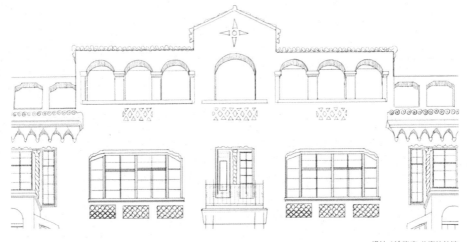

设计 / 涂晓宇 公寓的外墙
Design by : Tu Xiaoyu. Exterior Wall

最后，再次感谢本书所有受访者及其家庭成员的信任和积极参与。特此感谢静安区文旅局陈宏局长、张众副局长、姜涛处长、张毓颖科长、周国成先生、邱颖欣女士等对本项目的支持。感谢曹可凡先生、王苏教授在百忙之中抽空为本书作序。感谢远在英国的冯素雯女士为序一做出精彩翻译。感谢孙庆原女士、沈钜先生提供珍贵的老照片。感谢马尚龙先生、吴芝麟先生、金大陆教授、陈磊女士、李自炜先生、王胜家先生、朱晓晔先生、王福义先生、汤惟杰教授、管文琦先生、张恭怡先生、朱嘉灵先生、王越洲先生、朱宁女士、朱桃霈女士、罗一峰先生、窦超澐女士、王懑女士等人的鼎力相助。感谢静安寺街道于振荣主任、葛君先生、黄娅璇女士，华山居委会王静书记，上海静安置业物业管理有限公司洪梅女士、沈培雄先生、阎鑫凯先生、高崇元先生对本项目的关照和协助。感谢上海人民美术出版社的责任编辑张璎女士和朱卫锋先生对此书的倾情付出。感谢我的家人一路以来的理解与支持。

赵令宾

2023年10月10日

Afterword

First Encounter

The project was initiated right before the National Day in 2020, as Jing'an Temple Sub-District aspired to compile an oral history collection for Brookside Apartment, documenting the subtle moments of residents' lives while showcasing the achievements of community self-governance. On the appointed day, guided by colleagues from the Sub-District, we drove to Brookside Apartment. Along the autumnal Huashan Road, the towering plane trees bathed in the warm hues of the sun set. This winding road, once known as Fahuajie Road during the colonial era, connected Xujiahui at one end and led to Jing'an Temple on the other, witnessing over 150 years of Shanghai's development and prosperity.

Our vehicle navigated through the bustling street and finally came to a stop in front of an inconspicuous large iron gate. At the gate, there was a narrow sidewalk, with half of it occupied by a variety of colorful non-motorized vehicles. Above the iron gate, a lively assortment of signs clamored for attention, addressing topics ranging from garbage sorting to building a safe community. Yet, amidst this visual cacophony, a single stone plaque stood out, bearing the inscription "Cultural Celebrity Building – Brookside Apartment." Aligned with the neutral beige facade, it seemed like the plaque silently observed the surroundings.

Passing through the iron gate and across a small open space, we were greeted by an apartment door that seemed to tell its own story. Baroque arches gracefully crowned the entrance, accompanied by columns adorned with spiral patterns on each side. In the center, a cast iron carved glass door featured two dark red frames, with its high-handle spine polished to a gleaming shine by countless returning hands. This door felt like a portal to a world where time might flow in reverse. With a creaking sound, the door opened, and this is the very first time that we stepped into Brookside Apartment.

Before this project, my understanding of Brookside Apartment was solely based on the plaque at the entrance and information from Baidu Baike (Chinese Wikipedia). This apartment, built in 1930, embodies an eclectic architectural style and has been home to numerous renowned Individuals. It also earned a spot in the list of Shanghai's Historical Architectures. Shanghai is replete with such old apartments. Why is it so special? Why is it called "Brookside (枕流)"? Under what circumstances was it constructed? What inspired its unique design? How tall and wide is it? How many units are there? How different is it now compared to before? Who were its past occupants, and what stories did they bring? Just like every UNESCO World Heritage site has its Outstanding Universal Value, countless questions await us to seek answers.

To better understand Brookside Apartment, we gathered historical materials from institutions like Jing'an District Archives and the Jing'an District Museum of Culture and History. We also delved into books, old photographs, and floor plans associated with this building. Compared to some trendy landmarks, the research on Brookside Apartment was very challenging. First-hand information was scarce, available only in scattered fragments, and there were concerns about potential reciprocal plagiarism or misinformation. After several weeks of searching and assembling information, a sketch of a top-tier mansion from the 1930s began to unfold. Nevertheless, we are cautious about making definitive conclusions regarding the spatial details, and the activities of the individuals remain uncertain. The overview of Brookside Apartment in the second Chapter is grounded in historical evidence, resident interviews, and a comprehensive summary of on-site observations. It focuses primarily on the construction background, physical structure, and characteristics of the residents in 1930. We earnestly welcome readers' feedback and corrections if any inaccuracies are identified.

To truly understand the essence of Brookside Apartment, we begin with "oral history." With the support of the community of the building, we connected with long-term residents and conducted pre-interviews. This approach serves a dual purpose: firstly, to familiarize residents with the significance and workflow of the project, and secondly, to further acquaint ourselves with the apartment's background and the individuals to be interviewed, preparing us for the formal interviews ahead.

After two weeks of preparation, we officially named the project "Whispers of Time: Oral Histores of the Centennial Brookside Apartment (枕流之声)". The name encompasses three layers of significance: first, it holds a literal meaning—resting by the flowing water and listening to the sound of a brook. Legend has it that there was once a stream beside Brookside Apartment, possibly the origin of the apartment's name. Second, it symbolizes the aspiration to record the thoughts and voices of the residents through oral history. Third, it draws inspiration from "Zhenliu Shushi (枕流漱石)", aiming to uphold the spirit of living a life of seclusion, fostering deep contemplation for clarity of mind, and enriching one's hearts through culture. As we pay tribute to history, it also serves as a motivation for our team working on this project.

In the choice of interview language, we hesitated between Mandarin and Shanghainese considering that a significant number of interviewees are elderly Shanghainese. However, during the pre-interviews, we noticed that nearly all interviewees have diverse experiences of studying and working in rural areas or other regions. Hence, it became evident that using Mandarin is entirely suitable. It shall be acknowledged that this is also an interesting characteristic of the residents of Brookside Apartment.

The depth of a profound affection

On a bright morning in early November 2020, the first interview commenced. Knocking on the door of Mr. Ye Xinjian's home, he welcomed us with a smile and led us through a narrow, dim corridor into their living room. As we stepped into the room, we immediately sense the spaciousness and brightness. Several plants are placed on the sandalwood windowsill. The room seemed remain the same as a century ago, with the same ceiling decorations, the same sandalwood floor, the same Western-style fireplace, and the crystal doorknobs. Mr. Ye arranged a table with "antique" photographs, books, and letters. He poured a cup of tea and settled by the window.

Once the camera and lighting were properly set up, I started the interview with the outlined questions. Amidst the exchange of three questions and three answers, Mr. Ye guided us back to the Brookside Apartment of the 1950s. We journeyed alongside him to the winter of 1959, when three generations moved into the apartment. We ventured to the early morning of August 2, 1966, when his father, Ye Yiqun, bid farewell to the world, and to the brisk spring day in 1969 when he first boarded the No. 56 green train…

Six decades ago, the sunlight must have spilled in through the window just like this, casting its glow on Mr. Ye Yiqun's pen as he calmly reviewed the "Fundamental Principles of Literature." As the sunlight slanted to the west, we see some colors, some grandeur, and some endearing people who once lived here fade away. In the blink of an eye, it was 1991. Accompanied by light music, a boy named Ye Yin was born. He gazed out of the window with his wide and inquisitive eyes. Mr. Ye sat by the window, bathed in sunlight, narrating the stories of three generations in their family.

Mr. Wu Zhaoguang is the oldest among all the interviewees, and his interview traces back to an impromptu introduction by Mr. Chen Xiping, who casually mentioned a doctor residing upstairs—an 96-year-old who goes to work daily. This revelation left us in astonishment. Later, with the help of Dr. Cai Naisheng, we finally connected with Mr. Wu, and arranged the interview in Mr. Wu's office.

Before 9 a.m., we arrived at Mr. Wu's office. The door was half open, seemed to be open for this arrangement. Entering the room with a gentle knock, it was a space of around ten square meters. Directly facing the entrance was a large glass window, bathed in the warm winter sun. Mr. Wu sat in a black leather chair, focused on his work facing the window. Upon the knocking, he turned slowly from behind the chair. His petite figure accentuating the size of the chair. This elder is a renowned Chinese surgeon with numerous honors and titles throughout his lifetime.

Subsequently, I learned more about Mr. Wu from several Brookside Apartment residents. They described him as a young, dashing returnee in a plaid shirt when he first moved into Brookside Apartment, accompanied by his cheerful foreign wife, Mrs. Tu Lianying. In a later interview, Mr. Guo Bonong casually mentioned that he possessed a cherished book of family history of the Tu family, titled "Unforgettable – In Memory of Dr. Tu Yuqing, a Patriotic Educator." I asked to borrow the book, and discovered a rich narrative, including stories of Mr. Wu's in-laws' initial encounter, his mother-in-law's deep affection for China, and Mrs. Tu Lianying's oral history during her later years. Mr. Guo remarked, "It's quite possible that even Mr. Wu himself doesn't have this book." Therefore, before returning it, I made copies of the chapters concerning Mr. Wu and his wife. This not only facilitated cross-referencing with oral history data but also served as a heartfelt memento for Mr. Wu.

Following the completion of the interview transcript, I enlarged the font size and adjusted the line spacing, printed out a 23-page manuscript and delivered to Mr. Wu's office. Surprisingly, he proofread the entire document within a single day. This centenarian, surpassing the age of Brookside Apartment itself, has lived through the tumultuous era of Japanese invasion and the governance of the Nationalist government, and witnessed the establishment of New China. His youth took him on a journey through Beijing, Qingdao, Hong Kong, and Shanghai. After obtaining his medical degree, he pursued advanced studies in the United States. Eventually, influenced by his mother-in-law, he returned to Shanghai with his family and settled in Brookside Apartment. Mr. Wu guided us through a magnificent life journey with a ruffled tone. His oral history, as we read to this day, still evokes deep emotions. Maybe there's my personal sentiment of reluctance and longing for the inexorable passage of time and the changes in life.

Behind every interview, cherished memories and compelling stories await. Even now, they remain vivid. As we conduct more interviews, our connection with this building and its residents deepens. It's a swirl, drawing us in further, leaving us irresistibly captivated.

Creating a larger network

With the progress of the interviews, a series of "coincidences" came into play. Connections emerged between current and former residents, between resident and apartment management personnel, and even between the interviewees and other oral history projects we conducted. Even more intriguingly, these interviewees shared connections with the family and friends of our team members. Each encounter contributed a richer and larger information network.

Liu Dan said, "I got married in 1986 and hadn't met them since. It's because of this project that we gathered, and now we have a Wechat group named 'Daughters of Brookside'."

Xu Dongding said, "On that day, we took many photos in various places – gardens, both sides of the main entrance, Shen Li's place, Liu Dan's place, and more."

The project of "Whispers of Time" began at the end of 2020, and after four months, we completed the project ahead of schedule and the contents has exceeded our expectation. We think this was it. Yet, because of a series of serendipities, clues for new interviews continued to pour in: the fifth generation of Li Hongzhang, the subsequent residents of Zhou Xuan's former apartment, and the "Child King" almost mentioned by all the "girls", and so on. Every clue is intriguing. If we pursuit the clues and approach the project from more perspectives, the history of Brookside Apartment will be more comprehensive. This year, with the support of the Jing'an District Culture and Tourism Bureau, we finally launched the long-awaited second phase of "Whispers of Time."

The building is a link through the project. In the two phases of "Whispers of Time", we have interviewed staff of Brookside Apartment and nearly 30 residents from 21 families of 3 generations, with an age span of 60 years. The interviewees comprised high intellectuals and artists themselves, as well as their second and third generations. Their experiences are diverse, encompassing various professions and providing distinct viewpoints on Brookside Apartments. They also carry unique memories that are deeply rooted in their eras. Yet, there are moments when they collectively remember the same places, scenes, events, or individuals, which forms the "collective memory" of Brookside Apartments. Home, for them, is more than a place to meet basic needs—it's a spiritual anchor that they find hard to part with. The interviewees have undergone significant life stages in this place. With the time goes by, they have not only experienced personal changes but also observed the shifting destinies of families as the fundamental units of the nation.

We have collected materials of 2,500 minutes video clips, 460,000 words of transcriptions, and more than 1000 pictures of the interviewees, the building, and the old photos. If the history of Brookside Apartment from the 1930s to the 1940s is "documented," the history from the 1950s is woven together by personal narratives and experiences of these Interviewees. Oral history serves as a crucial supplement to historical records, capturing a spectrum of human intangible cultural heritage, including emotional experiences, social relationships, and linguistic characteristics, etc. We have maintained the question-and-answer format, striving to uphold the completeness and authenticity of the interviews as much as possible.

History shapes our lives

Mr. Zhu Jiaoquan was the first to leave us, just a month after the interview, in December 2020. I still remember the day of the interview. He sat on the first-floor balcony, enjoying the evening breeze. It was getting dark. Mrs. Wu Yongmei informed me that Mr. Zhu had poor eyesight and hearing. She asked me to go outside and greet him, helping him inside. It was early winter, Mr. Zhu wore a light down jacket, but his hands were still cold. On Valentine's Day in 2022, we received the sudden news of Mr. Zhang Xianhui's passing, attributed to acute pancreatitis. My husband and I attended his funeral as we are relatives. Our connection stemmed from "Whispers of Time," and our conversations were immensely enjoyable, but there was not enough time. Earlier this year, we learned Mrs. Wang Mulan also passed away. This strong-willed, straightforward, and genuine elderly lady possessed the spirit and resilience of a modern, knowledgeable woman. It seems like her words are still ringing in our ears.

Time waits for no one. If we can't outpace time, there will always be regrets. We see a lot of "regrets" in our Project Information Summary. Even ongoing cases don't necessarily proceed smoothly. Sometimes, even with thorough preparations, it's possible to come back empty-handed. Some highly recommended interviewees declined to be interviewed at the last moment due to their own concerns. Some vital potential interviewees, either due to health or geographical constraints, missed the opportunity for interviews. Or the interviewee's thoughts might change drastically during or after the interview.

In the first half of this year, a resident's recommendation led us to a descendant of the late Qing Dynasty statesman Li Hongzhang and Zhang Peilun. I had a phone call with Mr. Zhang, added his Wechat, but our attempts to arrange a face-to-face interview were unsuccessful. During the phone call, Mr. Zhang shared his experiences growing up at Brookside Apartment and expressed his expectations for the second phase of "Whispers of Time." He openly believed that the exploration of Brookside's essence hadn't gone deep enough in the first phase of the project.

He said, "We, as kids back then, were all studying at The Second Primary School Affiliated to ECNU. Our parents and ancestors were prominent figures in Shanghai, but we never looked down on our classmates." Our parents educated us in a very traditional and non-materialistic way. They insisted that we be treated just like any other children. Even with housekeepers at home, our parents wanted us to help with chores. We were never pampered. We had to go to Zhenning Road to buy rice and oil. Our clothes were all patched up. The adults never intervened in our studies, but all the children in every family studied hard and were able to enter college. Getting into college before the 'Cultural Revolution' was not easy, especially top-notch universities. Even though some children might have chosen majors that weren't necessarily prestigious due to their family backgrounds, their academic performances were outstanding. Cai Naisheng used to smoke secretly at work because he often read books until one or two in the morning. All these little things had a subtle but positive influence on us, making us feel that we should study hard. Our childhood was the happiest of all. My parents graduated from St. John's University, and they were very good at English. I never attended a regular university; in 1968, I finished junior high school. But later, we all managed to study at the university through self-education, and we didn't let down our ancestors. My father was deeply affected by the tumultuous times, but he always believed, "Receiving education is essential to survive in this society.

As long as you master mathematics and science, you can fearlessly explore the world." So, when I went to the countryside during the "Cultural Revolution," my father had me take my brother's self-study books and English books. He said, 'When it comes to learning, last-minute cramming won't help. Just read a little more than others, and you'll have a slight advantage.'"

These memories have outpaced time. They pass down the wisdom of our ancestors to the younger generations, reviving a richer history and spirit for Brookside Apartment. "Whispers of Time" is a collaborative effort, addressing the questions raised at the beginning of this article. Have we found answers to all the questions? Are everyone's answers the same? This book is a starting point, and we welcome more people joining us looking for answers.

Life is finite, but knowledge is boundless. If our lives are limited, how can we address questions from the past century and beyond with oral history? If oral history is a race against time, why not begin today? Let's learn from history to live at present. History is not dry and distant; it's right here with us, and it will always shape our lives.

The voices of teammates

Coordinator of the project with many roles and easily moved to tears, Elsie Wang (MSSc from The Chinese University of Hong Kong)

"Oral history is truly captivating. I find myself moved every time we work on a case. Interviewees often mention when they did certain things. I subconsciously constructing a timeline based on these temporal references and comparing it to my own life's journey. It's then that I come to the realization: "Wow! It has indeed been a long, long time." As I listen to the interviewees share stories from their youth and see them now with gray hair, I can't help but realize how swiftly time has passed. In just one or two hours, it sometimes encapsulates several decades of interviewees' lives. After listening to the interviewee's stories, we begin transcribing them word by word. Subsequently, we refine, curate, and incorporate visuals in accordance with their input. It's as if we are revisiting their lives together, over and over again. From the interviewees of Brookside Apartment, I see a remarkable resilience, an indomitable spirit. No matter how tough it was back then, it all turns into a casual remark during the interview – "We've been through it all" or "Life goes on." In a fleeting moment, the world is enlightened. Thanks all the interviewees and the project team of 'Whispers of Time'. I'm truly grateful for this moving and beautiful life experiences."

Interviewer with boundless curiosity about the 'collective dream' + architectural surveyor, Ada Luo (BA in Architecture from the University of Sheffield, United Kingdom)

"I first heard 'oral history' in high school, but back then, I couldn't comprehend its significance – how could subjective fragmented memories possibly hold any historical value? It wasn't until I had the privilege of participating in 'Whispers of Time' that the surprises brought by oral history far exceeded my initial purpose of merely peeking into the interiors of Shanghai's historical architecture. During the interviews, when we conducted horizontal comparisons between different visits, we discovered some intriguing phenomena. I developed a keen interest in completely different memories of the same scene or collective dreams that occurred during the same period. When we combine psychology and spatial studies to focus on these contradictions and coincidences, we gain a very clear and vivid understanding of the society and people at that time. At this point, history is no longer something detached and unrelated: it becomes vivid. So, I decided to redraw the apartment in the way that it existed in everyone's memories. In the process of surveying, it was also another form of contemplation. The place changed significantly within decades, reflecting changes and shifts in both society and family destinies. The genuine conversations, the beauty of human nature, and courage are the real essence of oral history.

An interviewer with a strong curiosity and a keen eye for various obscure knowledge, Ni Weijing (MA in Humanities from Tongji University, Shanghai)

"As one of the participants in 'Whispers of Time', during every interview, I feel like I'm re-living the interviewee's life with them. With interviews adding up, individual experiences gradually come together, giving me a different understanding of that era. Those background events, which are merely a few lines in history books, become significant turning points in people's lives."

The text script editor who is capable of handling heavy accents, Yang Xiaoxia (An Corporate Executive)

"The interviewees' experiences can be truly shocking, and there were occasions when I shed tears while working on the text scripts. I deeply admire them for being able to maintain their purity and stay true to their original aspiration despite facing the unknown or darkness."

Brookside's Media Producer who has contributed a project reflection of 1500+ words, Sam Wang (BA in Directing from Jilin Media University.)

"When I first visited Brookside Apartment, I was genuinely surprised by such well-preserved historical architecture, especially the interior. I saw the dark red wooden doors, brass doorknobs, and the century-old wooden floors that continued to gleam as if they were brand new, even after nearly a century had passed… When I first started gathering information about Brookside Apartment, I barely saw any visual materials. It was mostly fragmented information. So I was thinking if we could document the past and present of Brookside Apartment through visual means, it would hold immense significance in enabling more people to understand this iconic 'Cultural Celebrity Building'.

As many interviewees share their stories during our interviews, they sit in rooms once occupied by their parents or even their grandparents, or in gardens where they spent their childhood. They often recall being born in this very place. In those days, this room housed three generations, and they'd tell who slept where. There are also tales that when they were in the garden, catching crickets, their parents would call them from upstairs to come home for dinner. Beyond the camera lens, we are right there with them, as if we can see those lively moments…

As times change, an increasing number of historical buildings and cultural heritage require our joint protection. It's through maintaining the continuity of history can we effectively inherit and innovate, so that to enhance urban space, promote urban renewal and uncover the charm of the city. This is the true significance of oral history."

A cameraman who can capture three different perspectives using a single camera, Sun Yuhang (Graduated from Anhui Vocational College of Electronic & Information Technology with a major in Graphic Design)

A photographer who captures details, Jin Shuai (Graduated from Chenzhou Technical College with a major in Numerical Control)

The youngest participant of the project, Zoey Tang (A student at an international high school in Shanghai).

Brookside's graphic designer, Tu Xiaoyu (MA in Arts and Design from Kunming University of Science and Technology)

Finally, I would like to express my sincere gratitude to all the interviewees and their family members for their trust and participation. Special thanks to Director Ms. Chen Hong, Deputy Director Mr. Zhang Zhong, Division Chief Ms. Jiang Tao, Ms. Zhang Yuying, Mr. Zhou Guocheng and Ms. Qiu Yingxin of the Jing'an District Cultural and Tourism Bureau for their support of this project. I appreciate Mr. Cao Kefan and Professor Wang Su for graciously contributing the preface to this book despite their busy schedules. Thanks to Ms.Silvia Feng in the UK for her wonderful translation of Preface I. I am also grateful for the generosity of Ms. Sun Qingyuan and Mr. Shen Ju for providing precious old photographs. The substantial assistance from Mr. Ma Shanglong, Mr. Wu Zhilin, Professor Jin Dalu, Ms. Chen Lei, Mr. Li Ziwei, Mr. Wang Shengjia, Mr. Zhu Xiaoye, Mr. Wong Fook Yee, Professor Tang Weijie, Mr. Guan Wenqi, Mr. Zhang Gongyi, Mr. Zhu Jialing, Mr. Wang Yuezhou, Ms.Zhu Ning, Ms. Zhu Taopei, Mr. Luo Yifeng, Ms. Echo Dou, Ms. Sunny Wang, and others has been invaluable. Additionally, I want to express my gratitude to Director Yu Zhenrong, Mr. Ge Jun, Ms. Huang Yaxuan from Jing'an Temple Sub-District, Secretary Wang Jing from Huashan Neighborhood Committee, Ms. Hong Mei, Mr. Shen Peixiong, Mr. Yan Xinkai, and Mr. Gao Chongyuan from Shanghai Jing'an Real Estate Property Management Co., Ltd., for their care and assistance in this project. Special thanks to Ms. Zhang Ying and Mr. Zhu Weifeng, the responsible editors from Shanghai People's Fine Arts Publishing House, for their dedicated efforts on this book. Lastly, I appreciate the understanding and unwavering support from my family throughout this journey.

Jocelyn Zhao

October 10, 2023

(译者：王南游)

(Translator: Elsie Wang)

参考资料

[1]沈福煦，沈燮癸.透视上海近代建筑[M].上海：上海古籍出版社，2004.

[2]上海地方志办公室.上海名建筑志[M].上海：上海社会科学院出版社，2005.

[3]薛顺生，娄承浩.老上海经典公寓[M].上海：同济大学出版社，2005.

[4]《上海百年名楼·名宅》编撰委员会.上海百年名楼·名宅[M].北京：光明日报出版社，2006.

[5]王慕兰.往事如歌：与柔坚相依相伴四十五年[M].上海：上海画报出版社，2003.

[6]王慕兰.随风云掠过——王慕兰散文[M].上海：复旦大学出版社，2009.

[7]傅全香等.坎坷前面是美景[M].上海：百家出版社，上海声像读物出版社，1989.

[8]叶周.文脉传承的践行者[M].上海：上海三联书店，2011.

[9]上海戏剧学院朱端钧研究组.沥血求真美——朱端钧戏剧艺术论[M].上海：百家出版社，1998.

[10]孙庆原.未见沧桑——孙道临　王文娟艺术人生珍藏[M].上海：上海人民美术出版社，2023.

[11]王保胜.雕琢复朴——蔡居抽象画展在中国美术馆隆重举行[J].中国文化人物，2019，287:1-64.

[12]叶新建.怀念我的父亲母亲[N].文学报，2012-04-12.

[13]顾泳.从医70载我国外科界泰斗吴肇光教授：帮助病人并非没办法，只是肯不肯动脑筋想办法[N].上观新闻，2019-08-19.

[14]邱力立.华山路丁香花园有何传说？不妨先从李鸿章之子绑架未遂说起[N].解放日报，2021-05-16.

[15]吴佳逸.收水费要忙半个月！枕流公寓70户居民共用1个水表，如今终于找到解决办法！[N].老静安周到，2019-06-12.

[16]薛顺生，娄承浩.老上海经典公寓[M].上海：同济大学出版社，2005.

[17]李宜华.不能忘却——纪念爱国教育家涂羽卿博士[M].2009.

图书在版编目（CIP）数据

枕流之声：百年枕流公寓的口述史 / 赵令宾编著.
-- 上海：上海人民美术出版社，2024.5
ISBN 978-7-5586-2843-6

Ⅰ．①枕… Ⅱ．①赵… Ⅲ．①民居－建筑史－静安区
Ⅳ．①TU241.5

中国国家版本馆CIP数据核字(2023)第224313号

出品人　侯培东
统　筹　邱孟瑜

指导单位｜上海市静安区文化和旅游局
执行单位｜候车式文化工作室
支持单位｜上海市静安区静安寺街道
　　　　　上海市静安区静安寺街道华山居民委员会
　　　　　上海静安置业物业管理有限公司

枕流之声：百年枕流公寓的口述史

编　著：赵令宾
责任编辑：朱卫锋　张　璎
特约审稿：胡国强　周翠梅
设计制作：赵文彬　黄婕瑾
技术编辑：王　泓

项目顾问｜陈　宏　静安区文化旅游局党组书记、局长
　　　　　张　众　静安区文化旅游局二级调研员
　　　　　陈　磊　上海社会科学院历史研究所副研究员
　　　　　马菁苒　文博馆员，静安区文物史料馆原馆长
　　　　　劳　勋　静安区文物史料馆藏品管理部主任
　　　　　陆　琰　静安区文物史料馆助理馆员
　　　　　侯彩丽　静安区文物史料馆助理馆员

出版发行：上海人民美术出版社
　　　　　上海市闵行区号景路 159 弄 A 座 7F
　　　　　邮编：201101
网　　址：www.shrmbooks.com
印　　刷：上海丽佳制版印刷有限公司
开　　本：720×1000　1/16　24.5 印张
版　　次：2024 年 5 月第 1 版
印　　次：2024 年 5 月第 1 次
书　　号：ISBN 978-7-5586-2843-6
定　　价：168.00 元